软件测试及案例分析

主　编　马媛媛　刘金金　阮　宁
副主编　李慧芳　吕　康　袁培燕

北京理工大学出版社
BEIJING INSTITUTE OF TECHNOLOGY PRESS

内 容 简 介

本书从软件工程基础出发，介绍了软件测试在软件生命周期中所处的位置以及所起的作用，采用基础理论+项目案例结合的教学方式，前六章以技术理论为主线，分别介绍了软件测试概述、软件测试阶段、黑盒测试方法、白盒测试、功能测试和自动化测试，同时在其中穿插了部分实践案例，帮助读者快速掌握理论的应用。从第 7 章到第 11 章围绕"新闻采编 CMS 门户"项目，主要针对自动化测试、性能测试、接口测试、安全测试的应用进行讲解。每章均配有习题，以指导读者深入学习和理解对应内容。

本书既可作为高等院校计算机、软件相关专业的课程教材，也可作为信息系统开发人员的技术参考书。

图书在版编目（CIP）数据

软件测试及案例分析 / 马媛媛，刘金金，阮宁主编.

北京 ：北京理工大学出版社，2025. 5.

ISBN 978-7-5763-5376-1

Ⅰ. TP311.55

中国国家版本馆 CIP 数据核字第 2025GS3024 号

责任编辑：时京京　　文案编辑：时京京
责任校对：刘亚男　　责任印制：李志强

出版发行 / 北京理工大学出版社有限责任公司

社　　址 / 北京市丰台区四合庄路 6 号

邮　　编 / 100070

电　　话 / （010）68914026（教材售后服务热线）
　　　　　（010）63726648（课件资源服务热线）

网　　址 / http://www.bitpress.com.cn

版 印 次 / 2025 年 5 月第 1 版第 1 次印刷

印　　刷 / 河北盛世彩捷印刷有限公司

开　　本 / 787 mm×1092 mm　1/16

印　　张 / 16.25

字　　数 / 369 千字

定　　价 / 98.00 元

前　言

伴随数字化浪潮席卷全球，软件已经成为当今数字化社会的核心基础设施。海量软件代码的产生也带来了潜在的巨大风险，每一次的代码更迭极有可能引发"蝴蝶效应"。因此我们需要一道守护软件质量的最后防线。软件测试这一工程学科就在这样的背景下应运而生。在编写本书时，为落实党的二十大精神，培养高质量的优秀软件测试人才，充分地考虑了以上实际情况。

本书从软件工程基础出发，介绍了软件测试在软件生命周期中所处位置以及所起的作用，分别从黑盒测试方法、自动化测试、接口测试及性能测试等方面，详细阐述了软件测试所涉及的技术要点。本书全部采用基础理论+项目化案例结合的教学方式，前面六章以技术理论为主线，第7章到第11章围绕"新闻采编CMS门户"项目进行讲解。

本书的编写目的，是帮助广大本科院校的学生读者，理解软件测试工作内容，了解软件测试在项目开发过程中的重要作用，使学习者能在没有任何真实项目参与的背景下，逐步学习、熟练掌握独立进行软件测试的相关工作。同时在本书的项目讲解内容中，也有很多适合广大软件测试从业人员的内容，比如：Pytest框架在自动化测试项目中的使用技术；Allure技术在自动化报告生成中的应用；持续集成在软件测试项目中的应用等。总体来说，这是对初学者进入软件测试领域很有帮助的一本书。同时，本书对于软件测试从业人员也同样适用，可以帮助他们梳理知识体系、扩展思路。在阅读本书过程中软件测试从业人员同样也会有意想不到的收获。

本书内容的叙述通俗易懂、简明扼要，非常有利于教师的教学和读者的自学。为了让读者能够在较短的时间内掌握教材的内容，及时检查学习效果，巩固和加深对所学知识的理解，每个章节后面均附有习题，并在附录中给出了习题参考答案。

为了帮助教师使用本书进行教学工作，也便于学者自学，编者准备了教学辅导资源，包括各章的电子教案（PPT文档）、书中软件测试案例等，有需要者可联系北京理工大学出版社有限公司获取。

本书由马媛媛统稿，内容均由经验丰富的一线教师编写完成，其中第3章、第4章、第5章、第6章由刘金金编写，阮宁参与了第7章、第8章、第9章的编写，其余章节及附录由李慧芳编写，在本书的编写过程中吕康和袁培燕做了大量指导工作，提供了宝贵的经验，在此一并表示感谢。在本书编写过程中，编者参考了大量文献资料，在此向相关作者表示感谢。

　　由于编者水平有限，书中难免存在疏漏和不足之处，恳请读者批评指正，以便于本书的修改和完善。如有问题，可以通过 E-mail:121100@htu.edu.cn 与编者联系。

目　录

第1章　软件测试概述 ·· 1

1.1　软件工程基础理论 ·· 2

1.1.1　软件生命周期 ·· 2

1.1.2　软件开发模型 ·· 3

1.1.3　软件质量概述 ·· 5

1.2　软件测试概述 ·· 6

1.2.1　软件测试基本概念 ··· 6

1.2.2　软件测试与软件开发的关系 ································· 7

1.2.3　软件测试模型 ·· 8

1.2.4　软件测试原则 ·· 9

1.2.5　软件测试流程 ·· 12

1.3　软件缺陷管理 ·· 13

1.3.1　软件缺陷的分类 ··· 13

1.3.2　软件缺陷产生的原因 ·· 14

1.3.3　软件缺陷的处理流程 ·· 15

1.3.4　常用软件缺陷管理工具对比 ························· 16

1.3.5　软件缺陷提交模板介绍 ····································· 17

第2章　软件测试阶段 ·· 20

2.1　单元测试 ·· 21

2.1.1　单元测试概述 ·· 21

2.1.2　单元测试与其他测试类型的区别 ················· 23

2.1.3　单元测试常用技术及其框架 ························· 24

2.1.4　单元测试常用工具 ·· 25

　　　2.1.5　单元测试的测试案例及方法 ·· 26

　2.2　集成测试 ··· 29

　　　2.2.1　集成测试概述 ·· 29

　　　2.2.2　集成测试的模式和方法 ·· 29

　　　2.2.3　持续集成测试 ·· 31

　　　2.2.4　集成测试的测试案例及方法 ·· 32

　2.3　系统测试 ··· 35

　　　2.3.1　系统测试概述 ·· 35

　　　2.3.2　系统测试的分类及方法 ·· 36

　2.4　验收测试 ··· 38

　　　2.4.1　验收测试概述 ·· 38

　　　2.4.2　验收测试的技术要求 ·· 38

第3章　黑盒测试方法 ·· 41

　3.1　等价类划分 ·· 42

　　　3.1.1　等价类划分基本概念 ·· 42

　　　3.1.2　案例：网易邮箱注册案例 ·· 43

　3.2　边界值分析 ·· 44

　　　3.2.1　边界值划分规则 ·· 44

　　　3.2.2　案例：求1~100中任意两数之和 ·· 44

　3.3　因果图和决策表分析 ·· 45

　　　3.3.1　因果图分析法 ·· 45

　　　3.3.2　决策表分析法 ·· 47

　　　3.3.3　案例：决策表分析法验证打印机功能 ·································· 47

　3.4　场景分析法 ·· 48

　　　3.4.1　场景分析法概述 ·· 48

　　　3.4.2　场景分析法的基本步骤 ·· 49

　　　3.4.3　案例：某购物网站购物流程验证 ·· 49

第4章　白盒测试 ··· 51

　4.1　逻辑覆盖法 ·· 52

　　　4.1.1　语句覆盖 ·· 53

　　　4.1.2　判定覆盖 ·· 53

　　　4.1.3　条件覆盖 ·· 53

　　　4.1.4　判定条件覆盖 ·· 54

　　　4.1.5　条件组合覆盖 ·· 54

　　　4.1.6　路径覆盖 ·· 55

4.1.7　案例：不同覆盖方法的案例分析 ···················· 55

4.2　程序插桩法 ··· 60

4.2.1　目标代码插桩 ··· 61

4.2.2　源代码插桩 ··· 61

第 5 章　功能测试 ··· 63

5.1　功能测试概述 ··· 64

5.1.1　功能测试基本概念 ·· 64

5.1.2　功能测试分类 ··· 65

5.1.3　功能测试方法 ··· 66

5.1.4　功能测试流程 ··· 67

5.1.5　功能测试工具 ··· 68

5.2　功能测试案例——仿某门户网站功能测试 ··············· 69

5.2.1　仿某门户网站注册模块功能测试 ····················· 69

5.2.2　仿某门户网站用户登录模块测试 ····················· 72

5.2.3　仿某门户网站 UI 功能测试 ···························· 73

5.2.4　仿某门户网站语言类型切换测试 ····················· 75

5.2.5　仿某门户网站链接功能测试 ·························· 75

5.2.6　仿某门户网站浏览器兼容性测试 ····················· 79

第 6 章　自动化测试 ··· 82

6.1　自动化测试概述 ·· 83

6.1.1　自动化测试流程 ··· 83

6.1.2　自动化测试实施策略 ······································ 84

6.1.3　自动化测试的优势和劣势 ································ 85

6.2　自动化测试常见技术 ··· 86

6.2.1　录制与回放技术 ··· 86

6.2.2　脚本测试技术 ··· 87

6.3　自动化测试常用工具 ··· 90

6.3.1　Selenium ··· 90

6.3.2　Katalon Studio ·· 92

6.3.3　UFT ··· 92

6.3.4　常用自动化工具对比 ······································ 93

第 7 章　自动化测试案例 ··· 95

7.1　自动化测试案例——新闻采编 CMS 自动化测试 ········· 96

7.1.1　新闻采编 CMS 被测环境搭建 ························· 96

7.1.2   新闻列表功能需求分析 ···························· 101

7.1.3   新闻列表自动化测试 ···························· 102

7.1.4   用户管理模块功能需求分析 ···························· 125

7.1.5   用户管理自动化测试 ···························· 127

第 8 章   接口测试 ···························· 137

8.1   接口测试概述 ···························· 137

8.1.1   接口测试基本概念 ···························· 138

8.1.2   接口测试的分类和方法 ···························· 138

8.1.3   接口测试流程 ···························· 139

8.1.4   接口测试常用工具 ···························· 140

8.2   接口测试案例——后台管理端接口测试 ···························· 144

8.2.1   Rest API 接口测试工具安装 ···························· 144

8.2.2   应用 Postman 工具进行 API 接口测试 ···························· 145

第 9 章   性能测试 ···························· 170

9.1   性能测试概述 ···························· 171

9.1.1   性能测试基本概念 ···························· 171

9.1.2   性能测试的分类和方法 ···························· 171

9.1.3   性能测试基本指标分析 ···························· 174

9.1.4   性能测试流程 ···························· 176

9.1.5   性能测试常用工具 ···························· 180

9.2   性能测试案例——新闻采编 CMS 后台性能测试 ···························· 182

9.2.1   Apache JMeter 工具安装部署 ···························· 182

9.2.2   应用 JMeter 工具进行性能测试 ···························· 186

9.2.3   JMeter 命令行应用场景 ···························· 205

第 10 章   安全测试 ···························· 209

10.1   安全测试概述 ···························· 210

10.1.1   渗透测试 ···························· 211

10.1.2   漏洞管理 ···························· 212

10.1.3   Web 安全测试 ···························· 213

10.1.4   安全审计 ···························· 214

10.1.5   应用程序安全测试（AST） ···························· 216

10.1.6   安全扫描 ···························· 219

10.1.7   风险评估 ···························· 223

10.1.8   安全测试的基本原则 ···························· 226

10. 2　常见的安全漏洞 ……………………………………………………………… 227

　　10. 2. 1　SQL 注入 …………………………………………………………… 227

　　10. 2. 2　XSS 跨站脚本攻击 …………………………………………………… 228

　　10. 2. 3　CSRF 攻击 ………………………………………………………… 229

　　10. 2. 4　命令行注入 ………………………………………………………… 230

　　10. 2. 5　流量劫持 …………………………………………………………… 230

　　10. 2. 6　DDoS 攻击 ………………………………………………………… 231

　　10. 2. 7　服务器漏洞 ………………………………………………………… 232

10. 3　渗透测试基础知识及流程 ……………………………………………………… 233

　　10. 3. 1　渗透测试概述 ……………………………………………………… 234

　　10. 3. 2　渗透测试的流程 …………………………………………………… 237

10. 4　常用安全测试工具 ……………………………………………………………… 238

　　10. 4. 1　Burp Suite ………………………………………………………… 239

　　10. 4. 2　OWASP ZAP ……………………………………………………… 239

　　10. 4. 3　Nmap ……………………………………………………………… 239

　　10. 4. 4　Nessus …………………………………………………………… 239

　　10. 4. 5　Acunetix ………………………………………………………… 240

　　10. 4. 6　OpenVAS ………………………………………………………… 241

10. 5　安全测试案例——仿某门户网站安全测试 …………………………………… 241

　　10. 5. 1　OWASP ZAP 及其功能简介 ……………………………………… 241

　　10. 5. 2　利用 OWASP ZAP 进行渗透测试及漏洞扫描 …………………… 243

参考文献 ……………………………………………………………………………… 247

目 录

第1章 软件测试概述

章节导读

  本章节是整本教材的开篇，首先回顾了软件工程的基础理论，并阐述软件生命周期中的六个阶段，其中软件测试属于软件生命周期中一个重要的阶段。当然，软件测试的兴起与整个软件工业的发展息息相关，从杂乱无序的状态逐渐演变成为以科学理论为支撑的产业。随着软件工程学科的持续发展，软件测试在整个软件工业中的地位日益凸显，并衍生出不同的测试类别，如功能测试、性能测试、兼容性测试、交互性测试、安全测试等。此外，软件测试也派生出自身独特的理论体系。在介绍软件测试发展历程的同时，本章节也介绍了软件测试行业的职业发展路径，启发软件测试人员未来的职业规划。

  本章节关于软件测试概述中，首先介绍了软件测试的基本概念及其基本原则。其中基本原则是基于软件测试行业的经验和测试心理学归纳总结出的一系列指导原则。这些指导原则有助于测试人员在实际工作中厘清思路，进行有效测试，从而确保软件产品的成功交付。其次还介绍了软件测试的模型，进一步阐述软件测试和软件开发之间的紧密联系。软件测试和软件开发都是软件工程中的重要环节，它们并非互相对立，而是相互支撑和相互影响的关系。

  本章的最后还介绍了软件缺陷管理的相关内容，涵盖软件缺陷的分类、软件缺陷产生的原因、软件缺陷的处理流程和方法，以及常用的软件缺陷管理工具。

学习目标

  (1) 了解软件工程理论中软件生命周期不同阶段的内容；

  (2) 了解软件开发的常用模型以及各自的优缺点；

  (3) 掌握软件测试基本概念、测试基本原则及测试主要流程；

  (4) 掌握软件缺陷管理基本流程，了解软件缺陷的分类及缺陷产生的原因。

 知识图谱

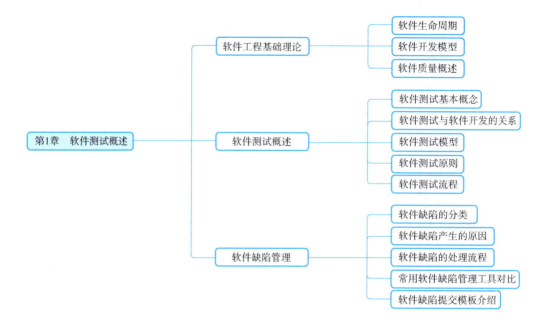

1.1 软件工程基础理论

软件工程是一门研究大规模软件开发方法、管理流程以及质量控制的学科。20 世纪 70 年代出现的"软件危机",迫使各国软件工程人员着手研究改变软件开发的技术手段和管理方法,从此软件行业进入软件工程时代。软件工程的研究领域涉及人力、技术、资金和进度的综合管理,是优化软件生产活动的过程。软件工程的相关学科有计算机科学技术、数学、计算机工程学、管理学、系统工程和人类工程学等。本章节将从软件生命周期、软件开发模型及软件质量这三个方面介绍软件工程的基础理论。

1.1.1 软件生命周期

软件生命周期又称为软件生存周期或系统开发生命周期,是指软件从产生到消亡的全过程。软件生命周期包含 6 个阶段,分别为问题定义、需求分析、软件设计、软件编码、软件测试和运行维护。

1. 问题定义

问题定义阶段,需要明确软件的实现目标、类型、规模等,并阐述项目的价值,即为什么要做这个项目。主要对项目进行可行性分析,即根据项目的主要内容和配套条件,从技术、工程、经济等方面进行调查研究和分析比较。可行性分析一般包括:投资可行性分析、技术可行性分析、财务可行性分析、经济可行性分析、社会可行性分析等内容。

2. 需求分析

软件需求的定义众说纷纭，简单理解为用户为解决某一问题或达到某一目标而对软件提出的期望，可以是功能、性能方面，也可以是用户体验、设计等方面。需求分析是了解、分析用户的原始动机，挖掘用户深层次需求，准确理解项目的功能、性能、可靠性等具体要求，并将其转换成完整的需求定义，最终输出软件《需求规格说明书》的过程。

3. 软件设计

软件设计结合软件需求分析的结果，对软件系统的框架结构、功能模块和数据库等进行设计。软件设计分为软件概要设计和软件详细设计。概要设计说明软件的实现思路、模块划分、选择的核心技术等，主要使用软件结构图进行说明。详细设计对每个模块功能进行具体描述，如输入、输出、算法等，主要使用流程图、状态图等进行分析和说明。

4. 软件编码

软件编码是根据软件设计阶段产生的相关文档，将软件设计的结果转换成计算机可运行的程序代码的过程。需要注意的是：在软件编码过程中，需要遵循行业或公司规定的编码要求和规范。

5. 软件测试

软件测试是软件质量保证的关键阶段，是发现软件在整个设计过程中存在问题并加以纠正的过程。软件测试阶段需要采用合适的设计方法设计测试用例，以此对软件各单独模块以及整体系统进行检验，确保能够达到《需求规格说明书》中标定的技术要求，以满足客户需求，完成最终验收。

6. 运行维护

运行维护是软件生命周期中持续时间最长的阶段，其目标是持续对产品运行进行维护，以满足用户需要。该阶段可细分为改正性维护、适应性维护、完善性维护和预防性维护。

1.1.2 软件开发模型

软件开发模型又称软件过程模型，是在实际的开发过程中，针对不同需求总结出的流程框架。开发模型是把生命周期进行合理整合后形成的开发方式。开发模型种类繁多，如瀑布模型、快速原型模型、螺旋模型等。

1. 瀑布模型

瀑布模型是最早出现的软件开发模型。由温斯顿·罗伊斯（Winston Royce）于1970年提出，因流程酷似瀑布而得名。瀑布模型对应的是结构化方法，采用"自顶向下"的设计思路。在开发过程中，首先将系统功能视为一个大型模块，随后依据系统分析和设计要求对其进行逐步模块划分。瀑布模型要求软件开发的各项活动严格按照线性方式自顶向下进行，各项活动间有固定的衔接次序，即当前活动的工作结果验证通过后将作为下一项活动的输入。

瀑布模型共包含7项活动，即问题定义、可行性研究、需求分析、软件设计、软件编码、软件测试、运行维护，这7项活动与生命周期的6个阶段基本吻合，只是将问题定义中的可行性研究进行了独立划分。图 1-1 展示瀑布模型的 7 项基本活动，问题定义和可行性研究属于计划时期，需求分析、软件设计、软件编码、软件测试属于开发时期，运行维护属于运行时期。

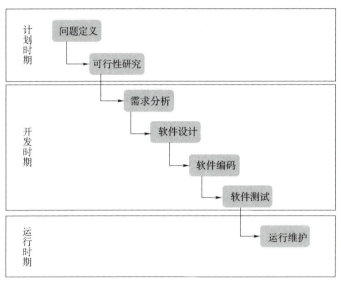

图 1-1　瀑布模型

　　瀑布模型的核心思想是按工序将问题简化，将功能的实现与设计分离，从而便于分工协作。瀑布模型的优点是目标明确、结构清晰、文档规范，且各阶段人员的职责明确，因此适用于需求明确的项目，缺点是开发周期长、不灵活，难以适应需求不断变化的项目。

2. 快速原型模型

　　在软件开发过程中，经常会遇到需求不明确的项目，为了减少由此带来的开发风险，快速原型模型应运而生。该模型的核心在于迅速构建一个可运行的软件原型，以方便开发人员与用户进行沟通，帮助开发人员快速了解并分析项目需求，从而在产品功能方面与用户达成共识。

　　图 1-2 展示了快速原型模型的工作流程，其核心思想是针对待开发的软件系统，首先开发一个模型用于需求研讨，然后根据用户的反馈对原型进行评价、修改，使原型逐步接近并最终达到开发目标。

　　快速原型模型是为了弥补瀑布模型的缺点而产生的，其优点是开发周期短、成本低、风险低，且适用于需求不明确的项目；缺点是要求项目团队具有较高的沟通和管理能力，以确保项目顺利进行。

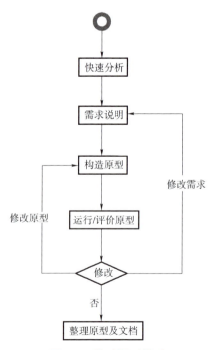

图 1-2　快速原型模型

3. 螺旋模型

螺旋模型融合了快速原型模型的迭代特征与瀑布模型的系统化方法，同时引入了风险分析，图1-3展示了螺旋模型的发展过程。由于螺旋模型强调风险分析，因此特别适合大而复杂、需求多变且风险较高的系统。

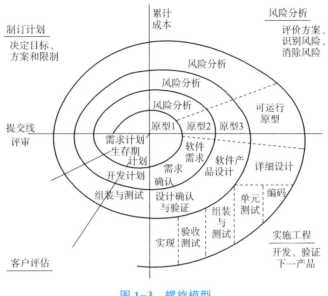

图1-3　螺旋模型

螺旋模型的四个象限分别对应制订计划、风险分析、实施工程、客户评估4项活动。

（1）制订计划：明确软件目标，确定实施方案以及项目开发的限制条件。

（2）风险分析：分析评价所选方案，识别风险并提出解决方案以消除风险。

（3）实施工程：进行具体的软件开发并验证下一阶段产品的可行性。

（4）客户评估：对开发工作进行评价，提出改进建议并制订下一步计划。

1.1.3　软件质量概述

软件质量是指软件产品满足用户显性和隐性需求的程度，以及它在特定使用环境下的适用性。作为软件开发过程中的核心关注点，它涵盖了软件产品的各种属性和特性。软件质量的高低直接影响用户的满意度、市场竞争力以及后期的维护成本。

简而言之，软件质量是指"软件与明确定义的需求和隐含定义的需求相一致的程度"。具体而言，软件质量是软件符合明确叙述的功能和性能需求的程度，符合文档中明确描述的开发标准以及所有专业开发的软件都应具有的隐含特征的程度。从管理角度出发，软件质量的主要影响因素可分为三组，分别反映用户在使用软件产品时的三种看法：正确性、健壮性、效率、完整性、可用性、风险（产品运行）；可理解性、可维修性、灵活性、可测试性（产品修改）；可移植性、可再用性、互运行性（产品转移）。

软件质量因素是影响软件质量的各种因素的总称，包括功能、性能、可靠性、可用性、可维护性、可移植性等多个方面，以下是对软件测试中几个关键因素的详细说明。

（1）功能：软件功能是指软件系统所能提供的各种功能、操作能力和服务。高质量的软件功能应有效地满足用户的需求，稳定可靠，符合用户期望。

（2）性能：软件性能是指软件在特定环境下的速度、容量、吞吐量、响应时间和处理能力等。高性能的软件能够提升用户满意度和使用体验。

（3）可靠性：软件可靠性是指软件在长期的使用过程中，能够保持一定的稳定性和可信度。高质量的软件可靠性表现在软件系统具有稳定的运行能力，能正确处理各种异常情况，避免出现系统崩溃等问题。

（4）可用性：软件可用性是指软件的用户界面设计、文档编写、帮助功能等，以及用户对软件的易学性、易用性等方面的感受。高质量的软件可用性体现在用户友好的界面，清晰的操作指导和帮助，以及易于上手的使用体验。

（5）可维护性：软件可维护性是指软件系统的代码结构、文档和其他信息的组织方式和更新维护等方面的设计。高质量的软件可维护性体现在代码结构清晰、易于理解和修改，以及优秀的可扩展性和可维护性。

（6）可移植性：软件可移植性是指软件能够在不同的操作系统和硬件平台上的运行能力。高质量的软件可移植性体现在软件系统能够在多个环境下正常运行，转移成本低。

综上所述，软件质量因素是影响软件项目交付结果的重要因素，开发人员应该在软件开发的全过程中充分考虑这些因素，确保软件产品的高质量。同时软件测试人员在开展测试工作的过程中，应充分围绕软件质量的几个影响因素进行测试，运用适当的测试方法和理论，帮助开发团队完成高质量的解决方案，从而交付高质量的软件产品。

1.2　软件测试概述

伴随软件工程理论诞生，软件测试出现的频率逐渐增加。软件工程产生的目的是解决大规模软件开发中存在的"软件危机"。"软件危机"主要体现在软件开发进度难以预测、软件开发成本难以控制、软件质量无法保证、用户需求难以满足。软件测试通常针对软件质量无法保证和用户需求难以满足进行改进工作。软件测试在发展变迁的过程中，发展演变出不同类型的测试活动。本节以软件测试基本概念、软件测试与软件开发的关系、软件测试模型、软件测试原则、软件测试流程展开，引领读者了解软件测试。

1.2.1　软件测试基本概念

软件测试是软件开发过程中的一项关键活动，其目的是通过运行软件并检查结果，发现并修复错误、缺陷。软件测试过程旨在确保软件产品不仅符合设计要求、满足用户需求，并在实际使用过程中表现良好，达到软件开发的预期结果。

软件测试的定义有很多，1973 年黑泽尔（Bill Hetzel）博士首次提出了软件测试的概念。黑泽尔博士是软件测试领域的先驱之一，他在软件测试早期发展中扮演着重要角色。1973 年黑泽尔博士在美国北卡罗来纳大学组织了历史上第一次正式的关于软件测试的会议。在这次会议上，黑泽尔博士给出软件测试的第一个定义："就是建立一种信心，认为程序能够按预期的设想运行。"1983 年，黑泽尔博士将软件测试的定义修改为："评价一个程序和系统的特性或能力，并确定它是否达到预期的结果。"

1983 年，电气与电子工程师协会（Institute of Electrical and Electronics Engineers，IEEE）提出了软件工程的标准术语，将软件测试定义为："使用人工和自动手段来运行或测试某个系统的过程，其目的在于检验它是否满足规定的需求并弄清预期结果与实际结果之间的差别。"这一定义至今仍在软件测试领域具有指导意义。它明确指出了软件测试的目的是验证软件系统是否符合预定的需求，并识别软件实际结果与预期结果之间的差异。

目前，软件测试最为经典的定义是：在规定的条件下对程序进行操作，旨在发现程序错误，衡量软件质量，并评估其是否满足设计要求。

上述定义虽然表述各不相同，但核心内涵一致，即软件测试就是验证软件是否能满足用户需求，并将实际成果和预期成果进行比较。

软件测试伴随着软件开发产生。早期软件的规模较小、复杂度低，软件的开发过程也杂乱无序，软件测试的含义相对狭窄，开发人员将测试等同于"调试"，并且软件测试人员的角色通常由开发人员兼任，总之整个软件行业对软件测试的认知低、投入微乎其微。然而，20 世纪 80 年代初期，随着软件和 IT 行业的快速发展，软件规模趋向大型化、高复杂度，软件的质量成为关键。这一现状促使整个行业逐渐重视软件质量，形成了一系列软件测试的基础理论和实用技术，并且为软件开发设计了各种流程和管理方法。软件测试按照测试的执行类型细分为功能测试、自动化测试、性能测试、解决方案测试、客户化测试等。软件测试是一个持续的过程，它不仅限于软件发布之前，还包括软件发布后的维护性测试，以确保软件在新的环境或更新后仍能继续正常工作。此外，随着用户需求的变化和技术的发展，软件测试也在不断调整，新的测试方法和工具层出不穷，以此来提高测试的效率和有效性。

软件测试行业的发展，给众多从业人员带来了发展和机遇。目前，软件测试人员的职业发展道路十分广阔，他们在职业初期可以结合自身特点选择适合的职业发展方向。

1.2.2 软件测试与软件开发的关系

软件测试与软件开发是软件开发生命周期中密切相关的两个核心环节。软件测试是对软件产品进行评估、验证和验收的过程，以确保其符合预期的功能和质量要求。软件开发则涵盖了从需求分析、设计、编码到测试的整个过程，旨在为用户提供高质量的软件产品。

软件测试与软件开发之间存在着紧密的合作与交互关系。它们共同推动着软件开发的全过程，并确保最终的软件产品质量。以下是软件测试与软件开发之间关系的几个方面。

（1）软件测试是软件开发中不可或缺的一部分。在软件开发过程中，测试从软件需求分析开始，并持续贯穿其整个开发周期。通过在各个开发阶段进行测试，可以及时发现并解决潜在的问题，从而减少后期修复的成本。测试人员与开发人员合作，确保软件开发过程按照既定的质量标准进行。测试人员从不同的角度和使用场景对软件进行测试，以验证软件是否达到预期的目标。

（2）软件测试帮助开发人员提高软件质量。通过软件测试能够发现软件中存在的缺陷和问题，以改进软件的质量。软件测试人员与开发人员紧密合作，共同努力解决软件中的难题，并提供改进建议。通过测试，开发人员可以了解软件在不同环境和场景下的性能表现，并基于测试结果进行优化和改进。测试还可以帮助开发人员提高代码质量和代码设计能力，保证软件的稳定性和可靠性。

（3）软件开发和测试共同推动软件质量的提高。软件开发人员和测试人员的合作确保了软件产品的质量。开发人员通过与测试人员的沟通，进一步了解用户需求和期望，以及软件开发过程中存在的问题。测试人员则通过测试验证软件是否满足用户需求，并提供反馈。这种合作有助于减少软件产品中的缺陷和问题，提高软件产品的质量和用户满意度。

（4）软件测试和软件开发相互依赖。测试人员需要开发人员提供可测试的软件版本进行测试。而开发人员也需要测试人员提供准确的测试结果和反馈，以优化软件质量。测试人员和开发人员之间的有效沟通和协作是软件开发成功的关键。两者共同理解软件产品的需求和目标，并努力实现这些目标。

总体而言，软件测试和与软件开发是软件开发生命周期中紧密相连的两个环节。两者需要相互合作和依赖，以确保软件产品的质量能满足用户的期望。软件测试能够帮助提升软件整体质量和用户体验。软件开发和测试共同推动软件质量的提高，并最终满足用户的期望和需求。因此，在软件开发过程中软件测试和软件开发的关系并非对立，而是需要注重两者之间的合作与协作。

1.2.3　软件测试模型

软件测试模型是众多测试专家根据大量测试项目以及测试经验总结出来的框架性模型，主要有 V 模型、W 模型、H 模型等。

V 模型即 RAD（Rapid Application Development，快速应用开发）模型，由于其模型构图形似字母 V，所以常被称为 V 模型。图 1-4 展示了 V 模型的结构。V 模型是由瀑布模型演化而来的，它体现了软件测试与软件开发之间的关系。

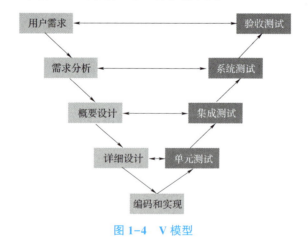

图 1-4　V 模型

V 模型从左到右，描述基本开发活动和测试行为的基本流程，左侧表示开发活动，右侧表示测试行为，确保每一个开发阶段都有相应的测试阶段与之对应。V 模型的优点是将复杂的测试工作按照阶段划分为各个小的阶段来实现，以达到从多层级测试中发现更多系统缺陷的目的。V 模型的缺点是需要在编码完成后才可以开始进行测试，这可能导致在需求和设计阶段产生的问题在后期验收测试时才会被发现。为了能尽早开始测试并不断进行测试，所以后期出现了 W 模型。

图 1-5 展示了 W 模型的结构。相较于 V 模型，W 模型在软件开发各阶段增加了同步进行的测试活动。

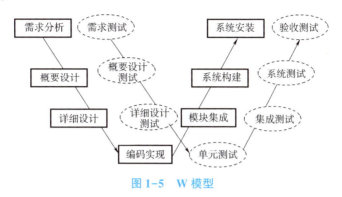

图 1-5　W 模型

W 模型由两个 V 模型组成，实线 V 代表开发活动，虚线 V 代表测试活动，在项目开发中，两个 V 同步进行，即测试随着开发不断进行。W 模型的优点是测试和开发同步进行，对需求、概要设计和详细设计进行测试，从而能够尽早发现问题。与此同时，由于将测试准备和设计工作提前，也提高了测试效率和测试质量。W 模型的缺点是开发和测试仍然保持着一种线性的前后关系，不支持迭代和变更调整。

在 V 模型和 W 模型中，软件开发过程被视为需求、设计、编码等一系列工作的串行活动，但在实际的项目开发中，这种清晰的阶段划分往往只是理想的状态，许多活动之间存在相互制约的关系，或者可以交叉进行的关系。因此，有专家提出了 H 模型。H 模型将测试活动独立出来，形成一个完整的流程。图 1-6 演示了 H 模型的一次"测试微循环"。

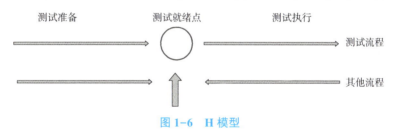

图 1-6　H 模型

H 模型可以将测试准备活动和测试执行活动清晰地展示出来，其以完整、独立的"测试微循环"流程，融入产品生命周期的各个阶段，与设计、编码等流程并发进行。H 模型的优点是只要测试条件成熟且测试准备完成，测试执行活动即可立即启动，这使一个测试人员可以同时测试多个项目，提高测试人员的工作效率，它将测试从开发中独立出来，有利于测试技术的深入研究。然而，H 模型的缺点是独立的测试组对系统认识不够深入，可能会影响测试质量。

1.2.4　软件测试原则

在 1.2.1 节中简要介绍了关于软件测试的基本概念，接下来重点关注软件测试中的一个重要问题，即软件测试所涉及的心理学问题，可以将其归纳为一系列重要的测试指导原则。这些原则多数是显而易见的，但常被忽视。为了便于读者理解，笔者将这些原则整理成为一个表格。表1-1为测试指导原则。

表1-1　测试指导原则

编号	测试指导原则
1	对预期输出和结果进行定义是测试用例的必需部分
2	软件开发人员应避免测试自己编写的软件
3	编写软件的组织应避免测试自己编写的软件
4	对测试用例的执行结果要彻底检查
5	测试用例的编写不仅包含有效的输入，还应该包含无效的输入
6	检查程序是否"未做其应该做的"仅是测试的一半，测试的另一半是检查程序是否"做了其不应该做的"
7	应避免测试用例用后即弃，除非软件本身就是一次性的软件
8	计划测试工作时不应默许假定不会发现错误（不能做假定无错的推论）
9	程序某部分存在更多错误的可能性，与该部分已发现错误的数量成正比
10	软件测试是极富创造性、极具智力挑战性的工作

1. 原则1：对预期的输出和结果进行定义是测试用例的必需部分

原则1在软件测试中是最常犯的错误之一。同样，这个问题也是基于人们的心理。如果某个测试用例的预期结果未被事先定义，某个看似正确、实际错误的结果可能会被认为正确。换句话说，尽管"软件测试是破坏性"的定义是合理的，但人们在潜意识中仍然倾向于期待看到正确的结果。为了克服这种心理倾向，需要事先精确定义程序的预期输出，并鼓励人们对所有的输出进行仔细检查。因此，一个测试用例必须包括两个部分：

（1）对程序输入数据的描述。

（2）对程序在上述输入数据下所对应的正确输出结果的精确描述。

所谓"缺陷"即我们俗称的Bug，是指那些看似异常、无法给出合理解释或不符合我们期望或预期的事实。应当明确的是，在确定事物存在"缺陷"之前，人们必须已经形成了特定的认识。没有期望，也就没有所谓的意外。

2. 原则2：软件开发人员应避免测试自己编写的软件

软件开发人员应当避免测试自己编写的程序，因为测试是一种需要独立的思考和判断的活动。如果软件开发人员测试自己编写的程序，可能会存在以下问题：

（1）缺乏客观性：软件开发人员可能会对自己编写的程序存在偏见，导致测试结果不够客观和准确。

（2）缺乏独立性：软件开发人员可能会受到自己编写程序的影响，而无法独立地测试程序的各个方面，导致测试覆盖不够全面和深入。

（3）缺乏专业性：测试需要专业的测试知识和技能，软件开发人员可能无法完全掌握测试的各个方面，从而影响测试结果的准确性和可靠性。

（4）时间和资源限制：软件开发人员需要花费大量时间和精力编写程序，无法同时兼顾测试工作，而测试工作需要独立的时间和资源。

3. 原则3：编写软件的组织应避免测试自己编写的软件

原则3与原则2论据相似。从很多方面来讲，一个软件项目或编程组织是一个有机的组织，存在与个体程序员相似的心理问题。通常，软件开发公司主要根据软件开发组织或项目经理在给定时间、给定成本范围内开发软件的能力来衡量其业绩。其中时间和成本目标的度量比较容易，而定量化地衡量软件可靠性则极其困难。即便是合理规划和实施的测试过程，也可能因为该测试过程被认为影响软件开发的进度，或者导致成本超出预期范围而取消，这导致编程组织难以客观地测试自己的软件。

同样，我们并不否认编写软件的组织可能无法发现程序中存在的问题，事实上很多编写软件的组织已经在某种程度上能够成功地做到了这一点。当然，我们的观点更倾向于采用客观、独立的第三方组织来进行测试才是更为科学的方法。

4. 原则4：对测试用例的执行结果要彻底检查

原则4所强调的彻底检查测试用例执行结果的重要性，却是经常被软件测试人员忽视的一个原则。在现实生活中常见的例子有，即便错误的结果在输出清单中显而易见，但还是没有通过这些明显的错误结果发现程序中的问题。换言之，后续测试中发现的错误，往往源于前面的测试遗漏。

5. 原则5：测试用例的编写不仅要包含有效输入，还应该包含无效输入

在测试软件时，人们往往倾向于将重点集中在有效输入和预期结果上，而忽略了无效输入和未预料到的结果。通常情况下，许多软件问题是当程序以某些新的或未预料到的方式运行时发现的。

这意味着在测试时，不能仅考虑正向的测试用例，还要考虑异常的业务场景。正向用例通过只能说明产品功能被正常开发，但这并不能说明产品就具备鲁棒特性和容错的能力，这些不足通常需要通过异常测试来弥补。诸多实践证实，在软件产品中的许多问题是当程序以某些未预料到的方式运行时暴露出来的。因此，相比针对有效输入情况的正向测试用例，设计针对未预料到的和无效输入情况的测试用例更能发现问题。

6. 原则6：检查程序是否"未做其应该做的"仅是测试的一半，测试的另一半是检查程序是否"做了其不应该做的"

这条原则是原则5的必然结果。必须检查程序是否有我们不希望产生的副作用。比如，某个工资管理系统即便可以生成正确的工资单，但是如果它为非雇员生成工资单或者将工资单以不加密的形式发布到互联网上的公共论坛，这样的程序仍然是不正确的程序。

7. 原则7：应避免测试用例用后即弃，除非软件本身就是一次性的软件

这个问题在采用交互式系统来测试软件时最常见。人们通常会坐在终端前，匆忙地编写测试用例，然后将这些用例交由程序执行。这样做的问题在于，投入大量精力的测试用例，在测试结束后就消失了。一旦软件需要重新测试（例如，当改正了某个错误或做了某种改进后），又必须重新设计这些测试用例。为了简化相关工作流程，对软件进行重新测试使用的测试用例极少会同上次一样严格。这就意味着，如果对程序的更改导致了程序某个先前可以执行的部分发生了故障，这个故障往往很难再被发现。为了提高测试效率，通常情况下在一轮测试活动结束以后，软件测试人员保留并归档已经执行完成的测试用例，当程序其他部件发生变动后重新执行，这一过程被称为"回归测试"。

8. 原则8：计划测试工作时不应该默许假定不会发现错误（不能做假定无错的推论）

项目经理经常容易犯这个错误，这也是使用了不正确的测试定义的一个迹象，也就是

说，假定"测试是一个证明程序正确运行的过程"。而事实上，测试应该是为了发现错误而执行程序的过程。

9. 原则 9：程序某部分存在更多错误的可能性，与该部分已发现错误的数量成正比

图 1-7 展示了这种现象。初看，这幅图似乎没有什么意义，但很多程序都存在这种现象。例如，假设某个程序由两个模块、类或子程序 A 和 B 组成，模块 A 中已经发现了五个错误，而模块 B 中仅仅找到了一处错误。如果模块 A 所使用的测试用例并不是故意设计得更为严格，那么该原则告诉我们，与模块 B 相比，模块 A 存在更多错误的可能性要大。

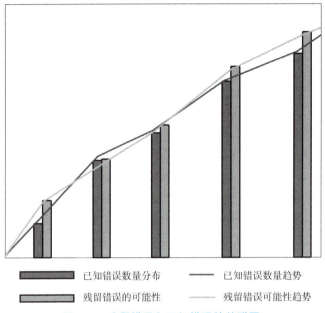

图 1-7　残留错误和已知错误的关联图

原则 9 的另一个说法是，错误倾向于聚集存在。对于一个具体的程序而言，某些部分要比其他部分更容易出错，尽管这一现象的确切原因难以解释。这种现象之所以有用，是因为它给予了我们对软件测试过程的深入理解或反馈信息。如果一个程序的某个部分远比其他部分更容易产生错误，那么这种现象告诉我们，为了使测试获得更大的成效，最好针对这些容易存在错误的部分进行额外的测试。

10. 原则 10：软件测试是极富创造性、极具智力挑战性的工作

测试一个大型软件所需要的创造性很可能超过了开发该软件所需要的创造性。我们已经看到，要充分测试一个软件以确保所有错误都不存在是不可能的。

1.2.5　软件测试流程

软件测试是软件开发过程中的重要环节，它通过验证软件的正确性、稳定性和安全性，确保软件能够按照设计要求和用户需求正常运行。其基本流程可以分为需求分析、测试计划、测试设计、测试执行和测试总结五个阶段。

首先是需求分析阶段。在这个阶段，测试团队需要仔细研究软件需求文档，了解软件的功能、性能和安全要求。测试人员要同时与开发人员和项目经理沟通交流，确保对软件需求的理解保持一致。在需求分析阶段，还要制定测试目标和测试策略，确定测试的范围和深度。

然后是测试计划阶段。在这个阶段，测试团队需要制订详细的测试计划，包括测试目标、测试资源、测试进度和测试环境等。测试计划应该包括测试用例的编写和测试数据的准备。测试计划是进行测试工作的依据，是控制和确保测试工作顺利执行的重要工具。

其次测试设计阶段是测试的核心阶段。在这个阶段，测试团队根据测试计划设计测试用例，测试用例应该覆盖软件的各个功能和场景，以及常见的异常情况。测试用例应该设计得简洁明了，易于执行和维护。同时，测试团队还应该设计合适的测试数据和测试环境，保证测试的完整性、可重复使用性。

再次是测试执行阶段，是将测试用例实际执行的阶段。在这个阶段，测试团队根据测试计划执行测试用例，记录测试结果和问题。测试人员应该按照测试计划和测试策略的要求，执行测试用例，验证软件的正确性、稳定性和安全性。在执行过程中，测试人员应该及时记录和报告问题，并与开发人员紧密配合，进行问题的定位和修复。

最后是测试总结阶段。在这个阶段，测试团队对测试结果进行总结和分析，制定测试报告。测试报告应该包括测试的目标、范围和深度，测试的结果和问题，以及改进措施和建议等方面的内容。测试团队还应该开展测试评审，总结测试经验和教训，为未来的测试工作提供参考。

综上所述，软件测试是软件开发过程中不可或缺的环节，它通过验证软件的正确性、稳定性和安全性，为软件的发布和交付提供技术支持和保障。软件测试的基本流程包括需求分析、测试计划、测试设计、测试执行和测试总结五个阶段，各阶段都有具体的内容和方法，需要测试人员进行有效的沟通和协作，以保证测试工作的高质量、高效率的完成。

1.3 软件缺陷管理

致力于消除软件缺陷是软件测试人员的职业愿景，尤其在关系人民生命财产安全的行业，任何微小的缺陷都会带来灾难性的后果。发现并消除软件缺陷是软件测试人员的职责所在。软件缺陷的管理是通过工具系统和流程对软件缺陷进行管理。运用缺陷管理工具，软件测试、开发人员可以对缺陷产生的原因进行分类，找出缺陷产生的规律，从而制定对应的防范措施。质量负责人可以通过软件缺陷的变化趋势判断软件质量的变化。软件缺陷管理不仅提升了缺陷问题处理的规范性，同时也成为软件质量评估的重要依据。

1.3.1 软件缺陷的分类

软件缺陷的表现形式不仅体现在功能的失效方面，还体现在其他方面。主要类型包括：软件未能实现产品规格说明中所要求的功能模块；软件中出现了产品规格说明中指明不应该出现的错误；软件实现了产品规格说明中没有提到的功能模块；软件没有实现产品规格说明中没有明确提及但应该实现的目标；软件难以理解，不容易使用，运行缓慢，或用户体验不佳。总体归纳起来软件缺陷一般分为输入/输出缺陷、逻辑缺陷、计算缺陷、接口缺陷和数据缺陷。下面将具体介绍软件缺陷的分类。

1. 输入/输出缺陷

输入/输出缺陷是业务流中最常见的缺陷类型，也是数据流传递中首先遇到的缺陷。

比如：项目开发中开发者未考虑数据输入的有效性，就会导致数据输入缺陷。再如，比较常见的用户登录、注册场景中，登录功能的程序编写需要考虑到用户名的有效性，如果在设计需求中要求使用邮箱登录，邮箱的有效性就是开发者要考虑的主要内容。

输入缺陷主要包括不正确的输入缺陷、描述错误信息或者有遗漏缺陷等。输出缺陷主要包括输出格式错误缺陷、结果错误缺陷、数据具有不一致和遗漏性缺陷、不合乎逻辑输出缺陷等。对输出缺陷进行检测需要测试人员具备良好的测试修养，测试中不仅要关注逻辑，还要关注提示信息。例如，在密码安全等级的提醒测试中，密码越复杂，提示的安全等级应该越高。提示功能的优劣关系到用户体验，也关系到项目在市场上的生存周期。

2. 接口缺陷

接口缺陷会造成典型的功能问题，使产品的基本功能与开发文档不符。接口缺陷主要包括 I/O 调用错误缺陷、内置功能接口调用错误缺陷、参数传递不符合 API 文档缺陷、兼容效果差缺陷等。接口缺陷的存在直接影响项目的逻辑变化和数据流传递。接口缺陷是项目开发中比较常见的一种缺陷。

3. 逻辑缺陷

逻辑缺陷是造成数据流缺陷的根本原因，逻辑缺陷的存在会导致业务流程中的数据出错。逻辑缺陷主要包括遗漏条件判断缺陷、重复判断缺陷、程序编写时极端条件判断出错缺陷，还有可能会出现判断条件的丢失缺陷、错误的操作符缺陷。一般出现逻辑缺陷的可能性较小，但是一旦出现逻辑缺陷，就会对整个项目的核心数据流产生比较大的影响，危害整个业务的数据流。

4. 计算缺陷

计算缺陷主要包括不正确的算法缺陷、遗漏计算缺陷、不正确的操作缺陷、错误的括号缺陷、精度问题缺陷、错误的内置函数缺陷等。检查计算缺陷时需要测试人员根据项目的开发文档，从计算的业务需求出发，对计算公式与计算方式进行核对，对计算的整个流程、相关参数进行校验。

5. 数据缺陷

数据缺陷主要包括数据的有效范围缺陷、数据类型不正确缺陷、数据的基本不一致缺陷、数据引用的错误等基本错误类型。数据缺陷可能导致业务展示效果差，出现统计偏差。

1.3.2　软件缺陷产生的原因

在软件开发的过程中，软件缺陷的产生是不可避免的。那么造成软件缺陷的主要原因有哪些呢？我们从软件本身、团队工作和技术问题等角度分析，就可以了解造成软件缺陷的主要因素。

软件缺陷的产生主要是由软件产品的特点和开发过程决定的。软件缺陷所产生的原因，主要归结为以下四个方面。

1. 技术问题

技术问题包括算法错误、语法错误、计算精度问题，因为系统结构不当导致系统性能低下问题，以及由于接口参数不匹配产生的系统集成问题。

2. 软件本身存在的问题

软件本身存在的问题包括：文档错误、内容不正确或者拼写错误；没有考虑大量用户的使用场合，从而可能导致强度或负载问题；对程序逻辑路径或数据范围的边界考虑不够周全，漏掉某些边界条件，造成容量或边界错误；对一些实时应用，要经过精心的编程设计和严格的技术处理，以保证精确的时间同步，否则容易由于时间上的不协调、不一致而产生问题；没有考虑系统崩溃后的自我恢复、数据的异地备份以及灾难性错误恢复等问题，从而存在系统的安全性和可靠性隐患；硬件或系统软件上存在的错误以及软件开发标准上的错误等。

3. 团队问题

团队工作产生的原因主要包括：在系统需求分析阶段，对客户的需求理解不清楚，或与用户的沟通存在一些困难；不同阶段的开发人员相互理解不一致（例如，软件设计人员对需求分析的理解有偏差，编程人员对系统设计规格说明书中的某些内容重视不够或者存在误解）；对于设计或编程上的一些假定或依赖性，相关人员没有充分沟通；项目组成员技术水平参差不齐，新员工较多，或培训不够等原因也容易引发软件缺陷。

4. 项目管理问题

项目管理问题主要包括：缺乏质量文化，不重视质量计划，对质量、资源、任务、成本等方面的平衡性把握不好，导致需求分析、评审、测试等环节的时间被压缩，遗留的缺陷会比较多；开发周期短，需求分析、设计、编程、测试等各项工作不能完全按照定义好的流程来进行，工作不够充分，结果也就不完整、不准确，错误较多；由于周期短，给各类开发人员造成太大压力，引起一些人为的错误等。

1.3.3　软件缺陷的处理流程

图 1-8 展示的是一个典型的软件缺陷管理流程图。

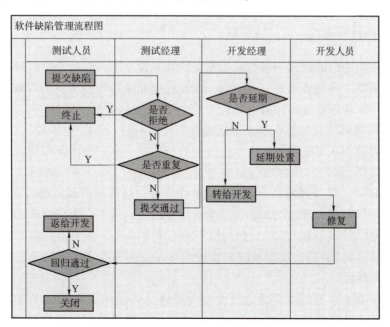

图 1-8　软件缺陷管理流程图

1. 提交缺陷

软件测试人员在执行测试任务的过程中，如果发现产品存在缺陷，则会使用软件缺陷管理工具记录缺陷并编写缺陷报告。缺陷报告应包括缺陷描述、复现步骤、优先级及影响范围等信息。随后提交给软件测试经理。

2. 缺陷审核

测试经理收到测试人员提交的测试报告后，首先会验证缺陷的有效性以避免误判，然后再确认该缺陷是否为重复提交的缺陷，最后将真实有效且不重复的缺陷报告提交给软件开发经理。

3. 缺陷处置分配

开发经理接收到软件测试经理提交的缺陷报告后，会根据缺陷报告中的关键信息（比如：缺陷严重性、缺陷的影响范围、缺陷的详细描述等），进行分析并决定是否对该缺陷进行延期。如果决定延期则将该缺陷设置为延期处理状态，反之则分配给对应的开发人员。

4. 缺陷修复

开发人员根据缺陷报告中的详细描述、重现条件等，对缺陷进行重现操作，分析查找问题原因。在问题的原因分析清楚以后，开发人员将修改缺陷产生的代码部分（包括修改代码、重新编译和测试等步骤），修复后需要交由测试人员进行单元测试和回归测试，确保修复后未产生新的缺陷问题。

5. 回归验证

测试人员接收到开发人员返回的缺陷报告后，根据开发人员提供的路径，下载修改后的软件并将软件安装到测试环境中，选择对应的测试用例开展回归测试。若回归测试验证通过，则缺陷得到修复，反之则将缺陷报告设置为 Open 状态，并返回给相应的开发人员。

1.3.4　常用软件缺陷管理工具对比

因为软件缺陷的跟踪管理一般会采用专业的缺陷管理工具，每个软件项目的规模、行业背景、开发周期、预期成本等千差万别，所以在选择缺陷管理工具的时候，需要结合项目团队自身的需求进行筛选，一般会从以下几个维度进行评估。

（1）团队需求和工具功能：每个团队的需求可能不同，所以选择的工具应该满足这些需求。例如，有的团队可能需要强大的报告与分析功能，而有的团队可能需要更为灵活的工作流程配置功能。

（2）易用性：工具应该容易上手，用户界面友好，这样团队成员可以快速学会并开始使用。否则，如果需要大量的时间和资源来学习和适应，可能会影响团队的效率。

（3）集成能力：若目前团队已经使用了其他开发工具（如版本控制系统、持续集成工具和持续部署工具），那么在选择缺陷管理工具时，则需要考虑将缺陷管理工具和当前所用的工具进行集成。

（4）支持和维护：查看缺陷管理工具的开发者是否提供足够的技术支持和定期的更新。可以使用具有活跃的社区支持且能够定期更新的开源工具是非常重要的。

（5）成本：工具的成本包括购买价格、维护费用以及可能的培训费用。需要根据预算和工具的价值（包括时间节省、效率提升等）等方面进行评估。

（6）数据安全和隐私：如果数据包含敏感信息，那么需要考虑工具是否能够提供足够的安全保护，比如数据加密、权限控制等。

（7）扩展性：如果某些团队或项目可能会在未来进行扩展，那么可能需要一个能够处理更多用户和数据且流程更复杂的工具。通过使用缺陷管理工具的扩容能力，能够解决未来用户数量和数据流量增加所带来的挑战。

（8）用户反馈和评价：通过查看用户对工具的反馈和评价，可以帮助团队成员了解工具的实际性能和可能具有的问题。

表1-2选择几款目前使用比较广泛的缺陷管理工具进行全面的分析，并且对这些缺陷管理工具的特性进行对比。

表1-2　缺陷管理工具对比表

项目	禅道	Redmine	Jira	Bugzilla
常用功能	一款国内开源的项目管理软件，基于敏捷方法 scrum，内置了产品管理和项目管理，还补充了测试管理、计划管理、发布管理、文档管理、事务管理等功能	Redmine 具有甘特图、日历等视图，是一个灵活的开源工具，能同时支持多个项目，并具有内置的时间跟踪器	Jira 是一款项目与事务跟踪工具，被广泛应用于缺陷跟踪、客户服务、需求收集、流程审批、任务跟踪、项目跟踪和敏捷管理等工作领域	Bugzilla 是用于软件缺陷追踪的网络应用程序，它可以管理软件开发中缺陷的提交、修复、关闭等整个生命周期
优点	1. 开源免费，不限商用； 2. 功能完备，完整通用； 3. 本地部署，安全可控； 4. 支持扩展，二次开发； 5. 持续迭代，技术支持	1. 自带 wiki 功能； 2. 集成邮件系统； 3. 易于 SCM 集成； 4. 便于问题跟踪	1. Jira 的界面效果非常不错； 2. 工作流程定制功能实用性高； 3. 针对 issue 驱动的项目管理非常有效，统计视图功能强大	1. 检索功能强大； 2. 安全性高； 3. 对服务器性能要求低
缺点	界面易用性不够、上手成本高、报表功能不够系统	界面优化不够、文件管理功能不足	界面汉化不彻底、用户支持力度不足、使用成本高	安装过程烦琐、界面丑陋、汉化不彻底
使用成本	免费开源	免费开源	商业软件，成本高	免费开源
使用率	高	较高	一般	低

1.3.5　软件缺陷提交模板介绍

软件缺陷属于软件测试人员比较重要的工作成果之一，在测试执行的过程中，软件测试人员发现缺陷以后，通常会使用根据项目定制的软件缺陷模板，记录缺陷的关键信息并提交缺陷。尽管不同公司之间或不同项目团队之间的缺陷管理流程和管理思路存在差异，也导致缺陷报告的形式会存在一些差异，但缺陷报告中包含的基本信息大致相同，一般由以下几个部分组成。

（1）缺陷 ID。缺陷 ID 用来唯一标识缺陷，在缺陷管理中，缺陷 ID 不可重复，且即使缺陷被删除，ID 也不可复用。缺陷 ID 一般用阿拉伯数字标识即可，如 1、2、3 等。

（2）概要描述。即简要描述缺陷的存在形式及表象。通过概要描述，软件开发人员能够快速理解缺陷产生的现象，推测缺陷可能产生原因，从而提高缺陷处理的效率。

（3）缺陷提交人员。缺陷的提交人员，遵循谁发现对应缺陷谁提交的原则。缺陷提交人员不一定是测试工程师，可能是软件开发工程师、技术支持人员，甚至是用户。

（4）缺陷发现时间。记录该时间便于后续的缺陷跟踪，该字段一般在缺陷提交时由缺陷管理工具自动生成。

（5）计划修复时间。计划修复时间是指软件开发人员接收提交的缺陷以后，经过缺陷故障重现确定问题的诱发原因，然后结合缺陷的优先级给出一个修复时间计划。

（6）缺陷所属版本。发现缺陷时缺陷所在的软件版本，记录该字段便于后期统计不同版本的缺陷数量以及确定测试版本的发布风险。执行确认与回归测试时，需在缺陷所在版本的下一个新生版本上进行。例如，缺陷在 1.0 版本上发现，确认与回归测试活动则不可能在 1.0 版本开展，一般在 1.0 后的版本上进行。

（7）缺陷所属模块。缺陷所在的功能或业务模块，便于后期统计每个功能或业务模块的缺陷分布情况，有利于回归投入的确定以及研发精力的分配。

（8）缺陷状态。缺陷状态是标识缺陷当前所在状态。在大多数缺陷管理工具中，缺陷状态一般分为"新建（New）""打开（Open）""修复（Fix）""关闭（Close）""重新打开（Reopen）"和"拒绝（Reject）"这 6 个状态。

（9）缺陷严重程度。缺陷严重程度是指缺陷引发不良影响的严重程度，针对缺陷而言，根据其引发不良后果的风险大小，确定其严重度级别，级别越高，越需尽快、尽早处理。缺陷严重程度一般分为致命缺陷、严重缺陷、一般缺陷和提示缺陷这四个级别。

（10）详细描述。详细描述引发当前缺陷的原因，包括输入、环境、步骤、现象等若干便于描述该缺陷的信息。

（11）缺陷附件。当缺陷表达需额外添加相应的证据信息附件时，可提交相对应的数据信息，如截图、系统运行日志等。一般缺陷管理工具都有添加附件功能。

（12）下一步处理人。下一步处理人是当前缺陷的下一责任人。当缺陷提出后，根据缺陷跟踪管理流程需经过若干环节流转，直至该缺陷成功修复。

综合练习

一、判断题

1. 软件测试就是软件调试。　　　　　　　　　　　　　　　　　　　（　　）

2. 软件测试是开发和维护过程中的活动。　　　　　　　　　　　　　（　　）

二、单选题

1. 以下哪一项不是软件测试的目的（　　　）。

A. 确保软件满足用户需求　　　　　　　B. 验证软件的功能和性能

C. 寻找软件中的缺陷和错误　　　　　　D. 增加软件的复杂性

2. 软件测试的测试对象包括（　　　）。

A. 软件代码　　　　B. 文档　　　　　　C. 数据　　　　　　D. 以上全是

三、多选题

软件测试的信息流输入包括（　　　）。

A. 软件配置（包括软件开发文档、目标执行程序、数据结构）

B. 开发工具（开发环境、数据库、中间件等）

C. 测试配置（包括测试计划、测试用例、测试驱动程序等）

D. 测试工具（为提高软件测试效率，使用测试工具为测试工作服务）

四、问答题

常见的软件测试模型有哪些？

第 2 章　软件测试阶段

章节导读

本章节详细阐述了软件测试的四个不同阶段，分别是单元测试、集成测试、系统测试、验收测试。单元测试小节重点介绍单元测试的基本概念，单元测试与其他测试的区别。同时以 Python 的单元测试框架 Unittest 为模板，介绍单元测试的技术方法和单元测试的执行流程。

集成测试小节重点介绍集成测试的测试模式、测试策略以及测试方法。采用案例分析的形式深入探讨自顶向下和自底向上两种测试方法。同时在集成测试的最后部分介绍持续集成测试的基本概念、测试步骤及优势。

系统测试部分主要讲解系统测试的分类和方法。系统测试分类主要包含功能测试、性能测试、兼容性测试、安全性测试、可用性测试、安装卸载测试、用户界面测试、压力测试、文档测试、配置测试。在介绍系统测试方法时，按照不同的维度进行划分，分别从是否了解测试对象内部结构、是否执行被测程序、手工和自动化等维度详细说明不同系统测试方法的特征。

章节最后介绍验收测试，重点描述验收测试开展的时机，验收测试的具体测试内容和技术要求。

学习目标

（1）了解单元测试基本概念和单元测试技术框架，掌握单元测试设计方法；
（2）了解集成测试的概念和测试方法，掌握深度优先和广度优先的设计方法；
（3）了解系统测试的基本概念，熟悉系统测试的分类和方法；
（4）掌握验收测试的基本概念，以及验收测试的主要技术要求。

知识图谱

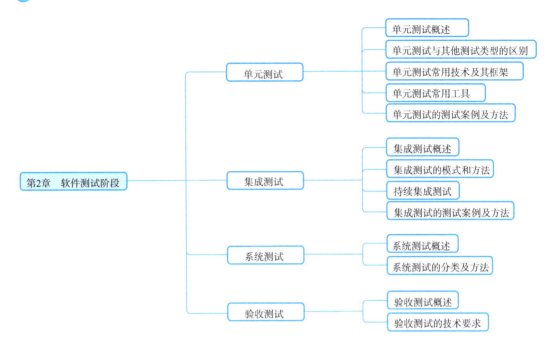

2.1 单元测试

单元测试是对软件中最小可测试单元进行的测试，测试对象包括可独立编译的程序模块、软件构件、类等。单元测试主要以白盒测试技术为主，一般由软件开发人员自己完成，目的是检验所开发的代码是否符合规范和软件详细设计要求。主要采用的测试方法有控制流测试、数据流测试、排错测试等。

2.1.1 单元测试概述

单元测试（Unit Testing）是软件开发过程中的一种测试方法，用于测试程序中的最小功能模块（即单元）是否按预期设想的结果进行工作。目的是验证单元的行为是否正确，以确保单元在隔离的环境下能够独立运行。单元测试的核心思想是将程序分解成为更小的部分，通常是函数、方法或类，然后针对每个单元编写测试用例并进行测试。

1. 单元测试的关键特点

单元测试的关键特点主要有以下几个部分。

（1）自动化执行：单元测试用例通常由开发人员编写，并使用自动化测试框架或工具进行执行。这样可以提高测试效率、减少人力成本，确保测试的一致性和可重复性。

（2）隔离性：单元测试需要将被测试的单元与其他部分隔离开来。这样可以减少测试过程中的不确定性和依赖性，从而更容易定位和诊断问题。

（3）快速执行：单元测试应该能够在短时间内执行完毕，以便开发人员能够频繁运行测试，并快速获得反馈。这有助于及时发现和解决问题，从而提高开发效率。

（4）可重复性：单元测试应该具有可重复性，即相同条件下多次运行测试用例时，都应该得到相同的结果。这有助于验证代码的稳定性和可靠性。

2. 编写单元测试用例过程中需要考虑的问题

上面介绍了多条关于单元测试的特点，那么在实际编写单元测试用例时，怎样才能编写出规范而且高效的单元测试用例呢？需要考虑以下几个方面。

（1）测试覆盖率：测试用例应该覆盖尽可能多的代码路径和分支，以确保测试尽可能多的代码。这有助于发现隐藏的错误和问题。

（2）边界条件：测试用例应该包含各种边界条件的情况，例如最小值、最大值、空值、边界交叉等。这有助于验证程序在不同情况下的正确性和鲁棒性。

（3）异常处理：测试用例应该包含对异常情况的测试，以验证程序在异常情况下的行为是否正确。这有助于确保程序能够正确地处理异常，且不会导致系统崩溃或数据损坏。

（4）依赖管理：在编写单元测试用例时，需要注意处理测试单元之间的依赖关系。对于有依赖的单元，可以使用模拟对象或者桩对象来模拟依赖的行为，以确保测试的独立性和可控性。

3. 单元测试给开发人员带来的好处

单元测试是整个软件开发过程中的一个重要环节，执行一个完备的单元测试方案能够提高整个开发过程的时间效率，确保软件的实际功能与客户的需求规格的一致性，为软件开发的效率和软件产品的质量提供保障。那么单元测试的测试对象到底是什么呢？通常而言，一个单元可能是单个程序、类、对象、方法等。单元测试能给开发人员带来哪些方面的益处呢？主要包含以下几个方面。

（1）提高代码质量。通过编写和执行单元测试，可以发现和解决代码中的错误和问题，提高代码的质量和可靠性。

（2）提高代码可维护性。单元测试可以作为一种文档形式存在，记录单元的预期行为和使用方式。这让新的开发人员更容易理解、维护、修改和扩展原来的代码。

（3）促进重构和优化。单元测试可以在重构和优化代码时提供安全网。通过运行测试用例，可以确保代码的行为不会改变，并尽量减少引入新错误的风险。

（4）支持持续集成和持续交付。单元测试是实施持续集成和持续交付的关键步骤，它可以帮助开发团队在频繁集成和交付的环境中，保持代码的稳定性和可靠性。

现实场景中，越早发现错误，修改和维护的费用就越低，难度也越小。图 2-1 是来自微软公司的一份测试统计报告。这份报告显示，Bug（错误或缺陷）在单元测试阶段被发现，平均耗时 3.25 小时；如果遗留到系统测试阶段才被发现，要花费 11.5 小时。单元测试是早期进行的测试活动，在软件开发验证过程的底层，对于降低成本和提高效率具有重要意义。

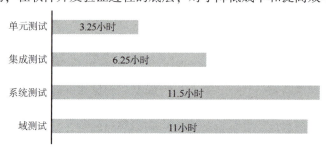

图 2-1　微软公司测试统计报告

因此单元测试越早越好，那么应该早到什么程度呢？极限编程讲究测试驱动开发（Test Driven Development，TDD），即先编写测试代码，再进行软件开发。在实际的工作中，可以不过分强调谁先谁后，重要的是高效性和实用性。从经验来看，对于单元测试可以先编写产品函数的框架、编写测试函数，再针对产品函数的功能编写测试用例，然后编写产品函数的代码。在实际编码过程中，每编写一个功能单元就进行相应的单元测试活动，并且随时补充测试用例。综上所述，单元测试是软件开发过程中不可或缺的一环，用于测试程序中最小功能模块的正确性。它通过编写和执行测试用例，验证单元的行为是否按预期工作。单元测试具有自动化执行、隔离性、快速执行和可重复性等特点。编写单元测试需要考虑测试覆盖率、边界条件、异常处理和依赖管理等方面。单元测试的优点包括提高代码质量、提高代码可维护性、促进重构和优化以及支持持续集成和持续交付等。

2.1.2　单元测试与其他测试类型的区别

表2-1展示了单元测试与其他测试的区别，主要从定义、测试目的、测试对象、测试方法、测试依据、测试内容、花费时间这几个维度进行评估。

表2-1　单元测试与其他测试的区别

项目	单元测试	集成测试	系统测试	验收测试
定义	单元测试是对软件最小可测单元的测试	集成测试在单元测试之后，将所有的单元按照设计及组装成子系统进行测试	系统测试是指对软件系统进行完整性检查和验证，以确保软件系统能够正常运行，并且能够满足软件开发阶段定义的功能和性能需求	验收测试是指根据用户需求或软件需求说明书，对软件进行完整性检查和验证，以确保软件满足用户的需求
测试目的	验证基本单元的正确性	确保在多个独立的软件模块之间集成和交互时系统的正确性、一致性和可靠性	验证系统是否满足需求规格的定义，找出与需求规格不相符的地方，以确保应用系统能够提供符合用户需求的处理能力	验收测试的主要目的是确认软件是否符合客户或最终用户的需求和期望
测试对象	软件的最小单元——模块	不同模块之间的接口	整个软件系统	软件系统以及各类配置和使用文档
测试方法	白盒测试	灰盒测试	黑盒测试	黑盒测试
测试依据	详细设计文档和代码	规格说明、概要设计文档、接口设计文档及规范	软件《需求规格说明书》、系统指标参数	需求文档、软件《需求规格说明书》
测试内容	模块接口测试、局部数据结构测试、边界条件测试、独立路径测试	子模块之间接口测试、接口兼容性测试、子模块集成后功能测试	整个系统的功能测试、性能测试、安全性测试、兼容性测试	安装卸载测试、功能测试、性能测试、压力测试、配置测试、可恢复测试、可靠性测试
花费时间	少	较少	多	多

通过对比和分析，可以认识到单元测试所带来的价值不仅在于能够提早发现缺陷问题，因为根据软件测试领域的经验，缺陷发现越早修复的代价就越小；而且单元测试所花费的时间也远远低于其他类型的测试。综合来看单元测试是性价比最高的一种测试类型。

2.1.3 单元测试常用技术及其框架

Python 自带单元测试框架 Unittest。Unittest 受到 JUnit 的启发，与其他语言中的主流单元测试框架风格相似。其支持测试自动化，配置共享和关机代码测试，支持将测试用例聚合到测试集中，并将测试框架与报告框架分离。

1. Unittest 的核心要素

Unittest 具备基本的核心要素，下面将对这些核心要素进行介绍。

（1）测试脚手架 Fixture 表示为开展一项或多项测试所需要进行的准备工作，以及所有相关的清理操作。测试用例类中实现了前置和后置方法，前置方法 setUp() 和后置方法 tearDown() 组成了测试类中的脚手架。

（2）测试用例 TestCase 继承于 Unittes.TestCase，测试用例中的测试方法必须以 test 开头。一个测试用例对应一个独立的测试单元，用于检查在输入特定的数据时，被测试程序的响应情况。

（3）测试套件 TestSuite 把多个测试用例集成在一起就是测试套件。测试套件主要通过以下两种方法完成其功能，第一步是实例化测试套件，第二步是加载测试用例。

① 实例化测试套件 suite = unittest.TestSuite()

② 将测试用例加入测试套件 suite.addTest(MyTest('test_×××'))

（4）测试执行器（Test Runner）是一个用于执行测试和输出测试结果的组件。这个运行器可以使用图形界面、文本接口，或返回一个特定的值表示运行测试的结果。下面展示了测试执行器的常见用法，第一步是实例化测试执行器，第二步是运行测试套件。

① 实例化测试执行器：runner = unittest.TextTestRunner()

② 运行测试套件：runner.run(suite)

2. Unittest 测试的基本流程

图 2-2 将简单介绍利用 Unittest 完成单元测试的基本流程，整个流程可以分解成 4 个主要的步骤。

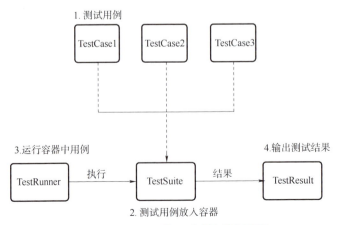

图 2-2 Unittest 单元测试的基本流程

（1）使用 Unittest 框架编写与业务相关的单元测试用例，用例结构需要符合 Unittest 框架标准，且测试用例需要能覆盖当前被测软件的基本业务；

（2）完成测试套件的实例化操作，并将前面准备的测试用例加载到测试套件中；

（3）创建测试执行器实例化对象，并利用测试执行器执行测试套件中的内容；

（4）等待测试执行器完成执行，在测试框架中输出相关的测试结果报告。

2.1.4　单元测试常用工具

随着软件开发的迅猛发展，尤其是敏捷开发方法的普及，单元测试逐渐得到广大开发者的认可和采纳。前面介绍过，单元测试是一种针对软件单元的测试方法，目的是验证软件单元的正确性。正确性的验证对于软件的质量大有裨益。

1. 单元测试工具的功能特征

在单元测试的过程中，开发者需要选择一个合适的单元测试工具。目前市面上单元测试工具种类繁多，并各具特色与适用场景。如何选择一个合适的单元测试工具成为开发者的一大难题，一款合适的单元测试工具需要具备以下几点功能特征。

（1）自动化。自动化是单元测试最基本的要求。单元测试工具需要自动执行测试任务，这样可以减少开发者的负担，提高测试效率和测试精度。

（2）丰富的功能库和断言库。单元测试工具需要提供丰富的测试函数库和断言函数库，以便开发者可以轻松地编写测试用例和断言条件。

（3）多平台和多语言支持。单元测试工具需要支持多种编程语言和多种操作系统平台，以便开发者可以在不同的编程环境下使用它。

（4）支持测试报告自动生成。单元测试工具需要在测试完成后自动生成测试报告，以便开发者可以了解测试结果，进一步改进代码。

（5）支持持续集成。持续集成是敏捷开发方法的核心，单元测试工具需要支持持续集成，这样可以在软件开发的不同阶段自动执行测试任务。

2. 常用的单元测试工具

基于以上要求，可以选择合适的单元测试工具。目前市面上存在众多的单元测试工具，其中比较常用的有 JUnit、TestNG、NUnit、MSTest、PHPUnit、Pytest 等。下面对这些单元测试工具进行简要的介绍和对比。

（1）JUnit。JUnit 是基于 Java 语言的一种单元测试框架，其设计思想是面向对象的。JUnit 具有简单易用、高效快捷、稳定可靠等特点，被广泛应用于 Java 程序的单元测试中。JUnit 提供了一系列运行测试和断言测试的方法，同时，JUnit 还提供了测试套件、测试装置等工具，帮助开发者编写和管理单元测试用例。

（2）TestNG。TestNG 也是一种基于 Java 语言的单元测试框架，是 JUnit 的超集。TestNG 具有 JUnit 的所有功能，同时还增加了并行测试、参数化测试、测试分组等功能。与 JUnit 相比，TestNG 具有更加灵活的测试组织和执行机制，能够更加便捷地编写和管理测试用例。

（3）NUnit。NUnit 是基于 . NET 语言的一种单元测试框架，与 JUnit 类似，NUnit 提供了基本的测试框架和测试套件，同时还增加了参数化测试、数据驱动测试等功能。NUnit 对于 . NET 程序的单元测试非常有用。

（4）MSTest。MSTest 是 Microsoft Visual Studio 的默认单元测试框架，支持 C#语言、VB. NET 等大量 . NET 语言。MSTest 提供了和 NUnit 类似的测试功能和参数化测试功能。可以说，MSTest 是 . NET 开发者最常用的单元测试框架之一。

（5）PHPUnit。PHPUnit 是基于 PHP 语言的一个单元测试框架，是 JUnit 的 PHP 版本。PHPUnit 与 JUnit 类似，提供了基本测试框架和测试套件，同时还增加了异常测试、覆盖率测试等功能。PHPUnit 被广泛应用于 PHP 程序的单元测试工作中。

单元测试是提高代码质量和软件交付质量的重要手段之一。选择一款适合自己项目单元的测试工具，对于项目团队至关重要。本章节介绍了常见的单元测试工具 JUnit、TestNG、NUnit、MSTest、PHPUnit 等工具，并对这几款单元测试工具进行了简单的对比。通过对这几款工具的介绍，帮助读者了解不同单元测试工具之间的差异，以便软件开发工作者在项目开发过程中，可以有效利用单元测试工具，达到提升单元测试效率的目的。

2.1.5　单元测试的测试案例及方法

下面通过案例来详细讲解 Unittest 单元测试框架的应用，代码 2-1 展示了被测试的函数。

代码 2-1　将被 Unittest 单元测试框架测试的原始函数代码。

```
# - * - coding: utf-8 - * -
import unittest
from parameterized import parameterized


def funm(a,b,x):
    if (a>1 and b==0):
        x=x/a


    if (a==2 or x>1):
        x=x+1


    return x
```

针对代码 2-1 中的被测函数编写单元测试用例，可以利用白盒测试技术中的条件组合覆盖方法进行用例设计。该程序中共有 4 个条件：a>1、b==0、a==2、x>1，采用条件组合覆盖法使这 4 个条件都能覆盖"真""假"两个值，因此所有条件结果的组合总共有 16 种，去除掉 4 种不符合条件的组合，最终得到 12 种数据组合。表 2-2 展示了相应测试用例的设计及预期值。

表 2-2　测试用例设计及预期值

序号	测试用例			判定 1	判定 2	覆盖路径	函数预期返回值
	a	b	x				
1	2	0	4	1	1	ace	3
2	2	1	2	0	1	abe	3
3	3	0	7	1	1	ace	3

序号	测试用例			判定1	判定2	覆盖路径	函数预期返回值
	a	b	x				
4	2	0	2	1	1	ace	2
5	1	0	3	0	1	abe	4
6	3	1	1	0	0	abd	1
7	2	1	−1	0	1	abe	0
8	3	0	7	1	1	ace	3
9	1	1	3	0	1	abe	4
10	3	1	1	0	0	abd	1
11	1	0	1	0	0	abd	1
12	1	1	1	0	0	abd	1

表 2-2 列出了测试用例及函数预期返回结果，下面将编写 Unittest 代码。代码 2-2 展示了对于代码 2-1 中提出的被测试函数，所设计出的 Unittest 测试用例。

代码 2-2　Unittest 测试用例。

```python
# - * - coding: utf-8 - * -
import unittest
from parameterized import parameterized


def cacl(a, b):
    return a+b


def funm(a,b,x):
    if (a>1 and b==0):
        x=x/a

    if (a==2 or x>1):
        x=x+1

    return x


class MyUnit(unittest. TestCase):
    def setUp(self):
        self. funm = funm

    def tearDown(self):
        pass

    @parameterized. expand(
```

```
        [
            (2, 0, 4, 3),   #
            (2, 1, 2, 3),   #
            (3, 0, 7, 3),
            (2, 0, 2, 2),
            (1, 0, 3, 4),
            (3, 1, 1, 1),
            (2, 1, -1, 0),
            (3, 0, 7, 3),
            (1, 1, 3, 4),
            (3, 1, 1, 1),
            (1, 0, 1, 1),
            (1, 1, 1, 1),
        ]
    )
    def test_funm(self,a,b,c,d):
        res =self. funm(a, b, c)
        self. assertEqual(res, d)

if__name__ == '__main__':
    unittest. main(verbosity=2)
```

代码 2-2 中的单元测试类 MyUnit 是根据 Unittest 的基础类 unittest. TestCase 所派生出来的，单元测试类 MyUnit 结构中包含的 setUp 和 tearDown 就是前面介绍过的测试脚手架。

代码 2-2 的单元测试代码中还使用到参数化方法@parameterized. expand，参数化采用的是第三方库 parameterized，可以直接使用 pip 命令进行安装。在@parameterized. expand( )中，每个元组都可以被认为是一条测试用例。在测试用例中，通过参数来取每个元组提供的数据。

接下来讲解 Unittest 单元测试用例的执行，首先进入单元测试脚本所在的目录中，然后打开命令行窗口，在命令行窗口中输入命令：python -m unittest -v unitdemo 即可执行对应的单元测试用例，返回结果也会在图 2-3 这样的命令行窗口中显示出来。

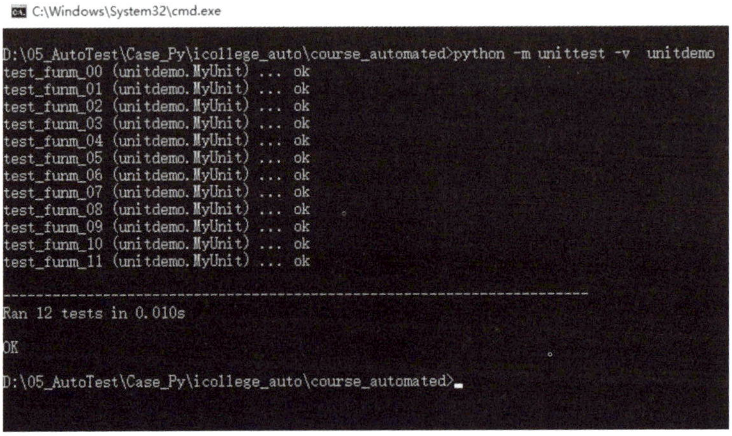

图 2-3　Unittest 单元测试用例的执行过程

2.2 集成测试

集成测试是在单元测试的基础上，按照软件的概要设计要求，将已通过单元测试的软件单元组装成模块、子系统或系统进行测试的过程。集成测试主要由白盒测试工程师或开发人员进行，目的是检验模块之间、模块和已集成的软件接口之间的关系，检验已集成的软件是否符合概要设计要求。通过的标准是各个单元模块结合到一起能够协同配合，正常运行。

2.2.1 集成测试概述

集成测试也称组装测试、联合测试、子系统测试或者部件测试。集成测试是在单元测试完成之后进行的，它涉及的范围是将所有通过单元测试的模块或单元按照系统设计的要求组装成更大的组件或整个系统。旨在验证不同组件、模块或子系统之间的相互协作和集成是否正常工作。在集成测试中，将多个独立开发和测试的组件组合起来，以确保它们在整体系统中能够正确地相互合作，满足系统要求并达到预期的功能和性能。在这个过程中，测试的重点是模块或单元之间的接口、数据传输以及相互作用的效果，确保各个部分能够正确地协同工作。集成测试既包括白盒测试（测试代码内部结构和逻辑）的元素，也包括黑盒测试（测试系统或用户接口的可见功能）的元素，有时还涉及灰盒测试。

此外，集成测试还包括不同的层次，比如模块内的集成、子系统内的集成和系统集成。在进行集成测试时，测试人员需要参考软件概要设计（即架构设计）中的接口关系图，以确保测试的正确性和有效性。

2.2.2 集成测试的模式和方法

集成测试是和软件开发过程中的概要设计阶段相对应的，因为软件概要设计中关于整个系统的体系结构就是设计集成测试用例输入的基础。概要设计可以清晰地表示出大型软件系统中的组件或子系统的层次结构，为集成测试策略的选取提供重要参考。同时集成测试也服务于概要设计，可以检验概要设计中是否存在错误和遗漏。因此，两者之间是相辅相成的关系。

集成测试提供了两种不同的集成测试模式，即针对传统软件和基于面向对象的应用系统。对于传统软件来说按照集成软件的颗粒大小的不同，又分成了 3 个不同级别的集成测试，分别是：模块之间的集成测试、子系统内部的集成测试和子系统之间的集成测试。

对于面向对象的应用系统而言，按照集成颗粒度大小不同，可以把集成测试分为 2 个层次，分别是：类内部的集成测试和类外部的集成测试。

集成测试是一个持续的过程，集成测试的基本策略分为非增量式集成测试策略和增量式集成测试策略。

1. 非增量式集成测试策略

非增量式集成测试策略首先对每个子模块进行测试（即单元测试），然后将所有模块全部集成起来一次性进行集成测试。非增量式集成测试最典型的测试方法就是俗称的大爆炸集成测试，也称为一次性集成。该集成就是在最短的时间内把所有通过单元测试的模块一次性地集成到被测系统中进行测试，它不考虑组件之间的互相依赖性及可能存在的风险，试图在最短的时间内完成所有模块的集成和测试。

2. 增量式集成测试策略

增量式集成与"一步到位"的非增量式集成相反，它把程序划分成小段来构造和测试。这种方法容易定位和改正错误；对接口可以进行更彻底的测试；可以使用系统化的测试方法。因此，目前在集成测试时普遍采用增量式集成策略。

增量式集成测试策略有多种方法，主要有自顶向下集成、自底向上集成、三明治集成、基于功能的集成、基于风险的集成以及分布式集成等。在这种策略下，通过加入两个或多个逻辑相关的模块完成测试，然后添加其他相关模块并测试其功能是否正常。随着相关模块的增加，该过程持续进行，直到所有模块都已加入并成功测试。相对于非增量式集成测试策略，增量式集成测试策略的最大特点是支持故障隔离，可以解决故障定位问题。下面分别介绍增量式集成测试策略所包含的几种测试方法。

（1）自顶向下集成测试。从主控制模块开始，沿着程序的控制层次向下移动，逐渐把各个模块结合起来。在把附属于（即最终附属于）主控制模块的那些模块组装到程序结构中时，使用深度优先或者宽度优先的策略。采用自顶向下集成测试方案时，会按照系统层次结构图，以主程序模块为中心，从顶层控制模块开始，自上而下按照深度优先或者广度优先策略，对各个模块边组装边测试。测试是按照软件系统的控制流程从上到下进行的，可以验证系统的功能性和稳定性。

（2）自底向上集成测试。从"原子"模块（即在软件结构最底层的模块）开始组装和测试。因为是从底部向上结合模块，总能得到所需的下层模块处理功能，所以不需要桩模块。采用自底向上的测试方案时，从系统层次结构图的最底层模块开始，按照层次结构图逐层向上进行组装和集成测试。这种策略从具有最小依赖性的底层组件开始按照依赖关系树的结构，逐层向上集成，以验证整个系统的稳定性。它需要驱动模块的帮助进行测试。

（3）三明治集成测试。三明治集成是一种混合增量式测试策略，综合了自顶向下和自底向上两种集成方法的优点。采用三明治方法时，桩模块和驱动模块的开发工作都比较小，不过代价是在一定程度上增加了进行缺陷定位的难度。三明治集成就是把系统划分为三层，中间一层为目标层，测试时，对目标层上面的一层使用自顶向下的集成策略，对目标层下面的一层使用自底向上的集成策略，最后测试在目标层会合。

（4）其他集成测试。其他集成测试包括基于功能的集成、基于风险的集成、分布式集成测试、持续集成测试。

① 基于功能的集成测试。基于功能的集成测试是从功能的角度出发，按照功能的关键程度对模块的集成顺序进行组织，目的是尽早地验证系统关键功能。

② 基于风险的集成测试。基于风险的集成测试是基于某一种假设，即系统风险最高的模块间的集成往往是错误最集中的地方。因此尽早地对这些高风险模块接口进行重点测试，有助于保证系统的稳定性。该方法的优点是能够加速系统的稳定性，有利于加强使用者对系统的信心，关键点在于风险的识别和评估，与基于功能的集成测试有一定的相通之处，通常与基于功能的集成测试结合使用，主要适用于系统中风险较大的模块测试。

③ 分布式集成测试：基于分布式集成测试主要验证松散耦合的同级模块之间的交互稳定性。在一个分布式系统中，由于没有专门的控制轨迹和服务器层，所以构造测试包比较困难，主要验证远程主机之间的接口是否具有最低限度的可操作性。

④ 持续集成测试：当前很多软件开发项目中普遍采用敏捷开发模式，在敏捷开发模式下通常会将集成测试与单元测试进行紧密结合。持续集成是一种软件开发实践，即团队开发成员经常会集成自己所编写的系统子模块，通常每个成员每天至少集成一次，也就意味着每天可能会发生多次集成。每次集成以后都会通过自动化的构建（包括编译、发布、自动化测试）来进行验证，从而尽早地发现模块之间存在的错误。持续集成也叫高频集成测试，通过持续集成进行小范围高频次的测试，测试活动会一直贯穿在软件集成的活动中。比如白天开发团队进行代码开发，下班前提交代码，已经配置好的测试平台在晚上自动地把新增代码与原有代码集成到一起，然后去启动单元测试或者自动化测试任务，整个持续集成测试完成以后会将测试结果以邮件的形式发送给团队成员。

2.2.3　持续集成测试

软件测试是保证软件质量的关键环节。随着软件开发的复杂性不断增加，传统的瀑布模型已经无法满足快速交付和高质量的需求。为了解决这个问题，持续集成逐渐成为软件测试的一种重要方法。下面将详细介绍持续集成软件测试方法，并对其优势和挑战进行深入探讨。

持续集成是一种软件开发实践，旨在通过频繁集成和自动化测试来减少问题，并促进开发团队之间的协作。在持续集成中，开发人员经常将编写好的代码提交到共享代码仓库中，并通过构建和自动化测试来验证代码的正确性。这种频繁集成和测试的方式可以及时发现问题并解决问题，从而提高软件的质量和稳定性。

1. 持续集成的典型工作流程

持续集成的典型工作流程包括以下几个步骤：

（1）代码提交：开发人员将修改后的代码提交到版本控制系统中。

（2）构建：系统自动从版本控制系统中获取代码，并进行编译和构建。

（3）自动化测试：自动运行预先定义的测试用例，检查代码的正确性和功能的完整性。

（4）代码检查：使用代码静态分析工具检查代码的规范性和潜在问题。

（5）集成：将构建完成和测试通过的代码集成到共享代码仓库中。

（6）部署：自动将构建部署到目标环境中。

2. 持续集成的优势

持续集成的关键在于自动化。通过自动化构建、测试和部署，可以大幅度减少人工错误和手动操作的时间成本，提高开发效率和软件质量。关于持续集成的优势，主要体现在以下几个方面：

（1）提高软件质量。持续集成通过频繁集成和自动化测试，可以及早发现和解决问题，从而减少软件中的缺陷。同时，持续集成还可以降低回归测试的成本，确保新功能的引入不会影响已有功能的正常运行。

（2）促进团队协作。在持续集成中，开发人员需要经常提交代码，并及时处理构建和测试失败的情况。这种频繁的交互可以促进团队成员之间的沟通和协作，减少开发过程中的风险和误解。

（3）快速交付。持续集成可以实现快速交付，使新功能和产生的变更可以更快地进入生产环境。通过自动化构建和部署，可以减少人工操作和等待时间，提高交付的效率和可靠性。

（4）可追溯性。持续集成中的每一个构建和测试都有记录，可以方便地追踪和排查问题。开发人员可以通过构建日志和测试报告，快速定位引入问题的代码变更部分，并及时修复。

2.2.4　集成测试的测试案例及方法

在进行案例讲解之前，先要了解清楚桩模块和驱动模块的基本概念。

桩模块是一个用于替代受到被测模块输出结果影响的依赖模块，也是虚拟模块。通常，当被测模块的输出影响其他模块的输出时，这些其他模块可能尚未完成或测试。为了测试被测模块，可以创建一个桩模块，它的作用是模拟这些未完成或未测试的依赖模块的行为。桩模块通常会返回硬编码的预定义数据，而不是执行复杂的逻辑。它们的目的是确保被测模块在依赖模块完成之前能够正常运行，并且正确处理数据。

驱动模块与桩模块相反，它的输出结果将作为被测模块的输入，从而影响被测模块的输出。当被测模块需要接收来自其他模块的数据作为输入时，这些其他模块可能还没有实现或测试完成。在这种情况下，可以创建一个驱动模块，来模拟产生这些输入数据的模块的行为。驱动模块负责生成测试数据，并将其传递给被测模块以进行测试。通常，这些数据是硬编码的或者根据测试需求生成的。

总的来说，桩模块和驱动模块都为进行集成测试提供帮助，确保不同模块之间的正常协作。桩模块用于模拟依赖被测模块输出的其他模块，而驱动模块用于模拟提供输入数据给被测模块的虚拟模块。这两种模块在测试过程中有助于隔离和检测问题，以确保整个系统的各个组件能够正确协作。

下面是一个自顶向下的集成测试案例，使用到深度优先和广度优先两种集成测试方法。

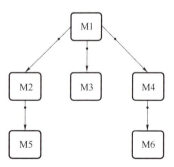

图 2-4　包含 6 个模块的软件系统结构框图

1. 深度优先测试

假设某软件系统的结构框图由 M1、M2、M3、M4、M5 和 M6 这 6 个模块单元组成，图 2-4 展示了该软件系统的结构关系。接下来将按照深度优先的规则，对图 2-4 中的软件结构进行模拟测试。

（1）测试顶部主控模块 M1。对模块 M1 的测试要求是先编写用于模拟模块 M2、M3、M4 的桩模块，对于模拟模块 M2、M3、M4 的桩模块这里使用 SM2、SM3、SM4 来表示。对 M1 的测试首先使用桩模块 SM2、SM3、SM4 替代原来的下属模块 M2、M3、M4 进行测试，

SM2、SM3、SM4 的输入和输出的数据格式和原来对应的下属模块一致，只是通过硬编码方式简化了原有模块的业务逻辑。图 2-5 中展示了深度优先方法被测模块 M1 与桩模块 SM2、SM3、SM4 的测试业务逻辑关系。

（2）用模块 M2 替换桩模块 SM2，对模块 M2 进行测试。同样的原理在对 M2 模块测试时候，需要将 M2 的下属模块 M5 替换成对应的桩模块 SM5，利用桩模块 SM5 完成对模块 M2 的测试。图 2-6 展示了深度优先方法被测模块 M2 与桩模块 SM5 的测试业务逻辑关系。

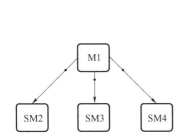

图 2-5　深度优先方法被测模块 M1 与桩模块 SM2、SM3、SM4 的测试业务逻辑关系

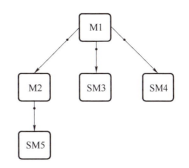

图 2-6　深度优先方法被测模块 M2 与桩模块 SM5 的测试业务逻辑关系

（3）M2 模块测试完成后，按照深度优先原则，将原始模块 M5 连接到模块 M2 下面进行测试。因为 M5 是底层模块，所以不具有下属模块，被测 M5 模块主要通过使用已经过测试的 M2 模块进行测试。图 2-7 展示了深度优先方法被测 M5 模块与模块 M2 的测试业务逻辑关系。

（4）用模块 M3 替换桩模块 SM3，因为 M3 下面没有子模块，所以用主模块 M1 完成对被测模块 M3 的测试。图 2-8 展示了深度优先方法被测模块 M3 与模块 M1 的测试业务逻辑关系。

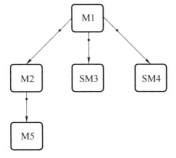

图 2-7　深度优先方法被测模块 M5 与模块 M2 的测试业务逻辑关系

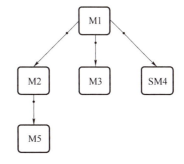

图 2-8　深度优先方法被测模块 M3 与模块 M1 的测试业务逻辑关系

（5）对模块 M4 进行测试，将 SM4 桩模块替换成 M4 模块，注意到被测模块 M4 存在下属依赖模块，因此需要先将原来的下属模块 M6 替换成对应的桩模块 SM6。图 2-9 展示了深度优先方法被测模块 M4 与桩模块 SM6 的测试业务逻辑关系。

（6）对模块 M6 进行测试，将原来的桩模块 SM6 替换成实际模块 M6，再利用上级模块 M4 驱动被测模块 M6 完成对应的测试。图 2-10 展示了深度优先方法被测模块 M6 与模块 M4 之间的测试业务逻辑关系。

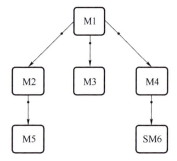

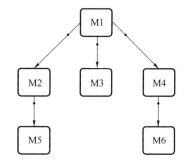

图 2-9　深度优先方法被测模块
M4 与桩模块 SM6 的测试业务逻辑关系

图 2-10　深度优先方法被测模块
M6 与模块 M4 的测试业务逻辑关系

2. 广度优先测试

（1）对于顶层主控模块 M1 的测试方法和上面的深度优先的测试方法是一样的，用桩模块 SM2、SM3、SM4 替换对应的实际模块。图 2-11 展示了广度优先方法被测模块 M1 与桩模块 SM2、SM3、SM4 的测试业务逻辑关系。

（2）用模块 M2 替换桩模块 SM2，对模块 M2 进行测试。同样的原理在对模块 M2 进行测试时，需要将 M2 的下属模块 M5 替换成对应的桩模块 SM5，利用桩模块 SM5 完成对被测模块 M2 的测试，其测试业务逻辑关系如图 2-12 所示。

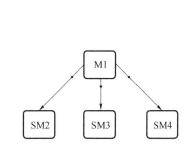

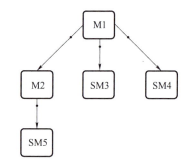

图 2-11　广度优先方法被测模块 M1 与桩
模块 SM2、SM3、SM4 的测试业务逻辑关系

图 2-12　广度优先方法被测模块 M2 与桩
模块 SM5 的测试业务逻辑关系

（3）从本步骤开始，与深度优先测试方法不同。广度优先方法中优先会测试同一层级的模块，所以这个时候会将桩模块 SM3 替换成工作模块 M3。由主控模块 M1 驱动被测模块 M3 完成测试。图 2-13 展示了广度优先方法被测模块 M3 与模块 M1 的测试业务逻辑关系。

（4）用实际模块 M4 替换桩模块 SM4，然后利用主控模块 M1 驱动工作模块 M4 完成相关的测试活动。图 2-14 展示了被测模块 M4 与模块 M1 的测试业务逻辑关系。

（5）用广度优先策略是先按照从左到右的顺序，完成上一层模块的测试。然后再切换到紧临的下一层，也是按照从左到右的顺序进行测试。所以从这一步开始对第 3 层的模块进行测试，优先从左边的模块开始，将桩模块 SM5 替换成实际模块 M5，然后通过实际模块 M2 驱动实际模块 M5 完成测试。图 2-15 展示了广度优先方法被测模块 M5 与模块 M2 的测试业务逻辑关系。

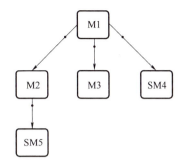

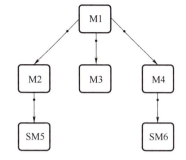

图 2-13 广度优先方法被测模块 M3 与
模块 M1 的测试业务逻辑关系

图 2-14 广度优先方法被测模块 M4 与
模块 M1 的测试业务逻辑关系

（6）对模块 M6 进行测试，将原来的桩模块 SM6 替换成实际模块 M6，再利用上级模块 M4 驱动被测模块 M6 完成对应测试。图 2-16 展示了广度优先方法被测模块 M6 与模块 M4 的测试业务逻辑关系。

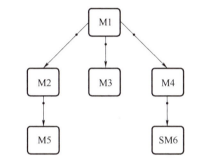

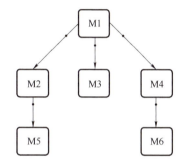

图 2-15 广度优先方法被测模块 M5 与
模块 M2 的测试业务逻辑关系

图 2-16 广度优先方法被测模块 M6 与
模块 M4 的测试业务逻辑关系

2.3 系统测试

系统测试是验证整个系统是否能够满足设计目标，对集成的软件和硬件系统进行测试，测试内容包括功能、性能以及软硬件环境等。系统测试主要采用黑盒测试技术，主要验证系统功能、性能等满足《需求规格说明书》中的要求。系统测试主要采用的测试方法有功能测试、性能测试、兼容性测试等

2.3.1 系统测试概述

系统测试（System Testing），是将已经确认的软件、计算机硬件、外设、网络等其他元素结合在一起，进行信息系统的全面组装测试和确认测试。系统测试是针对整个产品系统进行的测试，目的是验证系统是否满足了需求规格的定义，找出与需求规格不符或矛盾之处，从而提出更加完善的方案。系统测试发现问题之后要经过调试找出错误原因和位置，然后进行改正，它是基于系统整体需求说明书的黑盒类测试，覆盖系统所有联合的部

件。测试对象不仅仅包括需测试的软件，还包含软件所依赖的硬件、外设甚至包括某些数据、某些支持软件及其接口等。常见的系统测试包括恢复测试、安全测试、压力测试。

　　系统测试是软件开发生命周期的重要阶段，它是为了保证软件产品质量而进行的一系列测试活动的总称。其目的是确保软件产品能够满足用户需求，并且系统功能正常、稳定且可靠。在软件开发过程中，系统测试是最重要的一个测试环节。

2.3.2　系统测试的分类及方法

1. 系统测试分类

　　系统测试是整个测试活动中非常重要的一环，其目的是确保软件系统能够在各种不同场景下均可以正常运行，且满足用户的需求。系统测试从不同的维度可以划分为以下几类。

　　（1）功能测试。功能测试是软件系统测试中最基本的类型之一，主要关注软件系统是否能够正确地实现各项功能。测试人员需要针对每个功能进行测试，检查输入与输出是否符合预期，以及软件系统的反应是否正确。常见的功能测试方法包括黑盒测试、灰盒测试以及白盒测试等。

　　（2）性能测试。性能测试主要关注软件系统在特定条件下的性能表现，包括响应时间、吞吐量、稳定性等。测试人员需要模拟大量用户请求，以检测软件系统在负载高峰期的性能表现，以及系统是否具有稳定性和可靠性。常见的性能测试方法包括负载测试、压力测试和稳定性测试等。

　　（3）兼容性测试。兼容性测试主要关注软件系统在不同平台、浏览器和设备上的兼容性。测试人员需要检查软件系统在不同平台和设备上运行的功能效果是否一致，以确保用户在不同环境下均能够获得相同的使用体验。常见的兼容性测试方法包括跨浏览器测试、跨平台测试和移动设备测试等。

　　（4）安全性测试。安全性测试主要关注软件系统在面临各种安全威胁时的表现，包括黑客攻击、数据泄露等。测试人员需要模拟黑客攻击等场景，以发现软件系统中的漏洞和弱点，并及时修复。常见的安全性测试方法包括漏洞扫描、代码审查和渗透测试等。

　　（5）可用性测试。可用性测试主要关注软件系统的易用性和用户体验。测试人员需要邀请真实用户参与测试，以了解用户对软件系统的评价和反馈，发现其中的问题并加以改进。常见的可用性测试方法包括用户访谈、用户观察和问卷调查等。

　　（6）安装与卸载测试。安装与卸载测试主要关注软件系统的安装和卸载过程是否顺畅、是否会影响其他系统等。测试人员需要检查软件的安装和卸载过程是否符合预期，以及是否会产生冗余文件和其他问题。常见的安装与卸载测试方法包括静默安装测试、自定义安装测试和纯净卸载测试等。

　　（7）用户界面测试。用户界面测试又称为 UI 测试。UI 测试的目的是确保用户界面会通过测试对象的功能来为用户提供相应的访问或浏览功能。确保用户界面符合公司或行业的标准。通过用户界面测试来核实用户与软件的交互。UI 测试的目标在于确保用户界面向用户提供了适当的操作界面，可以方便用户访问和浏览测试对象功能。除此之外，UI测试还要确保 UI 的内部功能对象符合预期要求，且遵循公司和行业的标准。

　　（8）强度测试。强度测试是检验系统在高负载下的极限性能。在强度测试中，强制程序在其设计能力的极限状态下运行，直到超出极限，以验证在超出临界状态下的性能降低不是灾难性的。

（9）文档测试。系统测试的过程中对于软件系统文档的质量也需要进行测试。文档测试以需求分析、软件设计、用户手册、安装手册为主，主要验证文档说明与实际软件之间是否存在差异。

（10）配置测试。配置测试是一种测试类型，用于验证系统的最佳性能以及在不会导致系统错误和缺陷情况下的最简洁且最合适的配置。配置测试可确保应用程序在尽可能多的不同硬件环境中运行。通常会将软件在不同配置的系统环境中进行运行，这里的系统环境通常指操作系统、浏览器、驱动程序、数据库、网络等的组合。最终目的是保证软件系统能够兼容的不同用户场景所需的不同软硬件配置环境。

2. 基于对象内部结构的系统测试方法

按照不同的维度可以划分出不同的系统测试方法。若以是否了解测试对象的内部结构为标准进行划分，系统测试可以分为黑盒测试、白盒测试和灰盒测试，下面详细介绍这3种测试方法。

（1）黑盒测试。黑盒测试是在不需要知道系统实际编程的条件下来检测每个功能是否都能正常使用。在测试中，把程序看作一个不能打开的黑盒子，在完全不考虑程序内部结构和内部特性的情况下，在程序接口进行测试，它只检查程序功能是否按照软件《需求规格说明书》的规定正常使用，程序是否能正确地接收输入数据且产生正确的输出信息。黑盒测试注重程序外部接口，不考虑内部逻辑结构，主要针对软件界面和软件功能进行测试。黑盒测试常用测试方法包括等价类划分、边界值分析、错误推导法、因果图法、判定表组成法、正交试验法和场景法等。

（2）白盒测试。白盒测试又称为结构化测试、透明盒测试、逻辑驱动测试或基于代码的测试。白盒测试是一种测试用例设计方法，盒子表示被测试的软件，白盒表示盒子是可视的，清楚盒子内部的东西以及内部运作方式。"白盒"法是穷举路径测试，需要全面了解程序内部逻辑结构，并对所有逻辑路径进行测试。白盒测试并不是简单的按照代码设计测试用例，而是需要根据不同的测试需求，结合不同的测试对象，使用适合的方法进行测试。常见的覆盖方法有六种：语句覆盖、判定覆盖、条件覆盖、判定/条件覆盖、组合覆盖盖和路径覆盖。

（3）灰盒测试。灰盒测试介于白盒测试与黑盒测试，多用于集成测试阶段，不仅关注输入、输出的正确性，同时关注程序的内部结构。灰盒测试没有白盒测试的详细和完整，更关注通过一些表征性的现象、事件、标志来判断内部的运行状态。

3. 基于不同系统测试执行方式的系统测试方法

系统测试按照执行方式可以分为静态测试和动态测试。

（1）静态测试。静态测试无须运行被测程序本身，仅通过分析或检查源程序的语法、结构、过程、接口等来检查程序的正确性。对《需求规格说明书》、《软件设计说明书》、源程序做结构分析、流程图分析、符号执行来找错。静态方法通过程序静态特性的分析，找出欠缺和可疑之处，例如不匹配的参数、不适当的循环嵌套和分支嵌套、不允许的递归、未使用过的变量、空指针的引用和可疑的计算等。静态测试结果可用于进一步的查错，并为测试用例选取提供指导。

（2）动态测试。动态测试方法是指通过运行被测程序，来对比运行结果与预期结果的差异，并分析运行效率、正确性和健壮性等性能；包括构造测试用例、执行程序、分析程序的输出结果。

4. 基于不同测试手段的系统测试方法

系统测试也可以根据测试手段划分为手工测试和自动化测试。

（1）手工测试。手工测试是测试人员通过执行测试用例，完成对产品功能的测试。该方法对于测试人员的经验要求比较高，且测试的主观性比较强，通常用于一些新功能的拓展性测试。

（2）自动化测试。自动化测试是将以人为驱动的测试行为转化为机器执行的一种过程。通常，在设计测试用例并通过评审之后，由测试人员根据测试用例中描述的规程逐步执行测试，并将得到的实际结果与期望结果进行比较。在此过程中，为节省人力、时间、硬件资源，并提高测试效率，便引入了自动化测试的概念。自动化测试需要测试人员具备一定的编程能力，能够针对产品功能独立开发自动化测试脚本，并在自动化测试执行完成以后分析测试报告，并将发现的 Bug 提交到缺陷管理系统中。

2.4　验收测试

验收测试也称交付测试，是软件产品发布之前所进行的软件测试活动，它是技术测试的最后一个阶段。验收测试的目的是确保软件准备就绪，并且可以让用户将其用于执行软件的既定功能和任务。

2.4.1　验收测试概述

验收测试（Acceptance Test）是在软件产品完成了功能测试和系统测试之后，产品发布之前所进行的软件测试活动，它是技术测试的最后一个阶段，又称交付测试。

验收测试通常在软件或项目开发完成后进行，是在软件交付前进行的最后一项测试活动，为了检验软件或项目的功能是否满足需求，并确认其质量是否符合特定标准。其目的是确保软件或项目在交付给客户或用户之前达到预期的功能和质量要求。此测试通常由客户、用户或代表其利益的人员进行，以确保软件或项目符合合同或协议中的规定，并且满足预期的使用条件。

验收测试内容包括验证系统是否达到了《需求规格说明书》（可能包括项目或产品验收准则）中的要求，通过验收测试尽可能地发现软件中存留的缺陷，从而为软件的进一步改善提供帮助，并确保系统或软件产品最终被用户接受。测试范围主要包括文档（如用户手册、操作手册等）测试、易用性测试、可安装性测试、可恢复性测试、用户界面测试等几个方面。

2.4.2　验收测试的技术要求

验收测试的技术要求通常与具体的测试项目相对应，下面将按照具体的测试项目逐个分析验收测试的具体要求。

1. 文档测试

首先，文档测试要求文档的完整性，文档描述需要与软件功能保持一致。其次，文档要采用通俗易懂的形式让用户容易理解并按照文档指导开展工作，文档中应该对用户容易出现的操作问题给出解决方案并配合案例进行描述。最后，文档应尽量精简，以减少用户学习成本。

2. 易用性测试

易用性包括易理解性、易学性、易操作性、吸引性和依从性。易理解性是指软件是否适合特定任务和使用环境。易学性是指用户学习软件的能力。易操作性是指用户操作和控制软件的能力。吸引性是指软件产品吸引用户的能力。依从性是指软件产品依附于易用性相关标准、约定、风格指南或规定的能力。

3. 可安装性测试

可安装性测试主要关注以下几个技术要求：

（1）是否需要专业人员安装；

（2）《安装说明书》有无给出对安装环境的限制和要求；

（3）安装过程是否简单、易掌握；

（4）安装过程中是否有明显的、合理的提示信息；

（5）是否会出现不可预见或不可修复的错误；

（6）是否会出现安装程序所占用系统资源与原系统占用资源发生冲突的情况，是否会影响原系统的安全性；

（7）软件安装的完整性和灵活性要求；

（8）软件许可证与注册码的验证；

（9）升级安装后原有程序是否可正常运行；

（10）软件卸载后是否存在残留，软件卸载是否对系统或其他应用软件产生影响。

4. 可恢复性测试

可恢复性测试主要检查系统的容错能力。当系统出错时，能否在指定时间间隔内修正错误或重新启动系统。可恢复测试首先要通过各种手段，让软件强制性地发生故障，然后验证系统是否能尽快恢复。对于自动恢复需验证重新初始化、检查点、数据恢复和重新启动等机制的正确性。对于人工干预的恢复系统，还需估测平均修复时间，确定其是否在可接受的范围内。

5. 用户界面测试

用户界面测试主要关注舒适性、正确性、实用性等。舒适性是指软件用户界面所提供的恰当的表现、合理的安排、必要的提示或更正能力等，另外包括用户界面的容错处理和性能响应能力，通常都是需要考虑的影响因素。正确性是指用户界面不存在明显的错误。实用性是指具体特性是否实用。避免在软件开发过程中产生无用的功能。

 综合练习

一、单选题

1. 集成测试时，能较早发现高层模块接口错误的测试方法为（　　）。

A. 自顶向下减式测试　　　　　B. 自底向上渐增式测试

C. 非渐增测试　　　　　　　　D. 系统测试

2. 以下属于集成测试的是（   ）。

A. 系统的实时性是否满足

B. 系统功能是否满足用户要求

C. 系统中一个模块的功能是否会对另一个模块的功能产生不利的影响

D. 函数内局部变量的值是否为预期值

3. 以下有关回归测试的说法中，正确的是（   ）。

A. 回归测试是一个测试阶段

B. 回归测试的目标是确认被测软件经修改和扩充后正确与否

C. 回归测试不能用于单元和集成测试阶段

D. 回归测试是指在软件新版本中验证已修复的软件问题

4. 软件验收测试的主要目的是（   ）。

A. 发现尽可能多的缺陷   B. 验证软件是否符合用户需求和规格说明

C. 优化软件性能   D. 提高软件的可用性

二、判断题

在进行单元测试时，常用黑盒测试方法。   （   ）

三、填空题

在软件验收测试中，_____测试是在模拟环境下使用模拟数据运行系统，而_____测试是在实际环境中使用真实数据运行系统。

第3章 黑盒测试方法

章节导读

  黑盒测试也称功能测试、数据驱动测试或基于《需求规格说明书》的功能测试。黑盒测试注重测试软件的功能性需求。测试工程师将测试对象看作一个黑盒子，只依据程序的《需求规格说明书》检查程序的功能，完全不考虑程序内部的逻辑结构和内部特性，即无须了解程序代码的内部构造，完全模拟用户最终使用该软件产品时的功能场景，检查软件产品是否达到用户需求。黑盒测试方法能更好、更真实地从用户角度来检查被测系统的功能性需求实现情况，在单元测试、集成测试、系统测试及验收测试等软件测试的各个阶段中都发挥着重要的作用。在系统测试和验收测试中，其作用是其他测试方法无法取代的。

  本章节首先介绍黑盒测试的基本概念，接着指出黑盒测试的几种方法，包括等价类划分、边界值分析、因果图和决策表分析、场景法分析。对于上述几种测试方法，本节从理论角度讲解不同测试方法的基本原理，并通过一些典型案例进行说明，介绍不同测试方法的使用场景以及用例设计思路。

学习目标

  （1）了解等价类划分的概念和基本原则，通过学习案例掌握等价类划分方法；

  （2）掌握边界值划分的规则，通过学习能利用边界值划分进行用例设计；

  （3）了解因果图方法中的4种关系和5种约束，能运用该方法进行测试分析；

  （4）了解场景法中基本流和备选流的差别，掌握场景法测试技术要领。

知识图谱

3.1 等价类划分

等价类划分是黑盒测试中一种典型的用例设计方法，就是将程序中所有可能的输入数据划分为若干个等价类，然后从中选取具有代表性的测试用例的过程。其核心就是选择适合的数据子集来代表整个数据集，即通过降低测试的数量来实现合理的覆盖。使用等价类划分的方法设计测试用例，主要以《需求规格说明书》为依据，可以不考虑程序的内部结构。

3.1.1 等价类划分基本概念

等价类是指某个输入域的子集。在该子集中，测试某等价类的代表值与测试这一类其他值的各个输入数据相比，对于揭露程序的错误均是等效的。

等价类划分法是把程序的输入域划分成若干部分，然后从每个部分中选取少数代表性数据作为测试用例。每一类的代表性数据在测试中的作用等价于这一类中的其他值，也就是说，如果某一类中的一个用例发现了错误，这一等价类中的其他用例也能发现同样的错误；反之，如果某一类中的一个用例没有发现错误，那么这一类中的其他用例也不会测试出错误。将全部输入数据合理划分为若干等价类，在每一个等价类中取一个数据作为测试的输入条件，就可以用少量代表性的测试数据获得较好的测试结果。

1. 等价类的类型

一般情况下，等价类可划分为两种类型。

（1）有效等价类。以程序的规格说明来看，有效等价类是合理的、有意义的输入数据构成的集合。利用有效等价类可以检验程序是否实现了《需求规格说明书》中所规定的功能和意义。

（2）无效等价类。与有效等价类相反，无效等价类是对程序的《需求规格说明书》无意义、不合理的数据构成的集合。

2. 设计等价类划分法测试用例的步骤

采用等价类划分法设计测试用例一般可分为以下 4 个步骤：

（1）划分等价类。

（2）细化等价类划分。

（3）建立等价类表格。

（4）依据等价类划分完成测试用例设计。

3.1.2 案例：网易邮箱注册案例

下面以网易邮箱注册为例，讲解等价类划分测试方法的应用。网易邮箱注册时，邮箱名要求包含 6~18 个字符，同时有字母、数字、下画线，且需以字母开头。图 3-1 展示了网易邮箱的注册界面截图。

图 3-1 网易邮箱的注册界面截图

（1）进行等价类划分，划分出有效等价类和无效等价类。有效等价类需满足邮箱名长度为 6~18 个字符，包含字母、数字、下画线，同时首字符以字母开头。若邮箱名具有以下任意一个条件，即可视为无效等价类：长度小于 6 或大于 18、不包含字母或数字或下画线三种情况的任何一种、邮箱名未使用字母开头。

（2）通过第一步，已经完成了有效等价类和无效等价类的划分，下面要实现等价类的细化。表 3-1 给出了细化后的等价类内容。

表 3-1 等价类的细化

输入条件	有效等价类		无效等价类	
	编号	细分规则	编号	细分规则
邮箱名	1	6~18 个字符	2	长度小于 6
			3	长度大于 18
			4	邮箱名为空
	5	包含字母、数字、下画线	6	除字母、数字、下画线的字符
			7	使用中文字符
			8	使用非打印字符
	9	以字母开头	10	数字开头
			11	下画线开头

（3）根据细化后的等价类划分规则表，进行测试用例设计。表3-2给出了具体的测试用例。

表3-2　测试用例的设计

用例编号	输入数据	覆盖等价类	预期结果
1	meta_001345	1、5、9	合法邮件名
2	meta	2、5、9	提示长度小于6
3	meta_123456789_123456789	3、5、9	提示长度大于18
4	NULL	4	提示名称为空
5	test@@123	1、6、9	提示包含非法字符@@
6	test1234	1、7、9	提示包含空格
7	test 虎 1234	1、8、9	提示邮箱名包含汉字
8	123_test	1、5、10	提示以数字开头
9	_test123	1、5、11	提示以下画线开头

3.2　边界值分析

边界值分析法是针对输入或输出的边界值进行测试的一种黑盒测试方法，通常作为等价类划分法的补充，其测试用例来自等价类的边界。边界值是指相对于输入等价类和输出等价类而言，略高于边界或略低于边界的一些特定情况。

3.2.1　边界值划分规则

边界值的划分主要关注输入空间的边界。边界值的确定通常需遵循以下几条原则：

（1）如果输入条件规定了值的范围，则应取恰好达到这个范围边界的值以及略超越这个范围边界的值作为测试输入数据。

（2）如果输入条件规定了值的个数，则用最大个数、最小个数、比最小个数少一、比最大个数多一的数值作为测试数据。

（3）如果程序的规格说明给出的输入域或输出域是有序集合，则应选取集合的第一个元素和最后一个元素作为测试数据。

（4）如果程序中使用了一个内部数据结构，则应选择内部数据结构边界上的值作为测试数据。

3.2.2　案例：求1~100中任意两数之和

下面选用"求1~100中任意两数之和"作为案例进行讲解。

首先，分析边界值：1，100（有效等价类）；然后，分析边界值两边的值：0、2、99、101（0和101是无效等价类，2和99是有效等价类）；最后将有效等价类中的数值换为边界值。这里共有4个有效等价类的值，分别为1、2、99、100。无效等价类也有0和101

这两个值，同样需要在用例设计时进行覆盖。表 3-3 中列举了使用边界值分析法得到的用例列表。

表 3-3　边界值分析法用例列表

用例编号	等价类型	输入参数 1	输入参数 2	输出结果
1	有效等价类	1	99	输出结果为 100
2	有效等价类	100	2	输出结果为 102
3	有效等价类	1	40	输出结果为 41
4	有效等价类	100	40	输出结果为 140
5	无效等价类	0	99	提示 0 为无效输入
6	无效等价类	1	101	提示 101 为无效输入

3.3　因果图和决策表分析

因果图分析是一种软件测试设计方法，主要关注输入条件（原因）与预期输出或系统行为（结果）之间的关系，尤其是当这些条件之间存在复杂的相互作用或约束时。通过因果图分析，测试团队可以更有效地定位问题，提高软件质量。

决策表是一种呈表格状的图形工具，适用于处理判断条件较多，不同条件又相互组合或有多种决策方案的情况。决策表方法可以精确简洁地描述复杂逻辑，将多个条件与满足这些条件后将要执行的动作对应起来，以便通过观察这些对应关系进行测试用例设计。

3.3.1　因果图分析法

因果图分析法是利用图解法分析输入与输出的各种组合情况，从而设计测试用例。因果图分析法比较适合输入条件较多的情况，可以测试所有输入条件的排列组合。

1. 因果图中的基本符号

因果图中的基本符号有恒等、与、或、非。

（1）恒等。恒等关系用"—"表示，其基本逻辑是若原因成立，则结果出现；若原因不成立，则结果不出现。图 3-2 给出了恒等关系图示。

（2）与。与关系用"∧"表示，当存在多个原因时，若所有原因都成立，结果才会出现；若其中一个原因不成立，则结果不出现。图 3-3 给出了与关系图示。

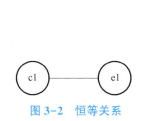

图 3-2　恒等关系

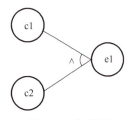

图 3-3　与关系

（3）或。或关系用"V"表示，当存在多个原因时，若几个原因中至少有一个成立，则结果出现；若几个原因都不成立，则结果不出现。图3-4给出了或关系图示。

（4）非。非关系用"～"表示，表示相反的关系。若原因成立，则结果不出现；若原因不成立，则结果出现。图3-5给出了非关系图示。

图3-4　或关系　　　　　　　　　　　图3-5　非关系

2. 因果图中的约束条件

因果图中除了有上述4种基本符号，还有一些约束条件。从原因考虑，有互斥、包含、唯一和要求4种约束；从结果考虑，有屏蔽约束。

（1）互斥：用"E"表示，即多个原因中只能有一个成立，但可以都不成立。

（2）包含：用"I"表示，即多个原因中至少有一个成立，可以多选但不能不选。

（3）唯一：用"O"表示，即多个原因中有且只有一个成立。

（4）要求：用"R"表示，即如果有两个原因，则一个原因成立，另一个原因也必须成立。

（5）屏蔽：对结果的约束，用"M"表示。当原因成立时，结果一定不能成立；但当原因不成立时，结果成立、不成立都可以。

图3-6给出了因果图的5种约束。

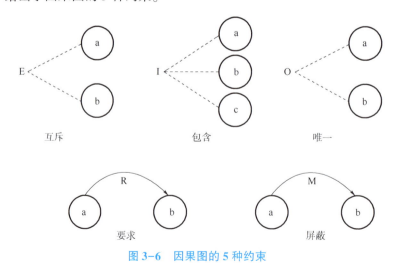

图3-6　因果图的5种约束

3. 因果图法的基本步骤

（1）找出所有的输入条件或输入条件的等价类（原因）。

（2）找出所有的输出条件（结果）。

（3）明确所有输入条件之间的制约及组合关系。

（4）明确所有输出条件之间的制约及组合关系。

（5）分析不同输入条件组合会产生哪些输出结果。

（6）将因果图转换成判定表或决策树。

（7）结合判定表或决策树中的情况设计测试用例。

3.3.2 决策表分析法

决策表也称判定表、因果表，通过分析多种逻辑条件下执行的不同操作来设计测试用例。决策表能够将复杂的问题按照各种可能的情况全部列举出来，简洁明了且避免遗漏。

1. 决策表组成

决策表主要由条件桩、条件项、动作桩、动作项和规则组成。

（1）条件桩：列出问题的所有条件。

（2）条件项：针对条件桩给出的条件列出所有可能的取值（真值和假值）。

（3）动作桩：列出针对问题所采取的操作。

（4）动作项：列出在各种取值组合（条件项）情况下应该采取的动作。

（5）规则：将组成任何一个条件组合的特定取值与相应要执行的动作称为一条规则。在决策表中贯穿条件项和动作项的一列组成一条规则。

2. 决策表构建步骤

决策表构建主要有以下三个步骤：

（1）列出所有的条件桩和动作桩；

（2）填入条件项和动作项，得到初始决策表；

（3）简化决策表，合并相似规则。

3.3.3 案例：决策表分析法验证打印机功能

使用决策表分析法设计测试用例，以打印机的打印功能为例。打印机能否打印出正确的内容受多个因素影响，包括驱动程序、纸张、墨粉等（为了简化问题，不考虑中途断电、卡纸等因素的影响）。基于以上因素，列举出决策表分析法所对应的条件桩和动作桩。

（1）条件桩。包括驱动程序是否正确、是否有纸张、是否有墨粉。

（2）动作桩。包括完成内容打印、提示驱动程序不对、提示没有纸张、提示没有墨粉（假定缺纸告警优先级最高，其次墨粉告警，最后驱动程序告警）。

结合列举出的条件桩和动作桩，可以整理输出对应的条件项和动作项，并完成如表3-4展示的初级决策表的构建。

表3-4 初级决策表

选项		1	2	3	4	5	6	7	8
问题	驱动程序是否正确	Y	N	Y	Y	N	N	Y	N
	是否有纸张	Y	Y	N	Y	N	Y	N	N
	是否有墨粉	Y	Y	Y	N	Y	N	N	N

续表

	选项	1	2	3	4	5	6	7	8
表现	完成内容打印	Y	N	N	N	N	N	N	N
	提示驱动程序不对	N	Y	N	N	N	N	N	N
	提示没有纸张	N	N	Y	N	Y	N	Y	Y
	提示没有墨粉	N	N	N	Y	N	Y	N	N

初级决策表构建完成以后，需要进行简化，即将表中存在的相似规则进行合并。

当决策表中有两条以上规则具有相同的动作，并且在条件项之间存在极为相似的关系时，便可进行合并。表 3-5 即为简化后的决策表。

表 3-5　简化后的决策表

	选项	1	2	3、5、7、8	4、6
问题	驱动程序是否正确	Y	N	—	Y
	是否有纸张	Y	Y	N	Y
	是否有墨粉	Y	Y	—	N
表现	完成内容打印	Y	N	N	N
	提示驱动程序不对	N	Y	N	N
	提示没有纸张	N	N	Y	N
	提示没有墨粉	N	N	N	Y

3.4　场景分析法

场景分析法通过运用场景来对系统的功能点或业务流程进行描述，从而提高测试效果。场景法一般包含基本流和备用流，通过遍历所有的基本流和备用流来完成整个场景。

3.4.1　场景分析法概述

场景分析法通过运用场景来对系统的功能点或业务流程进行描述，利用场景法来测试需求是指模拟特定场景边界发生的事情，通过事件来触发某个动作的发生，观察事件的最终结果，从而发现需求中存在的问题。通常，场景分析法从正常的用例场景分析开始，接着着手其他的场景分析。场景主要包括 4 种主要类型：正常的用例场景、备选的用例场景、异常的用例场景和假定推测的用例场景。

场景分析法是一种面向用户的测试用例设计方法，主要从用户的角度出发，分析软件应用的场景，从场景的角度来设计测试用例。场景分析法一般包含基本流和备用流，从一个流程开始，通过描述经过的路径来确定的过程，经过遍历所有的基本流和备用流来完成整个场景。图 3-7 所给出了场景分析法的原理。经过用例的每条路径都可以用基本流和备选流来表示，其中直黑线表示基本流，是经过用例的最简单路径。

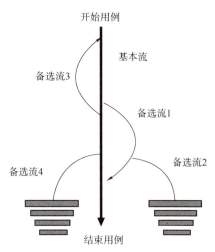

图 3-7 场景分析法的原理

3.4.2 场景分析法的基本步骤

场景分析法的基本设计步骤如下。

（1）根据场景说明，描述程序的基本流以及各项备选流；

（2）根据基本流和各项备选流生成不同的场景；

（3）为每一个场景生成相应的测试用例；

（4）复审生成的所有测试用例，去掉多余的测试用例。当测试用例确定后，为每一个测试用例确定测试数据值。

3.4.3 案例：某购物网站购物流程验证

下面以一个典型的在线购物场景为例，详细讲解场景分析法的具体应用，步骤如下：用户进入一个在线购物网站进行购物，选购物品后，进行在线购买，这时需要使用账号登录。登录成功后付款交易，生成订购单，完成整个购物过程。

（1）确定基本流和备选流的内容。通过表 3-6 可直观了解基本流和备选流的细节。

表 3-6 基本流和备选流的内容

基本流	输入账号和密码，登录在线购物网站，选择商品，在线支付，生成购物单
备选流	账号不存在
备选流	密码错误
备选流	账户余额不足
备选流	连续 3 次密码错误，账号锁定

（2）通过初步整理出的基本流和备选流信息，可以画出图 3-8 所示的相关场景流程图。

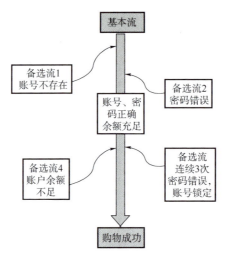

图 3-8 场景流程图

（3）通过对以上场景的分析，得出表 3-7 所示的相关用例。

表 3-7 场景的相关用例

用例 ID	场景	用户名	密码	账户余额	预期结果
1	购物成功	有效	有效	有效	成功购物
2	账号不存在	无效	NA	NA	账号不存在
3	密码错误	有效	无效	NA	提示密码错误
4	连续 3 次密码错误，账号锁定	有效	无效	NA	提示连续 3 次密码错误，账号锁定
5	账户余额不足	有效	有效	有效	提示余额不足

 综合练习

一、判断题

1. 黑盒测试又称功能测试或数据驱动测试。 （ ）

2. 黑盒测试主要用来验证软件内部逻辑。 （ ）

二、单选题

1. 下列方法中，不属于黑盒测试的是（ ）。

A. 基本路径测试法 B. 等价类测试法

C. 边界值分析法 D. 基于场景的测试方法

2. 若有一个计算类型的程序，它的输入量只有一个 X，其范围是 [-1.0, 1.0]，现从输入的角度考虑设计一组测试用例：-1.001, -1.0, 1.0, 1.001。设计这组测试用例的方法是（ ）。

A. 条件覆盖法 B. 等价分类法 C. 边界值分析法 D. 错误推测法

三、简答题

软件测试中的功能测试又被称为什么？

第4章　白盒测试

章节导读

白盒测试相对于黑盒测试而言，更加关注程序代码的内部结构。通过对代码内部结构的分析，采用相关测试方法寻找其内部存在的问题。白盒测试分为两大类：静态分析法和动态分析法。静态分析法包括代码检查、静态结构分析和代码质量度量；动态分析法包括白盒测试的通用方法，如语句覆盖、判定覆盖、条件覆盖、判定条件覆盖、条件组合覆盖和路径覆盖等。

本章首先介绍白盒测试的基本概念，针对每一个逻辑覆盖方法都有对应的案例讲解分析；然后，本章节重点介绍程序插桩法的内容。程序插桩法是一种针对软件测试和性能分析的技术方法，包括目标代码插桩和源代码插桩两种类型。目标代码插桩是指在二进制代码中插入测试代码来获取程序的运行信息，针对这些运行信息进行分析，实现内存监控、指令跟踪以及错误检测。

学习目标

（1）掌握白盒测试基本概念，了解白盒测试与黑盒测试的主要差异；

（2）掌握语句覆盖、判定覆盖、条件覆盖、判定条件覆盖、条件组合覆盖、路径覆盖等几种覆盖方法的应用场景，以及每一种覆盖方法的优缺点；

（3）了解程序插桩法的主要用途，能够理解目标代码插桩和源代码插桩之间的差异。

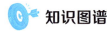 知识图谱

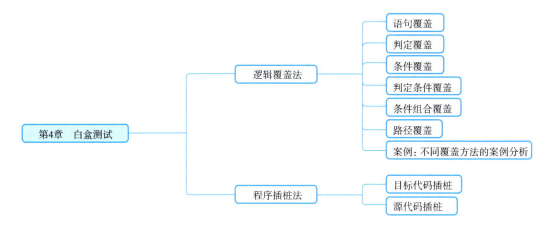

4.1　逻辑覆盖法

白盒测试认为，程序装在一个透明的白盒子里，即清楚了解程序内部结构和处理过程，检查程序内部结构及路径是否均正确、软件内部动作是否按照设计说明的规定正常进行。白盒测试又称结构测试，通过对程序内部结构的分析和检测来寻找问题。最彻底的白盒测试法是覆盖程序中的每一条路径，但由于程序中通常含有循环，所以路径的数目极大，要执行每一条路径是不可能的，只能尽可能覆盖更多的路径。

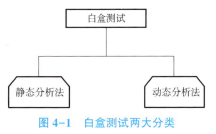

图4-1　白盒测试两大分类

白盒测试包括图4-1中给出的静态分析法和动态分析法两大类。

（1）静态分析法是白盒测试的一个分支，主要分为代码检查法、静态结构分析法和代码质量度量法等。

① 代码检查法：包括桌面检查、代码审查和走查等，主要检查代码和设计的一致性、可读性，代码逻辑表达的正确性，代码结构的合理性以及代码对标准的遵循程度等方面；发现违背程序编写标准的问题，发现程序中不安全、不明确和模糊的部分，找出程序中不可移植部分、违背程序编程风格的问题。代码检查法包括变量检查、命名和类型审查、程序逻辑审查、程序语法检查和程序结构检查等内容。

② 静态结构分析法：以图形的方式表现程序的内部结构。例如函数调用关系图和模块控制流程图等，可以清晰地标识整个软件系统的组成结构，更易于阅读和理解。通过分析这些图表，可检查软件是否存在缺陷与错误。

③ 代码质量度量法：国际标准所定义的软件质量包括功能性、可靠性、易用性、效率、可维护性和可移植性六个方面。软件的质量是软件属性的各种标准度量的组合，以ISO/IEC 9126质量模型为基础，可以构造质量度量模型，用于评估软件的每个方面。

（2）动态分析法是白盒测试的另外一个分支，主要包括语句覆盖、判定覆盖（也称为分支覆盖）、条件覆盖、判定条件覆盖、条件组合覆盖和路径覆盖等，下面将详细讲解动态分析法。

4.1.1　语句覆盖

语句覆盖（Statement Coverage）又称行覆盖、段覆盖、基本块覆盖，是最常见的覆盖方式。语句覆盖只测试代码中的执行语句，目的是检测程序中的代码是否被执行。这里的执行语句不包括头文件、注释、空行等。语句覆盖在多分支的程序中只能覆盖某一条路径，可使该路径中的每一个语句都至少被执行一次，但不考虑各种分支组合的情况。

在软件测试领域，语句覆盖是白盒测试方法的一种，目标是确保程序中的每一个可执行语句均至少被执行一次，即设计测试用例验证源代码中每一条语句是否均能被正确执行。

语句覆盖的优缺点如下。

1. 优点

（1）相对于其他覆盖率标准（如路径覆盖或条件覆盖），语句覆盖实现起来相对简单。

（2）可确保程序的大部分逻辑分支被涉及，有助于发现一部分潜在错误。

2. 缺点

（1）仅考虑语句执行，并不能保证所有可能的逻辑路径都被覆盖。

（2）即使所有的语句都执行完毕，也无法证明程序的逻辑是正确的，特别是涉及复杂条件判断的地方，可能会遗漏某些条件组合导致的问题。它是最弱的逻辑覆盖，效果有限，必须与其他方法交互使用。

4.1.2　判定覆盖

判定覆盖（Decision Coverage）又称分支覆盖，其原则是设计足够多的测试用例，在测试过程中确保程序中的每一个逻辑判断至少有一次为真值，有一次为假值。判定覆盖的作用是使真假分支均被执行。虽然判定覆盖比语句覆盖测试能力强，但仍与语句覆盖一样具有单一性。实例表明，仅通过判定覆盖还无法保证一定能查出在判断条件中存在的错误。因此，还需要更强的逻辑覆盖准则去检验判断内部条件。

判定覆盖的优缺点如下。

优点：判定覆盖比语句覆盖要多几乎一倍的测试路径，自然具备比语句覆盖更强的测试能力。判定覆盖也具有与语句覆盖一样的简单性，无须细分每个判定就可得到测试用例。

缺点：大部分判定语句往往由多个逻辑条件组合而成（如判定语句中包含 AND、OR、CASE），若只判断最终结果而忽略每个条件的取值情况，必然会遗漏部分测试路径。

4.1.3　条件覆盖

条件覆盖（Condition Coverage）是指设计若干个测试用例，运行被测程序，使程序中每个判定条件的逻辑条件至少取一次真值和假值；条件覆盖深入判定中的每个条件，但可能无法满足判定覆盖的要求。它和判定覆盖有所不同，判定覆盖是判定表达式取真值和假值，但条件覆盖是判定语句中的条件取真值和假值。

条件覆盖的优缺点如下。

优点：条件覆盖比判定覆盖增加了对符合判定情况的测试，增加了测试路径。

缺点：要达到条件覆盖需要足够多的测试用例，但条件覆盖并不能保证判定覆盖。条件覆盖只能保证每个条件至少有一次为真，而不考虑所有的判定结果。

4.1.4 判定条件覆盖

判定条件覆盖（Decision & Condition Coverage）是指设计足够的测试用例，使判断中每个条件的所有可能取值至少执行一次，同时每个判断本身的所有可能结果也至少执行一次。其目的是确保程序中每个逻辑判断的每个条件表达式至少有一次为真和一次为假的情况。从表面上来看，它测试了所有条件的取值，但事实并非如此。往往某些条件会掩盖另一些条件，导致遗漏某些条件取值错误的情况。为彻底地检查所有条件的取值，需将判定语句中给出的复合条件表达式进行分解，形成由多个基本判定嵌套的流程图，从而有效地检查所有条件是否正确。

判定条件覆盖的优缺点如下。

1. 优点

（1）与判定覆盖相比，判定条件覆盖更加细致入微。它不仅关注整个逻辑判断的结果，还关注组成这些逻辑判断所有独立条件的取值情况。

（2）通过确保每个条件都至少经历真、假两种状态，可发现更多由单个条件引起的潜在错误。

2. 缺点

（1）当存在多个条件联合判断时，单独满足每个条件的真假并不意味着所有可能的条件组合都被覆盖。特别是当条件数量较多时，可能需要设计大量测试用例来实现全面覆盖，导致测试成本急剧增加。

（2）判定条件覆盖不考虑条件之间的相互依赖关系，即使每个条件均被覆盖，仍有可能遗漏某些特定条件组合下的错误路径。

4.1.5 条件组合覆盖

条件组合覆盖（Multiple Condition Coverage）指通过设计足够多的测试用例，使判定语句中每个条件的所有可能至少出现一次，并且每个判定语句本身的判定结果也至少出现一次。它与判定条件覆盖的差别是，条件组合覆盖不是简单地要求每个条件都出现"真"与"假"两种结果，而是要求这些结果的所有可能组合都至少出现一次。这是一种相当强的覆盖准则，可以有效地检查各种可能的条件取值的组合是否正确。

条件组合覆盖是白盒测试中的一个高级覆盖率标准，主要用于确保程序中每个逻辑判断的每个条件以及这些条件的各种可能组合都被独立影响和至少执行一次。它不但能够覆盖所有条件的可能取值的组合，还可覆盖所有判断的可取分支，但有的路径可能会被遗漏，导致测试不够完全。

条件组合覆盖的优缺点如下。

1. 优点

（1）条件组合覆盖不仅要求每个条件单独满足真、假两种情况，还强调每个条件对结果的影响必须独立验证，这意味着它能够发现由特定条件组合引发的潜在错误。

（2）相比于判定条件覆盖，条件组合覆盖更加注重条件之间的相互作用，确保所有可能的条件组合路径至少被执行一次。

2. 缺点

（1）为了实现条件组合覆盖，通常需要设计大量的测试用例，尤其当存在多个嵌套或复杂条件时，可能会导致测试工作量显著增加。

（2）对于复杂的软件系统，识别所有可能的条件组合并设计相应的测试用例是一个技术挑战，可能需要借助专门的工具进行分析和辅助设计。

4.1.6 路径覆盖

路径覆盖（Path Coverage）是一种白盒测试方法，其目的是确保程序中的每一条可能执行路径至少被执行一次。这意味着设计测试用例时应覆盖源代码中所有逻辑控制结构的所有可能路径。

路径覆盖的优缺点如下。

1. 优点

（1）路径覆盖能够深入程序内部的执行流程，尽可能地检测出隐藏在复杂逻辑结构中的错误。

（2）通过关注并验证程序内部每一种可能的执行轨迹，可以更有效地检测和预防潜在缺陷。

2. 缺点

（1）对于包含大量逻辑分支和循环的程序，存在的路径数量可能会随着程序复杂性的增加而呈指数级增长，导致实现路径覆盖非常困难，甚至在某些情况下几乎无法实现。

（2）为了达到完全路径覆盖，需要设计大量的测试用例，这将增加测试的时间成本、人力成本和资源成本。

总体来说，路径覆盖是在实际软件测试过程中，根据路径爆炸问题和成本考量，通常会结合使用其他较为可行且高效的覆盖率指标，如语句覆盖、判定覆盖、条件覆盖或条件组合覆盖等，并根据项目需求和实际情况进行合理选择。

4.1.7 案例：不同覆盖方法的案例分析

1. 语句覆盖案例

代码4-1展示了语句覆盖方法的实际应用，下面进行具体分析。

代码4-1 白盒测试样例代码。

```
PROCEDURE M(VAR A,B,X:REAL);
BEGIN
IF (A>1) AND (B=0) THEN X:=X/A;
IF (A=2) OR (X>1) THEN X:=X+1;
END
```

结合上述代码分析，如果上述代码的第一条判定语句中条件（A>1）成立的同时条件（B=0）成立，则执行 X：=X/A。如果上述代码中第二条判定语句中条件（A=2）成立或者条件（X>1）成立，则执行 X：=X+1。结合代码中的业务逻辑关系可画出图 4-2 展示的这段程序的流程图。

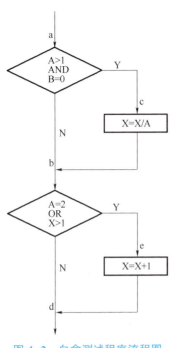

图 4-2　白盒测试程序流程图

结合图 4-2 给出的代码流程图可看出，为使程序中每个语句至少执行一次，只需设计一个能通过路径 ace 的例子即可达到"语句覆盖"标准。选择一组输入数据为：A = 2、B = 0、X = 3，但因语句覆盖对多分支的逻辑无法全面反映，所以仅执行一次不能进行全面覆盖。因此，语句覆盖是弱覆盖方法。语句覆盖虽然可以测试执行语句是否被执行到，但无法测试程序中存在的逻辑错误。例如，当上述程序中的逻辑判断符号"AND"误写成了"OR"时，使用测试数据（A = 2、B = 0、X = 3）同样可以覆盖 ace 路径上的全部执行语句，但无法发现错误。

因此，语句覆盖无须详细考虑每个判断表达式，可以直观地从源程序中有效测试执行语句是否均被覆盖。由于程序在设计时语句之间存在许多内部逻辑关系，而语句覆盖不能发现其中存在的缺陷，因此，语句覆盖并不能满足白盒测试中测试所有逻辑语句的基本需求。

2. 判定覆盖案例

判定覆盖的作用是使真假分支均被执行，虽然判定覆盖比语句覆盖测试能力强，但仍具有与语句覆盖一样的单一性。以白盒测试程序流程中所使用的程序代码 4-1 和流程图 4-2 为例，表 4-1 给出了使用判定覆盖设计的测试用例。

表 4-1　判定覆盖测试用例

输入数据	A	B	X	覆盖语句路径
1	3	1	0	abd
2	3	0	6	acd
3	2	0	3	ace
4	1	1	3	abe

通过表 4-1 可以看出，这 4 个测试用例覆盖了 abd、acd、ace、abe 这 4 条路径，使每个判定语句的取值均满足各有一次"真"与"假"。相比于语句覆盖，判定覆盖的覆盖范围要更广泛。判定覆盖虽然保证了每个判定至少有一次为真值，有一次为假值，但却没有考虑到程序内部的取值情况。例如，输入测试数据第 4 条没有将 A = 2 作为条件进行判断，仅仅判断了 X>1 的条件。此外，在执行 abd 路径时，没有检查 X 的值是否被改变。

判定覆盖语句一般由多个逻辑条件组成，如果只判断测试程序执行的最终结果而忽略每个条件的取值，必然会遗漏部分测试路径。因此，判定覆盖也属于弱覆盖。

3. 条件覆盖案例

条件覆盖的核心原则是使判定语句中的每个逻辑条件取真值与取假值至少出现一次。例如，对于判定语句 IF（A>1）AND（B=0）中存在的 A>1、B=0 两个逻辑条件，设计条件覆盖测试用例时，要保证 A>1、B=0 的真值和假值至少出现一次。

仍以语句覆盖案例中所使用的例子为例（代码 4-1 和图 4-2）。在该程序中，有 2 个判定语句，每个判定语句有 2 个逻辑条件，共有 4 个逻辑条件。表 4-2 给出了使用标识符标识各个逻辑条件取真值与取假值的情况。

表 4-2　逻辑条件取值表

逻辑条件表达式	表达式取值	条件标记
A>1	True	S1
	False	−S1
B=0	True	S2
	False	−S2
A=2	True	S3
	False	−S3
X>1	True	S4
	False	−S4

在表 4-2 中，使用符号 S1 表示 A>1 取真值（即 A>1 成立）的情况，符号 −S1 表示 A>1 取假值（即 A>1 不成立）的情况。同理，使用符号 S2、S3、S4 标记 B=0、A=2、X>1 取真值，使用符号 −S2、−S3、−S4 标记 B=0、A=2、X>1 取假值，从而得到执行条件判断语句的 8 种状态。设计测试用例时，要保证每种状态都至少出现一次，尽量以最少的测试用例达到最大的覆盖率。表 4-3 展示了该段程序的条件覆盖测试用例数据。

表 4-3　条件覆盖测试数据表

输入数据	A	B	X	条件标记	覆盖路径
1	2	0	8	S1、S2、S3、S4	ace
2	2	1	1	−S1、−S2、−S3、−S4	abd

4. 判定条件覆盖案例

判定条件覆盖的设计规则主要是使判定语句中所有条件的可能取值至少出现一次，同时，所有判定语句的可能结果也至少出现一次。例如，对于判定语句 IF（A>1）AND（B=0），该判定语句有 A>1、B=0 两个条件，则在设计测试用例时，需保证 A>1、B=0 两个条件取真值和假值至少一次，同时，判定语句 IF（A>1）AND（B=0）取真值和假值也至少出现一次。判定条件覆盖同时弥补了判定覆盖和条件覆盖的不足之处。表 4-4 给出根据判定条件覆盖原则设计的测试用例。

表4-4　判定条件覆盖表

输入数据	A	B	X	条件标记	判定表达式1	判定表达式2	覆盖路径
1	2	0	6	S1、S2、S3、S4	1	1	ace
2	−2	1	1	−S1、−S2、−S3、−S4	0	0	abd
3	1	0	3	−S1、S2、−S3、S4	0	1	abe

在表4-4中，判定表达式1是指判定语句"IF（A>1）AND（B=0）"，判定表达式2是指判定语句"IF（A=2）OR（X>1）"，条件判断的值0表示"假"，1表示"真"。表4-4中的3个测试用例满足了所有条件可能取值至少出现一次，以及所有判定语句可能结果也至少出现一次的要求。相对于单独的条件覆盖和判定覆盖，判定条件覆盖克服了两者的不足之处，但由于判定条件覆盖没有考虑判定语句与条件判断的组合情况，其覆盖范围并没条件覆盖全面，也没有覆盖acd路径，因此判定条件覆盖仍旧存在遗漏测试的情况。

5. 条件组合覆盖案例

条件组合指的是设计足够多的测试用例，使判定语句中每个条件的所有可能至少出现一次，并且每个判定语句本身的判定结果也至少出现一次。它与判定条件覆盖的差别是，条件组合覆盖不是简单地要求每个条件都出现"真"与"假"两种结果，而是要求这些结果的所有可能组合都至少出现一次。

仍以语句覆盖案例中所使用的例子为例（代码4-1和图4-2）。该程序中共有4个条件：A>1、B=0、A=2、X>1，依然用S1、S2、S3、S4标记这4个条件成立，用−S1、−S2、−S3、−S4标记这些条件不成立。由于这4个条件每个条件都有取"真""假"两个值，因此，所有条件结果的组合总共有16种（2^4），如表4-5所示。

表4-5　条件组合覆盖表

序号	组合	含义
1	S1、S2、S3、S4	A>1成立、B=0成立、A=2成立、X>1成立
2	−S1、S2、S3、S4	A>1不成立、B=0成立、A=2成立、X>1成立
3	S1、−S2、S3、S4	A>1成立、B=0不成立、A=2成立、X>1成立
4	S1、S2、−S3、S4	A>1成立、B=0成立、A=2不成立、X>1成立
5	S1、S2、S3、−S4	A>1成立、B=0成立、A=2成立、X>1不成立
6	−S1、−S2、S3、S4	A>1不成立、B=0不成立、A=2成立、X>1成立
7	−S1、S2、−S3、S4	A>1不成立、B=0成立、A=2不成立、X>1成立
8	−S1、S2、S3、−S4	A>1不成立、B=0成立、A=2成立、X>1不成立
9	S1、−S2、−S3、S4	A>1成立、B=0不成立、A=2不成立、X>1成立
10	S1、−S2、S3、−S4	A>1成立、B=0不成立、A=2成立、X>1不成立
11	S1、S2、−S3、S4	A>1成立、B=0成立、A=2不成立、X>1成立
12	−S1、−S2、−S3、S4	A>1不成立、B=0不成立、A=2不成立、X>1成立

续表

序号	组合	含义
13	−S1、−S2、S3、−S4	A>1 不成立、B=0 不成立、A=2 成立、X>1 不成立
14	S1、−S2、−S3、−S4	A>1 成立、B=0 不成立、A=2 不成立、X>1 不成立
15	−S1、S2、−S3、−S4	A>1 不成立、B=0 成立、A=2 不成立、X>1 不成立
16	−S1、−S2、−S3、−S4	A>1 不成立、B=0 不成立、A=2 不成立、X>1 不成立

经过分析可发现在上述 16 种组合中，第 2、6、8、13 这四种情况是不存在的。这四种情况要求 A>1 不成立，A=2 成立，而这 2 种条件组合相悖，故所有最终条件组合情况有 12 种。表 4-6 展示了这 12 种情况设计测试用例。

表 4-6　条件组合覆盖用例

序号	组合	测试用例			判定 1	判定 2	覆盖路径
		A	B	X			
1	S1、S2、S3、S4	2	0	4	1	1	ace
2	S1、−S2、S3、S4	2	1	2	0	1	abe
3	S1、S2、−S3、S4	3	0	7	1	1	ace
4	S1、S2、S3、−S4	2	0	2	1	1	ace
5	−S1、S2、−S3、S4	1	0	3	0	1	abe
6	S1、−S2、−S3、−S4	3	1	1	0	0	abd
7	S1、−S2、S3、−S4	2	1	−1	0	1	abe
8	S1、S2、−S3、S4	3	0	7	1	1	ace
9	−S1、−S2、−S3、S4	1	1	3	0	1	abe
10	S1、−S2、−S3、−S4	3	1	1	0	0	abd
11	−S1、S2、−S3、−S4	1	0	1	0	0	abd
12	−S1、−S2、−S3、−S4	1	1	1	0	0	abd

按照上述设计思路共可梳理出 12 个测试用例，可以覆盖 4 个条件的所有组合。与判定条件覆盖相比，条件组合覆盖包括了所有判定条件覆盖，覆盖范围更广。但当程序中条件较多时，条件组合的数量会呈指数型增长，组合情况较多，需设计的测试用例也成倍增加，反而使测试效率降低。

6. 路径覆盖案例

虽然路径覆盖是覆盖率最高的，但简单的程序路径数量稀少，而复杂的程序路径数量庞大，要实现路径覆盖几乎不可能，即测试量过大。此外，即使满足程序结构一般意义上的路径覆盖，仍不能保证被测程序的正确性，即测试不足。若要使测试更加充分，则需增加更多的测试用例来提高覆盖率，测试量会更大。因此，测试中就产生了测试量过大和测试不足这一对矛盾。

仍以语句覆盖案例中所使用的例子为例（代码 4-1 和 图 4-2）。根据流程图 4-2 画出对应如图 4-3 所示的流程图。

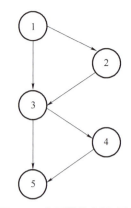

图 4-3　路径覆盖案例流程图

结合图 4-3，对于独立路径数的计算可以采用下面的方法：

（1）从流程图中找出程序所有的必经节点，对应图 4-3 中所在的必经节点为 1、3、5；

（2）找出必经节点 1 到必经节点 3 的独立路径 2 条，必经节点 3 到必经节点 5 的独立路径 2 条；

（3）计算总的独立路径的数量，即将上述必经节点的独立路径相乘，得出总的独立路径数量为 2×2=4，它们分别覆盖了 abd、abe、acd、ace。表 4-7 展示了对应测试用例的覆盖表。

表 4-7　测试用例的覆盖表

输入数据	A	B	X	覆盖路径
1	2	0	6	ace
2	−2	1	1	abd
3	1	0	3	abe
4	3	0	2	acd

4.2　程序插桩法

程序插桩（Program Instrumentation）是一种软件测试和性能分析技术，通过在源代码或目标代码中插入额外的代码（称为探针或桩）来获取运行时的信息。这些插入的代码可用于收集关于程序行为、性能、覆盖率、内存使用情况等各种数据。在具体应用中，程序插桩可能包括以下几种。

（1）调试插桩：在关键位置插入打印语句或日志记录，以追踪程序执行流程和变量状态。

（2）性能分析插桩：监测函数调用次数、调用耗时等信息，用于识别性能瓶颈。

（3）测试覆盖率插桩：统计每个代码行、分支是否被执行过，用于评估测试充分性。

（4）内存管理插桩：监控内存分配、释放行为，检测是否存在内存泄露等问题。

插桩通常由专门的工具自动完成，以减少人工操作错误，并确保对原始代码的影响最小。在动态插桩中，探针是在程序运行时动态注入的；而在静态插桩中，探针是在编译阶段就插入程序中的。

4.2.1 目标代码插桩

目标代码插桩是一种在程序运行时动态修改或增强代码的技术，通过在目标代码中插入一段特殊的代码来实现对程序行为的监控、分析和修改。以下为目标代码插桩的 3 种执行模式。

（1）插入模式（Insertion Mode）。在这种模式下，插桩工具会在目标代码的指定位置插入一段新的代码。这段新代码可以是用于监控、分析和修改程序行为的代码，也可以是用于记录日志、性能分析等其他功能的代码。插入模式的优点是可以实时监控和修改程序行为，但缺点是需要手动管理和维护生成的额外代码。

（2）替换模式（Replacement Mode）。在这种模式下，插桩工具会用一段新的代码替换目标代码中的原有代码。这种模式通常用于实现对程序行为的精确控制，例如修改某个函数的行为、拦截某个事件等。替换模式的优点是可以精确地控制程序行为，但缺点是需要确保新代码与原有代码兼容，可能还需要处理一些特殊情况。

（3）装饰器模式（Decorator Mode）。在这种模式下，插桩工具会将目标代码包装在一个装饰器类中。这个装饰器类包含了用于监控、分析和修改程序行为的代码，同时也保留了原有代码的功能。装饰器模式的优点是可以保持原有代码的结构和功能，同时实现对程序行为的监控和修改，但缺点是需要为每个需要插桩的目标代码编写一个装饰器类。

4.2.2 源代码插桩

源代码插桩是程序插桩的一种方式，指在软件开发阶段，在源代码级别上直接插入额外的代码片段（即"桩"或"探针"）。这些插入的代码在程序运行时能够收集必要的信息，如性能数据、执行路径、变量值等，以便进行调试、性能分析、测试覆盖率统计和安全性检查等工作。例如，在源代码中插入日志输出语句，以便跟踪某个函数的输入/输出参数或者内部状态；在特定代码行前/后插入计时代码，用来度量该段代码的执行时间，作为性能优化的依据。

源代码插桩的优点在于可以在编码阶段精确控制插入的位置和内容，针对性强，但需要重新编译被插桩的代码才能生效。同时，若插桩处理不当，可能会引入新的 Bug 或影响程序性能。因此，在实际操作中通常会采用自动化工具进行源代码插桩，以降低出错概率并提高工作效率。

 综合练习

一、单选题

白盒测试主要关注（　　）方面？

A. 程序的外部行为　　　　　　　　B. 程序的内部结构和逻辑

C. 用户体验　　　　　　　　　　　D. 系统的安全性

二、判断题

白盒测试可以有效地发现程序中的逻辑错误和路径问题。　　　　　　　（　　　）

三、多选题

1. 以下（　　　）是白盒测试中常用的？

A. 路径测试　　　　　B. 语句覆盖　　　　　C. 条件覆盖　　　　　D. 边界值分析

2. 白盒测试的缺点是（　　　）。

A. 昂贵

B. 无法检测代码中遗漏的路径和数据敏感性错误

C. 不验证规格的正确性

D. 对代码进行比较测试

E. 依赖于对程序细节严密的检验

第5章　功能测试

章节导读

　　本章节前面介绍了功能测试的基本概念以及功能测试的分类和方法。功能测试内容较多，且测试方法多样。需要读者在实际项目中结合项目的真实需求和测试目标，合理选择适合项目的测试方法。

　　接着将针对仿某门户网站的前端展开功能测试，从测试需求分析、测试设计方法及应用、用例设计、输入数据编排、测试执行等全流程多个环节切入测试工作的实景中，帮助广大读者对功能测试有一个全面的认识和理解。例如：测试需求分析环节需对用户的原始需求进行全面分析，第一步需要找准测试目标，不能出现本应该测试功能模块 A，却错误测试了功能模块 B 的情况；第二步厘清业务流程，能清晰描述业务流程全貌，以便于在进行用例设计时厘清前置条件，执行用例后准确描述预期结果；第三步理解业务规则和参数范围，这样有助于进行测试数据的编排。在测试设计的环节中，本章将结合被测业务的特点在测试设计中运用等价类、边界值划分等设计方法，根据测试需求分析的内容进行相应的用例设计。同时本章针对 Web 前端项目的特点和产品 UI 的特性开展测试。例如：站内链接的有效性、页面 Title 及 Logo 标志信息、文章标题与图文一致性和网站的兼容性测试，让广大读者朋友能大致清楚 Web 前端项目的主要测试对象都有哪些。

学习目标

（1）了解功能测试的基本概念，掌握功能测试的基本分类和方法，熟悉其测试流程；
（2）了解主流功能测试工具特点及其对应的测试场景；
（3）通过功能测试案例的学习，了解 Web 网站功能测试的测试方法和测试内容。

知识图谱

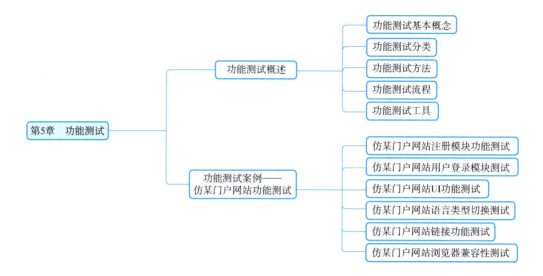

5.1 功能测试概述

功能测试是对产品的各项功能进行验证，检查产品是否达到用户要求的功能。功能测试的目的是确保软件系统能够按照系统给定的规格运行。功能测试主要方法是通过提供实际输入值和期望输出值，以此验证应用软件的功能是否正常、是否达到用户要求。

5.1.1 功能测试基本概念

功能测试是软件测试的一种方法，旨在检查软件系统是否能够按照《需求规格说明书》中所定义的功能、规定的条件正确运行。功能测试主要针对系统的功能性需求进行验证，确保软件在各种情况下都能够正确运行并产生预期结果。

功能测试包括以下几个方面。

（1）功能正确性测试：检查软件是否能够按照《需求规格说明书》中定义的功能正确运行。这涉及对各功能的输入、处理和输出进行验证，以确保软件功能的正确有效实现。

（2）功能边界测试：验证软件在处理边界值时的正确性。边界值是指最小值、最大值以及其他极端情况下的值，通过测试这些边界值，可以检查系统在各种极限情况下是否依然能够正确地处理输入和输出。

（3）功能兼容性测试：测试软件在不同操作系统及不同运行环境下的兼容性。包括测试软件在不同的浏览器、设备和操作系统上是否能够正常运行，以及是否能够正确地适应不同的分辨率和屏幕大小。

（4）功能可靠性测试：测试软件在长时间运行的情况下是否会出现错误或崩溃的情况。通过测试软件的稳定性和可靠性，可以验证其在各种负载和压力下的表现。

（5）功能安全性测试：测试软件在处理敏感信息时的安全性。包括测试软件在用户身份验证、密码加密和数据传输方面的安全性，确保用户的敏感信息不会被未经授权的人获取。

（6）功能易用性测试：测试软件的用户界面是否简洁明了、易于操作。通过测试软件的界面布局、操作导航和反馈信息，可以评估其是否符合用户的直觉和使用习惯。

功能测试的目的是确保软件系统在各种情况下均能够正确工作，满足用户需求。通过对软件的各个功能进行验证和测试，可以及早发现和解决存在的问题，提高软件的质量和可靠性。同时，功能测试也能够帮助开发团队了解软件的性能和限制，为后续的系统优化和功能扩展提供参考。

5.1.2 功能测试分类

功能测试的分类包括多个方面，从设计思路、实施方式到覆盖层次，涵盖了多个维度。这种分类主要基于其所使用的测试方法和测试阶段来确定，主要包括以下几种类型。

1. 按照测试方法分类

（1）黑盒测试（Functional Testing）：完全基于软件的需求规格说明，不考虑内部结构和实现细节。测试人员通过输入数据并验证输出结果的方式来检验软件功能是否满足预期。黑盒测试的常用技术包括等价类划分、边界值分析、因果图法、错误推测法等。

（2）白盒测试（Structural Testing）：关注软件内部逻辑结构和代码实现。测试者依据程序内部逻辑设计测试用例，如语句覆盖、判定覆盖、条件覆盖、路径覆盖等。

（3）灰盒测试（Gray Box Testing）：结合黑盒和白盒测试的特点，考虑软件的功能需求和内部结构的部分信息，主要用于接口测试或系统级测试，关注输入与输出的对应关系以及数据流、控制流的正确性。

2. 按照测试阶段分类

（1）单元测试（Unit Testing）：用于验证系统程序或库的最基本组件，单元测试可以指定一个或多个输入以及预期结果。测试程序将执行每个测试用例，并查看实际结果与预期结果是否匹配。

（2）集成测试（Integration Testing）：可验证多个软件组件能否一起构成一个完整的系统。比如：电子商务系统可能包含网站、产品数据库和支付系统。测试人员可以设计集成测试用例，将商品添加到购物车，然后购买商品。该测试可验证 Web 应用程序能否正确连接到产品数据库并完成订单。单元测试和集成测试可以结合起来创建分层次的测试策略。

（3）系统测试（System Testing）：在整个系统层面进行的功能测试，涉及多个模块的综合功能，以确认系统作为一个整体是否满足预定的业务需求和《需求规格说明书》的要求。系统测试是将经过集成测试的软件，作为计算机系统的一个部分，与系统中其他部分结合起来，在实际运行环境下对计算机系统进行的一系列严格有效的测试，以发现软件潜在的问题，保证系统的正常运行。

（4）回归测试（Regression Testing）：在进行添加或者修改系统功能的过程中，由于软件系统的耦合太紧或者开发人员的认知不够，导致其他正常的功能被影响。通过回归测试来确定系统代码、配置或其他内容的更改是否会影响软件的整体行为。比如：需要通过优化数据库以提高写入性能。在优化完成后，该数据库的读取性能（由另一个组件处理）可能会意外下降。通过回归测试可以及时识别和发现读取性能下降的问题。

3. 其他类型

（1）冒烟测试可验证应用程序最基本的功能。在执行更完整详尽的测试之前，通常会先快速运行冒烟测试。比如：对一个正在开发的网站进行冒烟测试，可以利用浏览器访问该网站的对应网址。通过提取浏览器返回的 HTTP 状态码来判断当前网站工作情况。如果返回的 HTTP 状态码为 200 就表示当前网站功能正常，如果返回的状态码为 404（未找到）或 500（内部服务器错误）则表示该网站无法正常工作。

（2）用户界面（UI）测试可验证应用程序用户界面的行为。用户界面（UI）测试有助于验证用户交互的顺序与预期的结果是否一致，还有助于验证输入设备（例如键盘或鼠标）能否正确操作用户界面。可以运行 UI 测试来验证本机 Windows、macOS 或 Linux 应用程序的行为，也可以验证 UI 在 Web 浏览器中的行为是否符合预期。

（3）完整性测试包括测试一款软件的每个主要组件，以验证软件的正常运行情况，且可进行更全面的测试。与回归测试或单元测试相比，完整性测试不够彻底，但完整性测试比冒烟测试更广泛。尽管完整性测试可以通过自动化手段完成，但手动测试往往能更全面覆盖。比如：验证 Bug 修复的软件测试人员还可以通过输入一些典型值来验证其他功能的运行情况。若该软件按预期正常运行，则可以进行更全面的测试。

（4）可用性测试是一种手动测试形式，是从用户的角度验证应用程序的行为，通常由构建软件的团队来完成。UI 测试侧重于验证功能是否按预期方式运行，而可用性测试则有助于验证软件功能是否直观，能否满足用户需求。即可用性测试有助于验证软件是否真实可用。

功能测试的具体分类将与具体项目的需求和测试目标有关，上述分类并非相互排斥，而是经常相互交织、综合运用，以确保软件的质量和可靠性。

5.1.3 功能测试方法

功能测试方法主要用于验证软件产品是否实现了业务需求和《功能规格说明书》中定义的功能，以下是一些常用的功能测试方法。

1. 黑盒测试

黑盒测试法也称功能测试或数据驱动测试，是在已知产品所应具有功能的前提下，通过测试来检测每个功能的正常使用情况。在测试时，把程序看作一个不能打开的黑盒子，在完全不考虑程序内部结构和内部特性的情况下，测试者对程序接口进行黑盒测试，只检查程序功能是否能够按照《需求规格说明书》中的规定正常使用，程序是否能正确地接收输入数据并产生正确的输出信息，同时保持外部信息（如数据库或文件）的完整性。

2. 白盒测试

白盒测试作为一种测试用例设计方法，也称结构测试或逻辑驱动测试，是从程序的控制结构导出测试用例（测试用例由输入数据和相应输出结果组成）。白盒测试允许测试人员对程序内部逻辑结构及有关信息来设计和选择测试用例，对程序的逻辑路径进行测试。基于一个应用代码的内部逻辑知识，白盒测试覆盖全部代码、分支、路径和条件。

3. 灰盒测试

灰盒测试介于白盒测试与黑盒测试之间，多用于集成测试阶段，不仅关注输入、输出的正确性，同时关注程序内部情况。灰盒测试不像白盒测试那样详细、完整，但比黑盒测试更关注程序内部逻辑，是通过一些表征性的现象、事件、标志来判断程序内部运行状态。

4. 自动化测试

自动化测试一般指软件测试的自动化。软件测试是在预设条件下运行系统或应用程序，评估运行结果，预先条件应包括正常条件和异常条件。自动化测试是将以人为驱动的测试行为转化为机器执行的一种过程。通常，在设计测试用例并通过评审之后，测试人员将遵循其规定的步骤来执行测试，并将实际结果与期望结果进行对比。在此过程中，为节省人力、时间或硬件资源，提高测试效率，便引入了自动化测试的概念。

5. 手动测试

手动测试是一种需要手动执行测试用例的软件测试过程，不使用自动化工具。测试人员根据最终用户的使用角度手动执行所有测试用例。它确保应用程序是否正如需求文档中所述的那样工作。计划和实施测试用例可完成几乎 100% 的软件应用程序。测试用例报告也是手动生成的。手动测试是最基本的测试过程之一，因为它可以找到软件的可见和隐藏缺陷。软件预期输出和实际输出之间产生的差异被定义为软件缺陷。开发人员修复缺陷后，将其交给测试人员进行重新测试。在自动化测试之前，每个新开发的软件都必须进行手动测试，这项测试需要付出很大的努力和时间，但能够有效确保软件的可靠性。手动测试需要相关的手动测试技术知识，但不需要任何自动化测试工具。

5.1.4 功能测试流程

功能测试流程是一种标准化的过程，用于验证软件产品的各个功能是否符合其设计规格，是否满足用户需求。以下是典型的功能测试流程：

（1）需求分析与评审阶段。阅读和理解需求文档，确保测试团队对整个系统的功能需求有清晰的理解。参与需求评审会议，讨论和澄清需求细节，识别潜在的风险和不确定性。

（2）测试计划阶段。编制详细的测试计划，包括但不限于测试目标、测试范围、优先级、测试策略、资源分配、时间表以及风险管理。参考《需求规格说明书》、项目计划和其他相关文档来确定测试范围和优先级。

（3）测试设计阶段。设计和编写测试用例，确保覆盖所有的功能点、边界条件、异常场景和业务流程。参考设计文档、原型图和数据库设计等资料来细化测试用例。进行测试用例评审，以确保测试用例的完备性和合理性。

（4）测试用例开发与准备阶段。创建和组织测试用例库，记录预期结果和测试步骤。准备测试数据，包括正常数据、边界数据、异常数据和负面测试数据。

（5）测试环境设置与配置阶段。搭建与实际生产环境相似的测试环境，包括硬件、软件及网络配置。安装、配置必要的测试工具，并确保所有测试所需资源就绪。

（6）测试执行阶段。执行测试用例，记录测试结果和发现的问题（即缺陷）。对发现的缺陷进行记录、分类、优先级划分，并提交到缺陷跟踪系统。

（7）缺陷跟踪与管理阶段。监控缺陷状态，协调开发团队修复已发现的问题。对修复后的缺陷进行回归测试，验证缺陷是否已被有效解决。

（8）测试报告与总结阶段。编写测试报告，概述测试过程、测试结果、缺陷统计分析、测试结论等内容。总结测试经验教训，提出改进建议，反馈给项目团队及相关部门。

（9）回归测试与验收测试。在新版本或修复后的版本上重复相关的功能测试，确保没有引入新的问题，并且原有的问题已经被解决。

（10）上线前的终审与决策。根据测试结果和质量标准，评估软件是否达到可接受的质量水平，考虑是否适合部署上线。

功能测试流程可以根据项目的实际情况和团队的敏捷实践进行灵活调整和优化，从而确保在整个软件开发生命周期中实现有效的质量保障。

5.1.5　功能测试工具

功能测试的工具按照类别可以分为：测试管理工具、自动化测试工具、性能测试工具、接口测试工具、白盒测试工具、Web 安全测试工具、移动应用测试工具。

1. 测试管理工具

JIRA 是 Atlassian 公司出品的项目与事务跟踪工具，被广泛应用于缺陷跟踪、客户服务、需求收集、流程审批、任务跟踪、项目跟踪和敏捷管理等工作领域。

禅道是第一款国产的开源项目管理软件，它的核心管理思想基于敏捷方法 scrum，内置了产品管理和项目管理，同时又根据国内研发现状补充了测试管理、计划管理、发布管理、文档管理、事务管理等功能。在一个软件中就可以将软件研发中的需求、任务、Bug、用例、计划、发布等要素有序地跟踪管理起来，完整地覆盖了项目管理的核心流程。

Bugzilla 是 Mozilla 公司提供的一款开源的免费 Bug 追踪系统，用于帮助用户管理软件开发，建立完善的 Bug 跟踪体系。

2. 自动化测试工具

Appium 是一种功能强大、易于使用且开放的自动化测试工具，适用于各种移动应用程序测试场景。

Selenium 是一款开源的自动化测试工具，主要用于 Web 应用程序的测试。它支持多种编程语言和浏览器，并且可以模拟用户交互来进行测试。

WinRunner 是一款商业软件测试工具，主要用于功能测试和自动化测试，支持各种桌面应用程序和 Web 应用程序。

3. 性能测试工具

LoadRunner 是一种预测系统行为和性能的负载测试工具，它通过模拟大规模用户并发操作，并结合实时性能监控，以验证和识别潜在的问题，从而实现对整个企业架构的全面测试。企业使用 LoadRunner 能最大限度地缩短测试时间，优化性能和加速应用系统的发布周期。

JMeter 是 Apache 组织基于 Java 开发的压力测试工具，用于对软件进行压力测试。

Httperf 是一款专门用来测量 Web 服务器性能的工具，它提供了一种灵活的方法来生成各种 HTTP 负载，并以此衡量服务器的表现能力。Httperf 的重点并不在于实现某个特定的基准测试，而是致力于打造一个强大、高性能的工具，方便用户构建微观和宏观级别的基准测试。

4. 接口测试工具

Postman 是谷歌的一款接口测试插件，它使用简单，支持用例管理，支持 get、post、文件上传、响应验证、变量管理、环境参数管理等功能，可以批量运行，并支持用例导出、导入。

SoapUI 是一个开源测试工具，通过 soap/http 来检查、调用、实现 Web Service 的功能、负载、符合性测试。

5. 白盒测试工具

JUnit 是一个开放源代码的 Java 测试框架，用于编写和运行可重复的测试。

gtest 是一个跨平台的（Liunx、macOS X、Windows、Cygwin、Windows CE and Symbian）C++单元测试框架。

SonarQube 是一个开源的代码分析平台，用来持续分析和评测项目源代码的质量。

6. Web 安全测试工具

AppScan 隶属于 HCL 品牌旗下，是一款网络安全测试工具，也是一款安全工具软件，用于 WEB 安全防护的扫描防护。

BurpSuite 是用于攻击 Web 应用程序的集成平台，包含了许多工具，这些工具主要用来实现加快攻击应用程序的过程。所有工具都共享一个请求，并能处理对应的 HTTP 消息、持久性、认证、代理、日志和警报。

7. 移动应用测试工具

uiautomator 是 Android 官方推出的安卓应用界面自动化测试工具，它在针对 APK 进行自动化功能回归测试方面表现出色，能够根据文本、控件 ID 和坐标进行单击、长按、滑动、查找等操作。使用 Python 编程，测试人员可以根据预设的测试用例，执行指定的命令操作，并验证预期结果，从而完成自动化测试流程。Monkey 是安卓官方提供的一个命令行工具，可以运行在 Android 模拟器和实体手机上。通过 Monkey 来模拟用户的触摸、单击、滑动、系统按键的操作，来对 App 进行压力测试、稳定性测试。

Monkeyrunner 工具是由 Jython（使用 Java 语言实现的 Python）写出来的，它提供了多个 API 接口，通过 monkeyrunner API 可以编写 Python 程序来模拟操作，控制 Android 设备的应用程序测试稳定性，并通过截屏的方式记录出现的问题。

5.2 功能测试案例——仿某门户网站功能测试

本章节通过一个门户网站的用户注册和用户登录两个功能模块的测试案例分析，让读者了解如何运用黑盒测试设计的方法进行功能用例的设计，并且展示了手工测试用例模板所包含的基本要素。本章节中还介绍了关于 Web 网站常见的功能测试内容，比如：网站链接有效性测试、UI 功能测试、浏览器兼容性测试等。

5.2.1 仿某门户网站注册模块功能测试

1. 用户注册模块需求分析

本次任务主要对仿某门户网站的用户登录功能进行需求分析，首先从软件需求文档中将用户注册相关的需求信息展开分析，表 5-1 是从软件需求文档中摘出的用户注册功能的需求描述信息。

表 5-1　用户注册功能的需求描述信息

描述要素	描述内容	备注事项
需求名称	用户注册	—
需求编号	SRS-UC001	—
需求简述	用户填写注册信息，并提交保存	用户名长度在20以内，密码长度为8~20且包含数字、字母、特殊字符
参与者	用户	—
前置条件	已经进入用户注册界面	—
后置条件	用户可以登录，并进行相关联操作	—
特殊需求	提供验证码验证	—

根据以上用户注册需求中涉及的信息，进行测试需求的分析，提取需求中关联的测试点以及业务规则。表 5-2 中给出了分析得出的相关测试点以及测试思路，后面将根据分析得出的测试需求开展测试用例的设计，以及测试数据的构造。

表 5-2　测试需求分析

功能模块	功能	测试点	子测试点	分析思路
用户注册	用户名	正常测试	长度	20 以内
			是否重名	否
		异常测试	长度	大于 20
			是否重名	存在同名用户名
	密码	正常测试	长度	8~20
			数据内容	包含字母、数字，以及特殊字符(~! @#￥%……& * _-)
		异常测试	长度	小于 8 或者大于 20
			数据内容	1. 不包含字母； 2. 不包含数字； 3. 不包含特殊字符(~! @#￥%……& * _-)

2. 应用等价类划分方法进行用例设计

按照产品需求规格的描述，注册登录用户时设置的密码需要满足以下条件：

（1）密码必须由 8~20 位的字符组成；

（2）密码必须包含字母、数字，以及特殊字符(~! @#￥%……& * _-)。

根据上面规格需求中提出的要求，利用等价类分析方法，对用户注册模块中的用户密码信息进行等价类划分如表 5-3 所示。

表 5-3　等价类划分

序号	有效等价类	序号	无效等价类
1	密码由字母、数字、特殊字符组成，而且长度为 8~20	1	密码长度大于 20
		2	密码长度小于 8
		3	长度为 8~20，不包含数字
		4	长度为 8~20，不包含字母
		5	长度为 8~20，不包含特殊字符

依据上面的有效和无效等价类的规则，提供了一些测试数据供测试用例设计使用，如表 5-4 所示。

表 5-4　等价类取值

序号	有效等价类取值	序号	无效等价类取值
1	@3a0989#12	1	@3aqawsxedcrfvgbyhnujm
2	$qq4578903wsxcdfgty	2	#1c
3	$1a2b3c4d5f	3	$qazwsxedc
4	&12345qazwsx	4	%1234567890
5	!0987uio	5	1a2b3c4d5f

结合表 5-4 中的测试数据，可以开展测试用例的设计，得到如表 5-5 所示的注册操作的功能性用例。

表 5-5　注册操作用例设计

用例编号	用例标题	预置条件	测试输入	执行步骤	预期结果
register-001	输入正确用户名，错误的密码（位数小于 8），进行用户注册，返回失败信息	网络正常	用户名：test001 密码：@3aqawsxedcrfvgbyhnujm	打开门户网站页面；输入测试数据；单击注册按钮	注册失败，返回设置密码不符合规则
register-002	输入正确用户名，错误的密码（位数大于 20），进行用户注册，返回失败信息	网络正常	用户名：test001 密码：#1c	打开门户网站页面；输入测试数据；单击注册按钮	注册失败，返回设置密码不符合规则
register-003	输入正确用户名，错误的密码（不包含数字），进行用户注册，返回失败信息	网络正常	用户名：test001 密码：$qazwsxedc	打开门户网站页面；输入测试数据；单击注册按钮	注册失败，返回设置密码不符合规则

续表

用例编号	用例标题	预置条件	测试输入	执行步骤	预期结果
register-004	输入正确用户名，错误的密码（不包含字母），进行用户注册，返回失败信息	网络正常	用户名：test001 密码： %1234567890	打开门户网站页面；输入测试数据；单击注册按钮	注册失败，返回设置密码不符合规则
register-005	输入正确用户名，错误的密码（不包含特殊字符），进行用户注册，返回失败信息	网络正常	用户名：test001 密码： 1a2b3c4d5f	打开门户网站页面；输入测试数据；单击注册按钮	注册失败，返回设置密码不符合规则
register-006	输入已被注册过用户名，符合规则的密码，返回失败信息	网络正常	用户名：test001 密码： $qq4578903wsx cdfgty	打开门户网站页面；输入测试数据；单击注册按钮	注册失败，返回用户 test 001 已经被注册
register-007	输入符合规则的未注册用户，符合规则的密码，提示注册成功	网络正常	用户名：test001 密码：从表 5-2 中遍历有效数据	打开门户网站页面；输入测试数据；单击注册按钮	注册成功，用刚刚注册的用户密码去登录能进入主页

3. 测试执行步骤

（1）结合用户和密码的设置规则，通过等价类划分的方法区分有效数据和无效数据；

（2）分别利用有效数据和无效数据进行测试，验证测试结果；

（3）将测试数据和结果记录到测试用例表格中。

5.2.2　仿某门户网站用户登录模块测试

1. 结合业务标准对密码长度进行等价类划分

5.2.1 节中已经讨论到了产品需求描述中，关于用户注册的密码设置的两个必须满足的条件，在接下来的边界值测试中，将第一条规则进行边界值测试分析。所以接下来的内容中，假定设置的密码内容完全满足第二条规则（包含字母、数字、特殊字符）。

2. 利用边界值分析法创建测试用例

按照边界值的分析思路，在下边界附近取值 9，然后再到上边界附近取值 19，另外两个边界值 8、20 也是需要作为测试输入数据进行考虑的，还有 8~20 要随机取一个中间正常值，如图 5-1 所示。

图 5-1　等价类区间图

根据上述分析的结论，接下来会进行测试用例的设计，如表5-6所示。

表 5-6　测试用例设计

用例编号	用例标题	预置条件	测试输入	执行步骤	预期结果
login-001	输入正确用户名，错误的密码（位数小于 8），登录失败	网络正常	用户名：test001 密码：@d29034	打开门户网站页面；输入测试数据；单击登录按钮	登录失败，返回密码出错提示
login-002	输入正确用户名，错误的密码（位数大于 20），登录失败	网络正常	用户名：test002 密码：@d12345678903777373ss	打开门户网站页面；输入测试数据；单击登录按钮	登录失败，返回密码出错提示
login-003	输入正确用户名，正确的密码（位数等于 8），登录失败	网络正常	用户名：test003 密码：@d123456	打开门户网站页面；输入测试数据；单击登录按钮	登录成功
login-004	输入正确用户名，正确的密码（位数等于 20），登录失败	网络正常	用户名：test004 密码：@d1234567890sd239078	打开门户网站页面；输入测试数据；单击登录按钮	登录成功
login-005	输入正确用户名，正确的密码（位数等于 9），登录失败	网络正常	用户名：test005 密码：@d1234567	打开门户网站页面；输入测试数据；单击登录按钮	登录成功
login-006	输入正确用户名，正确的密码（位数等于 19），登录失败	网络正常	用户名：test006 密码：@d1234567890w2345tu	打开门户网站页面；输入测试数据；单击登录按钮	登录成功

3. 测试执行步骤

（1）结合边界值分析方法，确定测试使用的输入数据；

（2）利用分析得到的基础输入数据，设计测试用例；

（3）将测试数据和结果记录到测试用例表格中。

5.2.3　仿某门户网站 UI 功能测试

1. 门户网站页面 Logo 测试

进入门户主页面后，观察浏览器中对应页面的 Tittle 信息是否包含对应企业的 Logo，同时鼠标移动到对应的 Logo 上时会显示企业的中英文名称，以及当前主页的地址信息，如图 5-2 所示。

图 5-2　前端页面 Logo 测试

2. 门户网站主页轮播图功能测试

单击图 5-3 下方的图片切换图标，轮播图中的图片内容能够进行平滑切换无延迟或者卡滞现象。单击轮播图左边的箭头图标，依次向左切换图片，图片显示正常，箭头的切换功能可以循环进行。

图 5-3　轮播图功能测试

3. 门户网站 Cookie 测试

在浏览器设置项中，将 Cookie 相关的配置暂时关闭，具体操作如图 5-4 所示。

图 5-4　浏览器 Cookie 设置页面

在完成主页返回操作后，访问那些依赖第三方 Cookie 的页面时，系统会显示相关的提示信息，并且这些含有第三方 Cookie 的页面将无法正常地呈现给用户，如图 5-5 所示。

图 5-5　Cookie 禁用测试页

5.2.4　仿某门户网站语言类型切换测试

　　仿某门户网站的主页的右上角上有中文简体、中文繁体、英文三种语言切换的链接。单击"中文繁体"链接，整个页面内容会切换成繁体字，如图 5-6 所示。而且单击任何其他链接进入的页面中的内容都会以繁体字的形式展示出来（包括页面菜单字体和各种页面链接字体）。

图 5-6　语言类型切换（繁体字）

　　单击门户网站的英文链接，进入英文主页内容，整个页面的内容以英文的形式展示出来，如图 5-7 所示。

图 5-7　语言类型切换（英文）

5.2.5　仿某门户网站链接功能测试

　　Web 页面的测试中，页面跳转与链接测试是非常重要的一部分。页面跳转测试主要是验证用户在使用软件过程中单击不同的链接或按钮时，能否顺利跳转到目标页面，同时评估页面的加载速度是否符合用户的期望。链接测试则是验证软件中的各个链接是否有效、准确，能否正常打开目标网页或资源。在进行页面跳转和链接测试时，测试人员需要仔细检查每个页面的跳转路径和链接的设置。首先，测试人员需要确认页面之间的跳转逻辑是否正确。例如，当用户在一个页面单击一个按钮时，是否跳转到了预定的目标页面，或者根据用户的权限，是否跳转到了正确的页面。其次，测试人员需要检查页面的加载速度是否满足用户的体验要求。如果页面加载过慢，用户可能会因此而流失，因此测试人员需要确保页面可以在合理的时间内加载完成。

链接是指在系统中的各模块之间传递参数和控制命令，并将其组成一个可执行整体的过程。链接也称超链接，是指从一个网页指向另一个目标的连接关系，所指向的目标可能是另一个网页、相同网页上的不同位置、图片、电子邮件地址、文件、应用程序等。在进行链接测试活动时，测试人员需要验证软件中的各个链接是否有效可用。他们需要检查链接的 URL 是否正确，能否打开目标网页或资源。同时，测试人员还需要测试不同网络环境下链接的稳定性，以确保链接在各种网络条件下都能够正常使用。

1. 常见的链接种类

（1）推荐链接。推荐链接是指链接与被链接网页之间并不存在一定的相关性，如某些网站会对网络上经常使用的一些网站给予一个推荐链接。例如，教育类网站会自动增加一个单向的推荐链接。

（2）友情链接。友情链接是指链接与被链接网页之间，在内容和网站主题上存在相关性，通常链接网页与被链接网页所涉及的主题是同一行业。

（3）引用链接。引用链接是指网页中需要引用一些其他文件时，提供的一个链接，被链接的资源可以是学术文献、声音文件、视频文件等其他多媒体文件，也可以是邮箱地址、个人主页等。

（4）扩展链接。在设计过程中为了给用户提供更广泛的资料，通常会设置一些相关的参考资料链接，这类链接为扩展链接。扩展链接与当前网页的主题并不一定存在相关性。

（5）关系链接。关系链接主要是体现链接与被链接网页之间的关系，两者之间并不一定存在相关性。

（6）广告链接。顾名思义，广告链接是指该链接指向的是一则广告。广告链接包括文字广告链接和图片广告链接两种。

（7）服务链接。服务链接是指该链接以服务为主，并不涉及业务交易，如一些门户网站的相关服务专区，在服务专区中设置一些常用的服务，如火车查询、天气预报、地图搜索等。

链接测试是从待测网站的根目录开始搜索所有的网页文件，对所有网页文件中的超链接、图片文件、包含文件、CSS 文件、页面内部链接等所有链接进行读取，如果是网站内文件不存在、指定文件链接不存在或者指定页面不存在，则将该链接和在文件中的具体位置记录下来，直到该网站所有页面中的链接都测试完后才结束测试。由于一般大型的商业网站包含的链接数量庞大，采用手工单击链接跳转方式进行测试的效率太低。所以一般采用目前比较流行的 HTML Link Validator 等专用工具，对网站的链接进行测试，具体操作如下。

2. 使用 HTML Link Validator 工具测试网站链接

（1）从官网地址下载安装程序。找到 HTML Link Validator 官网，并从该页面下载安装程序，如图 5-8 所示。

图 5-8　HTML Link Validator 下载页面

（2）HTML Link Validator 工具安装步骤详解。运行 HTML Link Validator 的安装程序 hlvsetup. exe，进入安装界面，如图 5-9 所示。

图 5-9　安装界面

勾选软件安装条款，并单击"Next"按钮执行下一步操作，进入选择安装路径的界面，如图5-10所示；在PC上选择一个合适的目录，将安装目录的全路径填写到图5-10标注处。然后单击"Start"按钮开始安装，直到进度条达到100%后，弹出安装完成的界面，单击"OK"完成安装操作。

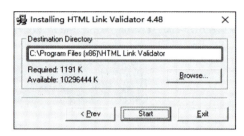 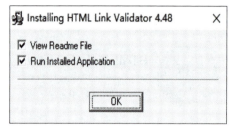

图5-10　选择安装目录与安装完成界面

（3）运行HTML Link Validator进入工具主界面（图5-11）。

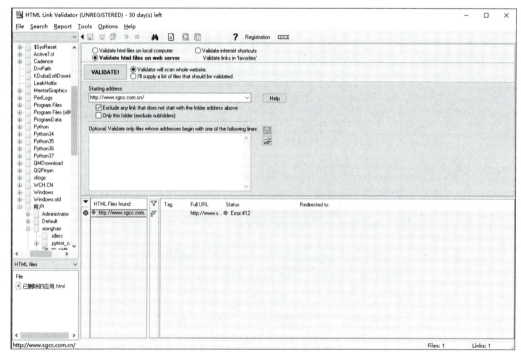

图5-11　HTML Link Validator 主界面

（4）配置待测试网站地址，并验证全网链接有效性。HTML Link Validator工具可以检查Web中的链接情况，检查是否存在孤立页面。该项工具可以在很短时间内检查数千个文件，不仅可以对本地网站进行测试，还能对远程网站进行测试。对远程网站进行测试的配置可以参考图5-12的设置。

（5）查看并分析。测试完毕后，可以通过Report菜单中的HTML Report来进行测试结果的查看。在被测试结果链接列表中，双击任意链接则直接打开该链接所在文件，并定位在该链接处，可以对链接直接进行修改，该功能能够节约寻找错误链接的时间，加快修改速度，如图5-13所示。

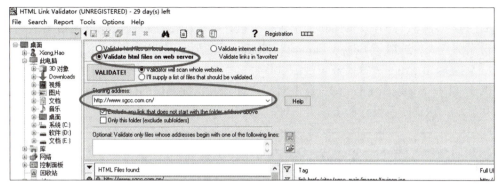

图 5-12　网站链接有效性测试

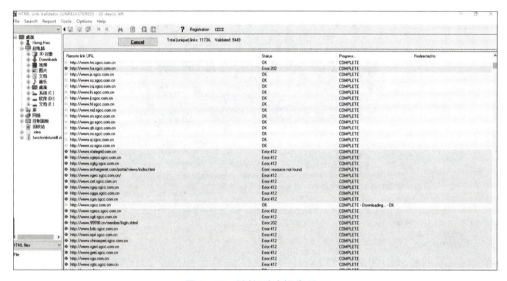

图 5-13　链接测试报告显示

5.2.6　仿某门户网站浏览器兼容性测试

目前，主要浏览器厂家的市场份额相差比较大，所以在做浏览器兼容性测试时，一般都会选取一些份额大的主流厂商的产品进行测试。表 5-7 是第三方调查机构给出的浏览器市场份额调查表。

表 5-7　第三方调查机构给出的浏览器市场份额调查表

浏览器版本	市场份额/%
Chrome	65.64
Firefox	10.23
IE11	7.49
Microsoft Edge	5.53
Safari	2.58
其他厂家	8.53

对于浏览器兼容性的测试，主要是选择当前主流的浏览器访问门户网站的主页，观察页面的内容、字体、图片及页面布局是否符合设计要求。依据目前权威机构给出的浏览器厂家份额调查表，选取了 Edge、Chrome、Firefox 三种浏览器进行兼容性测试。

1. Microsoft Edge 浏览器兼容性测试

图 5-14 是 Microsoft Edge 浏览器上对门户进行兼容性测试的图例，整个布局和内容都能正常显示，达到产品设计的要求。

图 5-14　Microsoft Edge 浏览器兼容性测试

2. Chrome 浏览器兼容性测试

在 Chrome 浏览器中访问门户地址，同样对相关页面的内容以及页面布局进行检查，如图 5-15 所示。

图 5-15　Chrome 浏览器兼容性测试

3. Firefox 浏览器兼容性测试

在通过 Firefox 浏览器访问门户主页的测试中，需要对页面的内容、布局、图片显示以及字体信息等进行详细的观察。经过确认，Firefox 浏览器能够正常显示页面，并且完全符合产品最初的设计要求。这一兼容性测试的结果如图 5-16 所示。

图 5-16　Firefox 浏览器兼容性测试

 **综合练习**

一、填空题

功能测试的主要依据是＿＿＿＿＿＿＿＿＿＿。

二、判断题

功能测试只需要在软件开发完成后进行。　　　　　　　　　　　　　　　（　　　）

三、单选题

对 Web 网站进行的测试中，属于功能测试的是（　　　）。

A. 连接速度测试　　B. UI 易用性测试　　C. 平台测试　　　　D. 链接测试

四、多选题

以下（　　　）属于功能测试的范畴。

A. 测试软件的数据处理功能　　　　　B. 验证用户输入的有效性

C. 检查软件的安装过程　　　　　　　D. 确认软件的并发处理能力

第6章　自动化测试

章节导读

本章第一节介绍了自动化测试的基本概念，并对自动化测试的流程以及自动化测试的策略进行介绍。同时在第一节中对自动化测试的优缺点进行分析，让读者对自动化测试有比较客观的认识。然后对目前自动化测试的常见技术进行说明，自动化常见技术包括录制与回放、脚本技术、数据驱动、关键字驱动、业务驱动等。本书中挑选两项使用频率较高的录制与回放技术和脚本技术进行讲解。

学习目标

（1）了解自动化测试的基本流程，以及流程中每一个步骤的目标；

（2）了解自动化测试的几种常用技术方法，能在项目中熟练运用；

（3）了解常用自动化测试工具，了解不同自动化测试工具的优缺点。

知识图谱

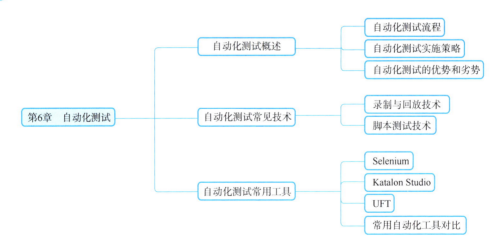

6.1 自动化测试概述

自动化测试是把以人为驱动的测试行为转化为机器执行的一种过程。通常，测试用例在精心设计并经过评审后，测试人员会根据测试用例中描述的规程逐步执行测试，从而得到实际测试结果与预期结果的对比。在此过程中，为了节省人力、时间或硬件资源，提高测试效率，便引入了自动化测试的概念。

6.1.1 自动化测试流程

自动化测试一般在软件开发后期，即系统测试后软件版本趋于稳定时进行。自动化测试和传统的手工测试在测试流程上也存在一些差异。自动化测试与软件开发过程从本质上来讲是一样的，无非是利用自动化测试工具，经过对测试需求的分析，设计出自动化测试用例，从而搭建自动化测试的框架，设计与编写自动化脚本，验证测试脚本的正确性及稳定性，最终交付件是针对测试对象的自动化测试脚本。

整个自动化测试的流程分为七个阶段，图6-1是一个完整的自动化测试流程图。

下面分别介绍下自动化测试流程中，每一个环节的工作内容及目标。

1. 测试需求分析

测试需求其实就是测试对象，也可以看作是自动化测试的功能点。自动化测试无法做到100%的覆盖率，只能尽可能地提高测试覆盖率。测试需求需要设计多个自动化测试用例，通过测试需求分析确定软件自动化测试的程度。一般情况下，自动化测试先实现正向测试用例，然后再执行反向测试用例。大部分反向测试用例都需要通过分析过滤掉，所以测试覆盖率的确定、自动化测试的粒度、测试用例的选择都是分析测试需求的关键任务。

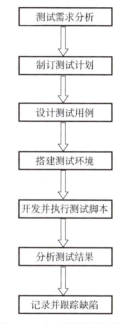

图6-1 自动化测试流程图

（测试需求分析 → 制订测试计划 → 设计测试用例 → 搭建测试环境 → 开发并执行测试脚本 → 分析测试结果 → 记录并跟踪缺陷）

2. 制订测试计划

测试计划需求指明测试目的、测试范围、测试策略、测试团队、团队中成员角色和责任、时间进度表、测试环境准备、风险、风险控制及预防措施。测试策略是测试计划的核心内容，主要阐明本次自动化测试阶段划分、需要测试的业务以及冒烟测试的业务流程，并且对每个业务的测试方法应该详细介绍。测试环境设置是测试计划中的一部分，包括计划、跟踪和管理测试环境的一系列的活动。测试环境包括硬件、软件、网络资源和数据准备，在规划过程中，还需要评估测试环境中每个准备环节所需的时间。

3. 设计测试用例

测试计划完成后，就要着手设计测试用例。自动化测试用例的设计方法与手工测试设计的方法完全一致。一般为了最大限度地提升工作效率，通常在设计手工测试用例时，可以将那些适合自动化测试的用例标识出来，这样在设计自动化测试用例时直接将这部分测试用例挑选出来作为自动化测试用例。在设计测试用例时，要考虑软件的真实使用环境。例如，对于性能测试和安全测试，需要设计场景来模拟真实环境，以确保测试真实有效。

4. 搭建测试环境

自动化测试人员可以在进行自动化测试用例设计的同时开始构建测试环境。测试环境的搭建包括被测系统的部署、测试硬件的调用、测试工具的安装和设置、网络环境的布局等。

5. 开发并执行测试脚本

测试环境搭建完成以后，就可以进入脚本阶段，根据自动化测试计划和测试用例编写自动化测试脚本。编写测试脚本需要测试人员掌握基本的编程知识，并与开发人员进行交流。只有了解了软件的内部结构，才能设计和编写出有效的测试脚本。测试脚本编写完成后，需要对测试脚本进行反复测试，以保证测试脚本的正确性。

6. 分析测试结果

运行结束后需要对测试结果进行评估、分析，即分析结果是否正确，当结果不正确时需要分析产生结果的原因。一般有两种原因：一种是功能存在缺陷，这种情况可以提交缺陷报告进行跟踪；另外一种是自动化脚本存在问题，这种情况需要自动化测试人员修改脚本里面存在的缺陷。建议测试人员每天留出一定的时间对自动化测试结果进行分析，以便尽早发现缺陷。如果确实存在软件缺陷，则应记录问题并提交给开发人员进行修复。如果不是系统缺陷，则应检查自动化测试脚本或测试环境。

7. 记录并跟踪缺陷

测试过程中发现的错误应记录在缺陷管理工具中，以便定期跟踪和处理。开发人员修复问题后，需要对问题进行回归测试。如果问题修改计划与客户达成一致，但与原需求有偏差，则需要在回归测试前对脚本进行修改和调试。

6.1.2　自动化测试实施策略

自动化测试是现代软件开发过程中的重要组成部分，它可以提高测试效率和准确性。然而，实施自动化测试并不仅仅是编写一些测试脚本，还需要制定一套合理的策略来确保测试的成功。

1. 明确测试目标和范围

在开展自动化测试前，首先需要明确测试的目标。开展自动化的目的是提高测试效率，减少人工测试的工作量，以及发现更多的缺陷等。只有明确了测试目标，才能制定出正确的测试策略。测试目标明确以后，还需要确定自动化的测试范围，这一步至关重要，可以避免测试范围太大而无法落地实施。根据项目的需求和时间限制，选择合适的功能和模块进行自动化测试，并将自动化测试范围明确告知项目开发团队。

2. 选取合适的自动化测试工具

根据项目的需求和时间限制，选择合适的功能和模块进行自动化测试，并将其范围明确告知测试团队。自动化测试工具的选择除了满足测试需求外，工具的易用性和可扩展性也是选择的重要因素。工具应该具有友好的用户界面、完善的在线帮助文档。最重要的特性是要易于编写和维护脚本，并且能够与其他测试工具体系或者框架集成。自动化测试工具的选择还有一个重要的衡量标准，那就是根据项目的预算和需求选择开源的自动化测试工具或者商业工具。开源工具通常具有更大的社区支持和更丰富的功能，而商业工具则提供更专业的技术支持和更稳定的性能。

3. 设计可维护性强的脚本

用合适的设计模式：在编写自动化测试脚本时，应该采用合适的设计模式，比如：如Page Object模式。这样可以提高脚本的可维护性和可重用性，减少脚本的冗余代码。另外为了保障脚本的稳定性，在测试脚本中需要使用合理的等待机制。比如：自动化测试中经常会遇到页面加载、异步请求等需要等待的情况。为了避免脚本的不稳定性，应该使用合理的等待机制，例如显式等待和隐式等待，以确保页面加载完成后再进行下一步的操作。

4. 完善的测试数据管理机制

在进行自动化测试之前，需要准备好测试数据，可以创建测试数据集，包括正常数据、边界数据和异常数据等，以覆盖不同的测试场景。数据驱动的测试方法可以提高测试的覆盖率和可扩展性。通过将测试数据和测试脚本分离，可以更方便地修改和维护测试数据，同时也可以复用相同的测试脚本进行不同数据集的测试。随着项目的不断迭代和功能的更新，测试数据也需要进行相应的更新。定期检查和更新测试数据，以保证测试的准确性和有效性。

5. 完善的报告及缺陷管理机制

随着项目的开发进度不断推进和功能的更新迭代，测试数据也需要进行相应的调整。定期检查和更新测试数据，可以保证测试的准确性和有效性。在自动化测试过程中，可能会发现一些缺陷。及时跟踪和管理缺陷，可以帮助开发团队及时修复问题，并提高产品的质量。定期回顾自动化测试的实施策略和经验，总结经验教训，发现问题并进行改进。通过不断地优化和改进，可以提高自动化测试的效率和准确性。

对应自动化测试的策略一般通过明确测试目标和范围、选择合适的自动化测试工具、设计可维护的测试脚本、建立完善的测试数据管理机制、建立完善的测试报告和缺陷管理机制等措施来实现。这些自动化测试策略可以帮助团队更好地实施自动化测试。希望这些自动化测试策略能够帮助读者用户在开展自动化测试活动过程中，少走弯路，高效完成自动化测试任务。

6.1.3　自动化测试的优势和劣势

自动化测试是一种通过使用自动化工具和脚本来执行测试任务的方法。它在软件开发过程中扮演着重要的角色，可以提高测试效率和质量。然而，自动化测试也存在一些优点和缺点。接下来将详细介绍自动化测试的优点和缺点。

1. 自动化测试的优点

（1）提高测试效率：自动化测试可以自动执行测试用例，无须人工干预，从而大大提高了测试的效率。相比手动测试，自动化测试可以在短时间内执行大量的测试用例，减少了测试周期，提高了软件交付速度。

（2）提高测试准确性：自动化测试工具可以精确地模拟用户的操作，执行测试用例时不会出现疏漏或人为错误。自动化测试可以准确地检测出软件中的缺陷和问题，提高了测试的准确性。

（3）降低测试成本：虽然自动化测试的初期投入较高，但长期来看，自动化测试可以降低测试成本。自动化测试可以重复执行测试用例，无须人工重复操作，减少了人力资源的投入。同时，自动化测试可以提早发现和修复软件中的问题，避免了后期修复的高成本。

（4）增加测试覆盖率：自动化测试可以快速执行大量的测试用例，覆盖更多的功能和场景。通过自动化测试，可以检测出更多的缺陷和问题，提高了测试的覆盖率。

（5）支持持续集成和持续交付：自动化测试可以与持续集成和持续交付流程集成，实现自动化构建、测试和部署。这样可以更快地将软件交付给用户，提高了软件开发的效率和质量。

2. 自动化测试的缺点

（1）初始投入较高：自动化测试需要编写测试脚本和开发测试框架，这需要一定的时间成本和技术要求。对于一些小规模的项目或功能，投入自动化测试可能不划算。

（2）难以适应变化频繁的需求：当软件的需求频繁变化时，自动化测试需要不断更新和维护测试脚本。这对于测试团队来说是一项挑战，需要投入大量的时间和精力。

（3）无法完全替代人工测试：自动化测试虽然可以提高测试效率和准确性，但并不能完全替代人工测试。某些测试场景，如用户体验、界面设计等，仍需要人工测试来进行评估。

（4）需要专业的技术人员：自动化测试需要编写测试脚本和开发测试框架，这需要具备一定的编程和技术能力。对于一些测试团队来说，缺乏专业的技术人员可能成为制约自动化测试的瓶颈。

（5）对于部分功能测试效果不佳：自动化测试主要适用于重复性强、稳定性好的功能测试。对于一些复杂的功能或需要人工干预的测试场景，自动化测试的效果可能不如人工测试。

综上所述，自动化测试具有提高测试效率、提高测试准确性、降低测试成本、增加测试覆盖率和支持持续集成和持续交付等优点。然而，自动化测试也存在初始投入较高、难以适应变化频繁的需求、无法完全替代人工测试、需要专业的技术人员和对部分功能测试效果不佳等缺点。在实际应用中，需要根据项目的具体情况和需求来选择是否使用自动化测试，并合理权衡其优缺点。

6.2　自动化测试常见技术

软件自动化测试技术的种类很多，主要有录制与回放技术、脚本测试技术、数据驱动、关键字驱动、业务驱动等模式。其中录制与回放技术和脚本技术是目前使用频率相对较高的两种技术。本节通过对比这两项技术，帮助读者了解这两项技术优缺点，在今后工作和学习中选择合适的技术路线。

6.2.1　录制与回放技术

所谓的"录制/回放"就是先由人工完成一遍需要测试的流程，同时由计算机记录下这个流程中客户端和服务器端之间的通信信息，以及用户和应用程序交互时的击键和鼠标的移动，形成一个脚本，然后可以在测试执行期间回放。在这种模式下数据和脚本混在一起，几乎一个测试用例对应一个脚本，维护成本很高；而且即使界面的简单变化也需要重新录制，脚本可重复使用的效率低。

录制与回放技术可以自动录制测试执行者所做的所有操作，并将这些操作写成工具可以识别的脚本。工具通过读取脚本，并执行脚本中定义的指令，可以重复测试执行者手工完成的操作。

录制与回放技术对于不具备自动化测试能力的团队是一个很好的解决方案。目前录制与回放技术主要应用于重现用户在应用程序上的交互操作，以便于测试软件系统的功能、性能和兼容性。这种技术广泛应用于 UI 测试、游戏测试、网站和移动应用测试等领域。录制与回放技术在给用户带来便利的同时，由于其自身的局限性会存在一些缺点。

1. 录制与回放技术的主要优点

（1）易于使用：无须编程技能即可创建测试脚本，只需手动操作一遍，然后工具自动记录用户的操作序列并转化为测试脚本。

（2）效率提升：节省了手动重复测试的时间成本，尤其在大量回归测试中，能够显著提高测试效率。

（3）准确度高：能够精确模拟用户的行为和场景，特别是在复杂的用户交互和导航过程中。

（4）跨平台兼容性：某些录制与回放工具支持在不同操作系统、浏览器或设备之间进行跨平台的测试回放。

（5）可视化脚本：可视化的方式有助于不擅长编程的测试人员理解和维护测试脚本。

2. 录制与回放技术的主要缺点

（1）维护困难：当应用界面发生变化时，录制的脚本可能需要大量更新，因为它们通常是基于屏幕坐标和元素 ID 等硬编码信息。微小的变化可能导致脚本失效。

（2）缺乏灵活性：录制回放的脚本通常较难进行复杂逻辑的定制和扩展，无法轻松应对动态内容和条件分支。

（3）技术依赖性强：录制回放工具可能无法捕捉和处理底层 API 调用或复杂的前端交互，因此对于一些高级功能和深层逻辑的测试可能存在局限性。

（4）无法覆盖所有测试场景：对于一些需要动态数据、随机行为或者复杂数据流的情况，录制回放可能无法充分模拟。

（5）性能消耗：某些录制回放工具在运行时可能增加额外的性能负担，导致无法准确反映出应用在真实环境下的性能指标。

在实际项目中，录制与回放技术在早期自动化测试或者快速创建基础自动化测试用例方面有一定的价值，但对于长期维护和复杂测试场景来说，可能需要配合其他更加灵活和强大的自动化测试框架和技术一起使用。

6.2.2　脚本测试技术

脚本测试技术指的是在软件测试过程中，通过编写或录制脚本来自动化执行测试案例的一种方法。脚本测试可以帮助测试人员高效地验证软件功能、性能和兼容性等方面的正确性。脚本测试可以进一步细分为多种类型和技术。脚本技术可以分为以下几类。

（1）线性脚本。

线性脚本是通过录制手工执行的测试用例时得到的脚本，这种脚本包含所有的击键（键盘和鼠标）、控制测试软件的控制键及输入数据的数字键，可以添加比较指令实现结果比较。

线性脚本的优点如下：

① 易于上手，适合新手快速入门自动化测试。

② 不需要深入编程，可以直接通过工具录制用户操作生成脚本。

③ 可用于审计跟踪，记录具体的测试步骤和结果。

线性脚本的缺点如下：

① 维护成本较高，由于脚本之间相互独立，如果界面或功能稍有变化，就需要修改大量的脚本。

② 无法很好地复用脚本，每个测试用例往往是孤立的，不利于大规模自动化测试。

③ 对于复杂的业务逻辑和动态数据的处理能力较弱。

（2）结构化脚本。

结构化脚本类似结构化程序设计，具有各种逻辑结构（顺序、分支、循环），而且具有函数调用功能。

结构化脚本的优点如下：

① 结构清晰，有利于组织和管理测试脚本。

② 能够更好地控制测试数据和流程，测试用例更加明确和灵活。

结构化脚本的缺点如下：

① 编写成本相对较高，需要一定的编程技能和脚本语言知识。

② 维护成本虽低于线性脚本，但仍需要投入精力设计和重构脚本以提高可维护性和复用性。

（3）共享脚本。

共享脚本在软件测试领域主要指测试脚本在不同测试场景之间的复用和协同，这一概念常出现在自动化测试环境中。共享脚本的优点如下：

① 资源复用：通过共享脚本，避免了重复编写相同或相似测试功能的脚本，节省了时间和人力成本。

② 提高效率：一旦一个基础功能的脚本被创建和验证无误，就可以应用于多个测试用例，显著提升了自动化测试的执行效率。

③ 易于维护：当基础功能发生变化时，只需更新共享脚本即可，无须逐一修改各个依赖此功能的测试脚本，降低了维护难度。

④ 一致性保证：使用共享脚本有助于保持测试用例的一致性，确保所有使用同一段脚本的功能都按照同样的方式被测试。

⑤ 标准化：共享脚本促进了测试脚本的标准化建设，有助于构建统一的自动化测试框架。

当然凡事都具有两面性，共享脚本的缺点也是无法回避的，关于共享脚本缺点主要有以下几点：

① 耦合度问题：高度的脚本共享可能导致测试脚本之间的强耦合。若某个共享脚本发生更改，可能会影响到大量依赖该脚本的其他测试用例。

② 灵活性降低：对于具有特殊场景或者自定义需求的测试用例，过度依赖共享脚本可能会限制测试的灵活性和适应性。

③ 设计复杂性增加：为了实现良好的共享，需要对测试脚本进行精心的设计和抽象处理，增加了前期设计和架构的工作量。

④ 调试困难：当测试失败时，定位错误源可能会更复杂，因为错误可能源自共享脚本本身，也可能源自与共享脚本交互的特定测试用例部分。

⑤ 版本控制挑战：随着共享脚本的频繁变更，如何有效地进行版本管理和同步也是一个重要问题，以防止因不恰当的版本升级导致其他测试用例失效。

（4）数据驱动脚本。

数据驱动脚本技术是将测试输入存储到独立的（数据）文件中，而不是存储在脚本中，脚本中存放控制信息。执行测试时，从文件而不是直接从脚本中读取测试输入。数据驱动脚本技术的优点如下：

① 可重用性：数据驱动脚本的核心逻辑只编写一次，不同的测试数据可以通过替换外部数据文件来执行多次测试，大大提高了脚本的复用率。

② 灵活性：测试数据可以方便地进行增删和修改，无须改动测试脚本本身的代码，即可应对需求变更和新增测试场景。

③ 易于维护：由于测试数据与脚本分离，当需要修改或扩充测试用例时，只需要更新数据文件，不会影响脚本结构。

④ 高效性：可以一次性生成和维护大量的测试用例，尤其是对于回归测试而言，可以迅速完成大批量的测试数据迭代。

⑤ 自动化程度高：通过循环读取数据表，可以自动化执行大量测试用例，减少人工干预，提高测试效率。

数据驱动脚本技术的缺点如下：

① 数据耦合：虽然逻辑与数据解耦，但如果数据文件设计不合理或格式不统一，仍会导致测试脚本出现问题。

② 复杂度增加：对于复杂的业务逻辑，尤其是那些需要动态决定测试数据流向的场景，单纯的数据驱动可能难以处理，需要结合其他设计模式。

③ 数据源依赖：如果数据源不可靠或数据格式有误，可能导致测试结果错误或测试中断。

④ 调试困难：当测试失败时，定位问题是数据错误还是逻辑错误有时会比较困难，需要对数据和脚本双重排查。

⑤ 脚本设计要求高：为了最大限度利用数据驱动的优势，需要测试工程师具备一定的编程技巧和架构设计能力，以实现脚本的通用化和模块化。

（5）关键字驱动脚本。

关键字驱动脚本是一种基于测试用例行为自动化的测试方法。测试用例被表示为关键字和参数的组合，然后由自动化测试工具执行。这种测试方法可以帮助测试人员创建更有效和易于维护的测试脚本。关键字驱动脚本的优点如下：

① 可重复性：测试用例使用关键字和参数表示，因此测试人员可以快速地创建或更改测试用例。这样就可以减少测试的手动工作量，同时提高测试的可重复性。

② 可维护性：测试用例使用的结构清晰简单，因此易于维护。测试人员可以快速地更改测试用例，而不必了解底层的测试脚本。

③ 可扩展性：测试用例使用的结构易于扩展。测试人员可以通过添加新的关键字和参数来扩展测试用例，从而提高测试脚本的可扩展性。

关键字驱动脚本缺点如下：

① 关键字的定义和维护：关键字驱动测试需要测试人员定义一组关键字，并需要一定的时间和精力进行维护和更新。

② 对测试框架的依赖：关键字驱动测试需要借助测试框架和工具来实现关键字的调用和执行，对框架的选择和学习有一定的依赖性。

③ 执行速度相对较慢：关键字驱动测试由于需要解析和执行关键字组合，相对于数据驱动测试存在一定的性能损耗，执行速度可能较慢。

6.3　自动化测试常用工具

自动化测试工具是完成自动化测试的任务的必备条件。自动化测试工具按照其用途进行分类可以分为 Web 自动化测试工具、移动端自动化测试工具、桌面应用自动化工具以及接口自动化测试工具等。如果考虑使用成本，自动化工具又可以分成商业自动化工具和开源自动化工具。不同的项目团队基于自身的需求和应用场景可以选择契合自身需求的自动化工具。本章节介绍几种常见的自动化测试工具。

6.3.1　Selenium

Selenium 是使用最广泛的开源 Web UI（用户界面）自动化测试套件之一。它最初由 Jason Huggins 于 2004 年开发，作为 Thought Works 的内部工具。Selenium 是一个用于 Web 应用程序测试的工具。Selenium 测试直接运行在浏览器中，就像真正的用户在操作一样。支持的浏览器包括 IE、Mozilla Firefox、Safari、GoogleChrome、Opera、Edge 等。这个工具的主要功能包括：测试与浏览器的兼容性——测试应用程序看是否能够很好地在不同浏览器和操作系统之上工作；测试系统功能——创建回归测试检验软件功能和用户需求；支持自动录制动作和自动生成 .Net、Java、Perl 等不同语言的测试脚本。

1. Selenium 自动化框架特征

Selenium 特色框图如图 6-2 所示。Selenium 自动化框架有以下几个特征：

（1）Selenium 框架属于开发框架，使用成本最低；

（2）支持多种操作系统，如 Linux、Windows、Macintosh 以及多个移动应用 OS；

（3）支持多种编程语言，如 Java、Perl、Python、C#、Ruby、PHP 等；

（4）支持目前主流的浏览器，如 IE、Mozilla Firefox、Google Chrome 和 Safari；

（5）可与 Maven、Jenkins 和 Docker 等自动化测试工具集成，以实现持续测试。还可与 TestNG、JUnit 等工具集成，以管理测试用例和生成报告。

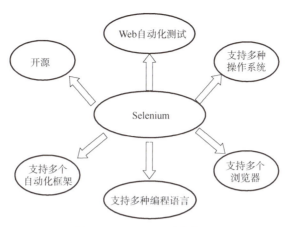

图 6-2 Selenium 特色框图

Selenium 是一个广泛使用的开源自动化测试工具，它提供了多种组件来支持不同类型的 Web 应用程序测试需求。这些组件共同构成了 Selenium 的强大功能，使其成为 Web 应用程序自动化测试的流行选择。通过这些组件，Selenium 能够支持从简单的录制和回放测试到复杂的编程式自动化测试的多种测试场景。

2. Selenium 自动化框架的组成

Selenium 是一款开源的自动化测试工具，主要用于 Web 应用程序的测试，支持多种浏览器和平台。它提供了多种语言绑定，如 Java、C#、Python、Ruby 等，允许开发者使用自己熟悉的编程语言编写测试脚本。Selenium 主要包含了以下的一系列工具和库。

（1）Selenium WebDriver。WebDriver 提供了一组 API 来模拟用户对浏览器的操作，如单击按钮、填写表单、滚动页面等。它直接与浏览器交互，执行真实的用户动作，从而获取接近真实的用户体验。WebDriver 支持多种浏览器，如 Chrome、Firefox、Edge、Safari 和 IE 等，同时也支持移动端的 Web 测试，如 Android 的 Chrome 和 iOS 的 Safari。

（2）Selenium IDE。Selenium IDE 是一款内置 Firefox 浏览器的记录和回放工具，可以快速创建简单的自动化测试用例，无须编程知识。通过 Selenium ID 录制用户在网页上的操作，然后可以导出测试脚本到多种编程语言中进行进一步编辑和优化。

（3）Selenium Grid。Selenium Grid 允许分布式执行测试，可以在多台机器上并行运行测试，每台机器可以运行不同的浏览器和操作系统，极大地提高了自动化测试的效率。

3. Selenium 基本工作原理

Selenium 是一个被广泛使用的 Web 自动化的测试工具，那么在实际工作中 Selenium 到底是如何实现自动化测试呢？带着这个问题，接下来将讲解下 Selenium 的工作原理。

图 6-3 描述了关于 Selenium 自动化测试的原理。在图 6-3 中测试人员编写的测试用例（Test Suites/Cases）中通过 Selenium 提供的 WebDriver API 接口驱动浏览器执行对应的操作。WebDriver 是通过 JSON Wire Protocol 协议将测试用例中的操作转换成浏览器驱动（如谷歌浏览器驱动 ChromeDriver）能识别的指令，然后再由浏览器驱动去指挥浏览器完成对应的操作。操作执行完成以后，浏览器将结果反馈给浏览器驱动，浏览器驱动将结果反馈给 Selenium，最后在测试的结果中体现出来。

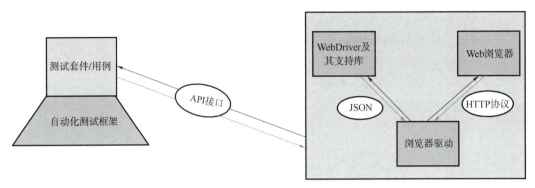

图 6-3　Selenium 自动化测试工作原理

6.3.2　Katalon Studio

Katalon Studio 是一款强大的自动化测试工具，专为 Web、API 和移动应用测试而设计。Katalon Studio 基于 Selenium 和 Appium 等开源框架构建，旨在简化自动化测试的创建、执行和维护过程，特别适合那些对编程不太熟练但需要进行自动化测试的测试工程师使用。

关于 Katalon Studio 工具主要特点如下：

（1）跨平台支持：Katalon Studio 支持 Windows、macOS 和 Linux 等多种操作系统。

（2）多种测试类型：提供 Web UI 测试、API 测试（REST/SOAP）、移动应用测试（iOS 和 Android）等功能。

（3）友好用户界面：拥有直观易用的图形界面，可以方便地创建和维护测试用例、对象库、数据文件等。

（4）无缝集成：能够与 Jira、TestRail、Git、CI/CD 工具（如 Jenkins、TeamCity）等进行集成，便于团队协作和持续集成。

（5）支持多种脚本语言：虽然提供了基于 Groovy 的脚本编辑器，但也可支持 JavaScript（通过 WebDriverIO）编写自动化测试脚本。

（6）丰富的报告和日志：生成详细、可视化的测试报告和日志，帮助测试团队快速定位问题和分析测试结果。

（7）企业级特性：Katalon Analytics 提供测试结果的集中管理和分析功能，帮助企业从宏观层面了解测试进度和质量状况。

总的来说，Katalon Studio 是一款功能齐全、易于使用的自动化测试工具，无论对于初级还是高级测试工程师，都能提供一站式的自动化测试解决方案。

6.3.3　UFT

UFT（Unified Functional Testing）前身是知名测试软件 QTP（QuickTest Professional），是由 Micro Focus 公司开发的一款企业级自动化测试工具，后来被 HP 公司收购，主要用于软件应用程序的功能测试和回归测试。UFT 提供了一种可视化的方式来创建和维护自动化测试脚本，并且支持多种应用程序和技术平台，包括 Web、桌面、移动及 API 接口等。

UFT 工具的主要特点有以下几个方面。

（1）跨平台和跨技术支持。UFT 可以对各种类型的用户界面进行测试，包括传统的 Windows 桌面应用、Web 应用、富客户端应用以及 Web Services。

（2）智能识别。UFT 具有独特的对象识别技术 Object Repository，可以根据对象属性动态识别用户界面元素，即使在应用更新后也能保持脚本的有效性。

（3）关键字驱动测试。支持关键字驱动的测试脚本设计，使非程序员也能参与到自动化测试的设计和维护中来。

（4）Action 录制与回放。UFT 具备强大的录制和回放功能，能记录用户的操作步骤并转化为可编辑的自动化脚本。

（5）集成化环境。UFT 集成了多种功能，例如业务流程测试、数据驱动测试、分布式测试执行、报告生成等，并能与 ALM／Quality Center 等项目管理工具紧密集成，实现测试生命周期的全程管理。

（6）支持多种编程语言。除了内置的 Visual Basic Scripting Edition（VBScript）编程语言外，UFT 也支持外部脚本语言进行扩展。

（7）API 测试。UFT 可以测试 Web 服务（SOAP 和 RESTful API），并通过 Service Test 模块创建和运行针对 API 的自动化测试。

尽管 UFT 在自动化测试领域有着广泛的应用，但随着近年来开源工具和云测试服务的兴起，其市场地位已面临一定的挑战，越来越多的企业开始寻求更为灵活和成本效益更高的测试解决方案。不过，在大型企业级应用尤其是传统桌面应用的自动化测试场景中，UFT 仍然具有很高的实用价值。

6.3.4　常用自动化工具对比

目前在测试行业中，有很多种自动化测试工具可供选择。这些自动化工具可以满足不同项目的自动化测试需求，并且根据团队项目经费的实际情况，可以选择功能齐全而且专业集中度高的商业软件或者开源的免费自动化测试产品。表 6-1 列举了几款常用的自动化测试工具（Selenium、Katalon Studio、UFT、TestComplete、Watir），从多个维度进行对比，方便读者以后在做自动化测试工具选型时候进行参考。

表 6-1　自动化工具对比

工具名	Selenium	Katalon Studio	UFT	TestComplete	Watir
测试对象	Web 应用	Web 应用 UI 和接口测试、移动端测试	Web 应用 UI 和接口测试、移动端测试、桌面应用测试	Web 应用 UI 和接口测试、移动端测试、桌面应用测试	Web 应用
使用成本	免费	部分收费	费用较高	收费	免费
支持系统	Windows	Windows	Windows	Windows	Windows
支持编程语言	Java、C#、Php、Python、js、ruby	Java、Groovy	VbScript	Js、Python、VbScript、Delphi、C++、C#	Ruby

续表

工具名	Selenium	Katalon Studio	UFT	TestComplete	Watir
编程技能	需要一定编程技能	编程技能不是必需项	编程技能不是必需项	编程技能不是必需项	需要一定编程技能
使用难度	需要一定安装和使用技能	安装使用简单	安装使用前需进行培训	安装使用前需进行培训	需要一定安装和使用技能

综合练习

一、判断题

1. 自动化测试适合所有类型测试。　　　　　　　　　　　　　（　　）

2. 经过自动化测试的软件质量比只进行了手工测试的软件质量高。　（　　）

二、填空题

自动化测试技术包含 _____。

三、单选题

1. 适合做自动化测试的项目有（　　　）。

A. 周期短或一次性的项目

B. 软件不稳定，且用户界面和功能频繁变化的项目

C. 系统业务逻辑和交互过于复杂的项目

D. 增量式开发、持续集成项目

2. 自动化测试工具最基本的要求是（　　　）。

A. 支持数据驱动测试

B. 对程序界面中对象的识别能力

C. 抽象层

D. 支持脚本语言

四、多选题

关于自动化测试和手工测试描述正确的是（　　　）？

A. 自动化测试可以完全替代手工测试

B. 当软件需求变动过于频繁时，建议采用手工测试

C. 单元测试、集成测试、系统负载等需要模拟大量并发用户时，自动化测试可重复使用

D. 回归测试是软件每次有新版本都必须执行，因此这类测试很适合自动化测试

五、简答题

自动化测试的优缺点分别有哪些？

第7章　自动化测试案例

章节导读

　　本章节将围绕新闻采编 CMS 后台的管理端讲解如何进行自动化测试。首先要了解新闻采编 CMS 网站是一个大的综合性门户网站。该网站以内容最新、最快、最全，能充分反映新闻门户网站的内容编辑以及人员管理为主的业务板块等多个核心模块的业务流程，涵盖了新闻编辑、新闻审核、素材归档、用户信息管理等方面的内容，是新闻采编行业内部信息覆盖面最为全面的网站之一，具有良好的信息基础。新闻采编 CMS 网站在架构上采用了前后端分离的形式，前端主要面向广大的用户受众，提供新闻内容服务等业务，帮助用户了解新闻行业发展动态、行业趋势，同时还能在网站上开展线上新闻信息办理。而新闻采编 CMS 管理端主要提供用户权限管理、新闻素材采编、评论管理、流程审批等几大核心功能模块。

　　本章主要围绕新闻采编 CMS 管理端的用户管理与新闻列表功能这两大功能点，开展自动化测试专项任务，从测试需求分析、自动化开发环境搭建、自动化脚本编写、自动化用例调试以及自动化测试执行报告分析多个维度，全流程展示自动化测试的全貌。

学习目标

　　（1）掌握软件测试需求分析方法，结合对应的测试设计技术完成基础用例设计；

　　（2）掌握 Python 环境中编写自动化测试用例的技术，能根据功能用例完成自动化用例的设计；

　　（3）利用已学的 Selenium 自动化技术，独立完成 Web 功能自动化测试用例的编码和调试；

　　（4）掌握 Autoit 窗体自动化脚本的编写技能，能够将 Autoit 的技术和 Web 自动化技术进行融合。

知识图谱

```
                                                        ┌─ 新闻采编CMS被测环境搭建
                                                        │
                                                        ├─ 新闻列表功能需求分析
                                                        │
第7章  自动化测试案例 ── 自动化测试案例——            ├─ 新闻列表自动化测试
                        新闻采编CMS自动化测试          │
                                                        ├─ 用户管理模块功能需求分析
                                                        │
                                                        └─ 用户管理自动化测试
```

7.1　自动化测试案例——新闻采编 CMS 自动化测试

新闻采编 CMS 网站是一个大的综合性门户网站。该网站能充分反映新闻门户网站的内容编辑以及以人员管理为主的业务板块等多个核心模块的业务流程，涵盖了新闻编辑、新闻审核、素材归档、用户信息管理等方面的内容，是新闻采编行业内部信息覆盖面最为全面的网站之一。围绕新闻采编 CMS 管理端的用户管理与新闻列表功能这两大功能点，开展自动化测试专项任务，从测试需求分析、自动化开发环境搭建、自动化脚本编写、自动化用例调试以及自动化测试执行报告分析多个维度，全流程展示自动化测试的整体流程。

7.1.1　新闻采编 CMS 被测环境搭建

在准备进行新闻采编 CMS 后台管理端的测试任务之前，需要确保该系统已正确部署并处于运行状态。新闻采编 CMS 后台管理端是一个基于 Java 语言开发的 CMS 系统，因此需要遵循一系列步骤来部署并运行它。首先，查看新闻采编 CMS 后台部署安装包。解压该安装包后，会得到一个如图 7-1 所示的包含多个文件和目录的文件夹。其中，testproject-0.0.1-SNAPSHOT_new. jar 是整个后台运行所必需的 JAR 包，它包含了系统所需的全部编译代码和依赖库。zz. sql 是一个数据库备份文件，它包含了系统所需的初始数据库结构和数据。此外，还有一个"接口文档"，它提供了新闻采编 CMS 后台管理端所有接口的详细调用说明，对于测试人员来说是一份非常重要的参考资料。

图 7-1　新闻采编 CMS 后台管理端安装包

首先需要确保系统上安装了正确的 Java 版本，首先从官方网站下载版本号 11 的 JDK 安装程序，如图 7-2 所示。

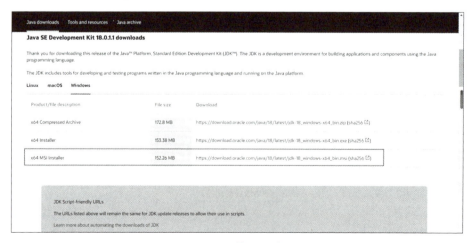

图 7-2　下载 JDK 版本

JDK 的安装程序下载到本地以后，进入安装程序所在的目录中，找到安装程序所在的位置，如图 7-3 所示。

图 7-3　启动 JDK 安装程序

双击安装程序后，进入到 JDK 的安装引导界面，如图 7-4 所示。单击 "Next" 按钮，选择安装所有的组件，并且根据实际需要更改安装路径，如图 7-5 所示。

图 7-4　JDK 安装程序首页

图 7-5　JDK 安装路径配置

上面的用户设置配置完成以后，单击 "Next" 按钮，进入安装环节，如图 7-6 所示。安装进度条达到 100% 以后，安装完成的界面就会出现，单击 "Close" 按钮完成安装，如图 7-7 所示。

图 7-6　JDK 安装过程中文件解压

图 7-7　JDK 安装完成

接下来需要完成 MySQL 数据库软件的安装，选择 MySQL Community 版本进行安装。首先进入 MySQL 的官网地址找到 MySQL 的下载位置，如图 7-8 所示。

将图 7-8 中的压缩文件下载到本地，然后解压到本地目录中（注意：解压后文件路径不要包含中文字符），如图 7-9 所示。

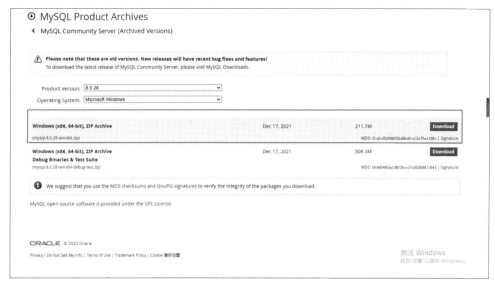

图 7-8　MySQL 数据库文件下载

图 7-9　MySQL 数据库解压后目录

然后进入命令行窗口，通过命令行 mysql d--console 启动 MySQL 服务器，如图 7-10 所示。

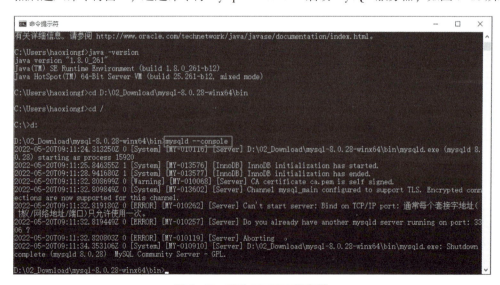

图 7-10　启动 MySQL 服务器

完成 MySQL 服务器的启动后，接下来需要进行 MySQL 数据库的连接，通过 mysql −u root −p 命令来完成数据库连接，然后再输入密码，进入 MySQL 命令行提示窗口，如图 7-11 所示。

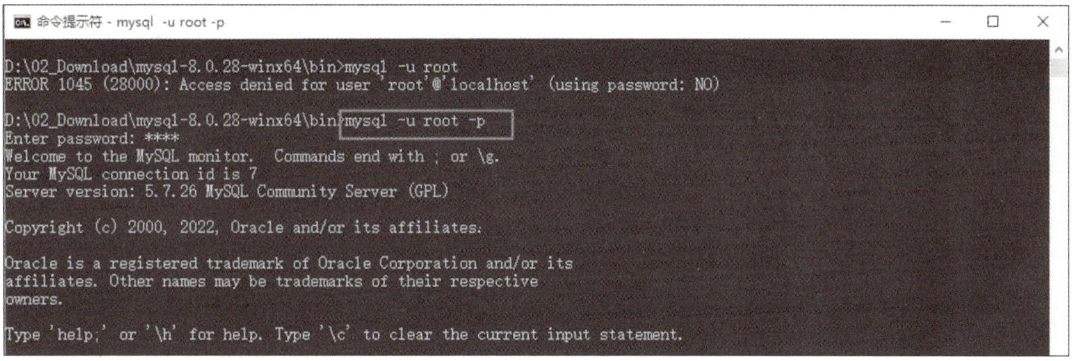

图 7-11 连接 MySQL 服务器进入命令行模式

接着需要先在 MySQL 中创建名称为 iss_test 的数据库，在命令行窗口中下发 create DATA-BASE iss_test 命令，具体操作请参考图 7-12。

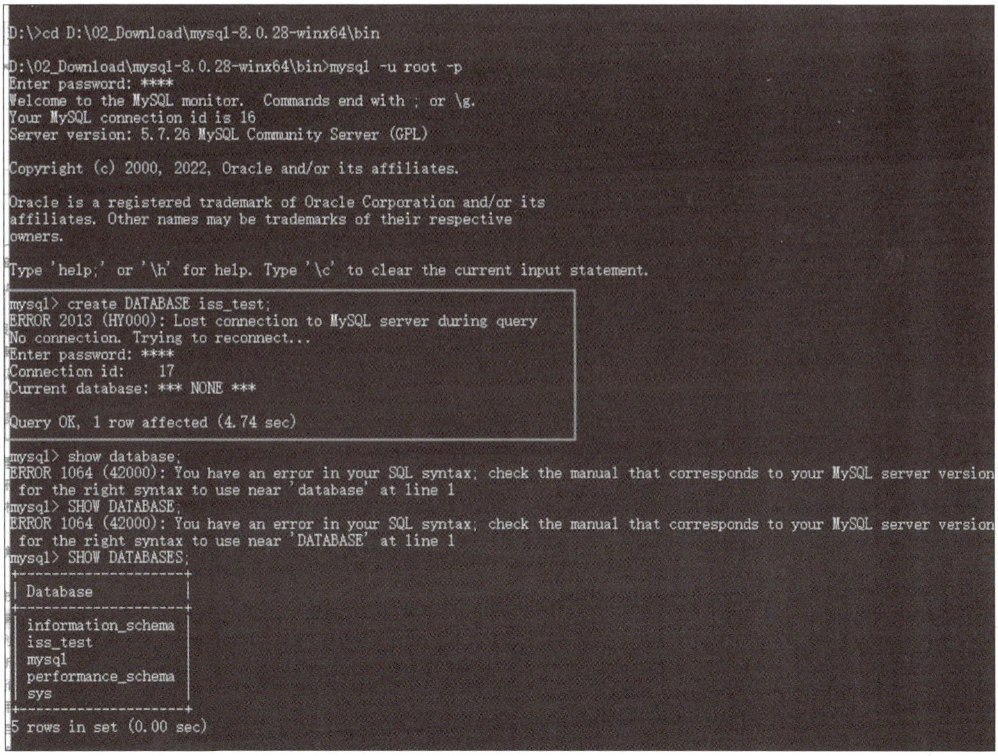

图 7-12 创建数据库 iss_test

创建数据库以后可以通过命令行进行查询，查询命令为 SHOW DATABASES，具体操作如图 7-13 所示。

数据库 iss_test 创建成功以后，可以将安装部署包中的数据库备份文件，导入新建的数据库 iss_test 中，具体操作如图 7-14 所示。

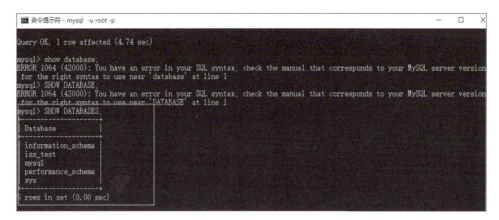

图 7-13　查看数据库创建

图 7-14　将安装部署包导入数据库

接下来查询下数据导入是否成功，需要进入 MySQL 的控制台创建进行查询，具体操作如图 7-15 所示。

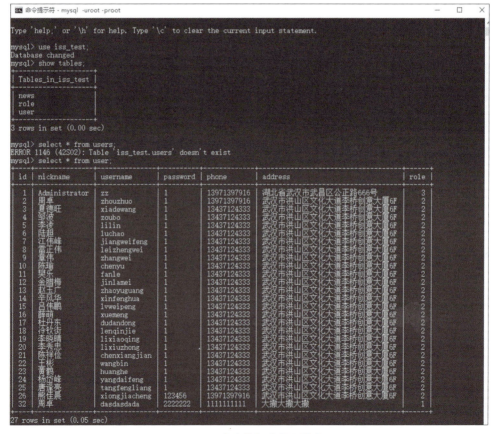

图 7-15　查询数据库导入数据

经过上面的操作以后数据库部分就搭建完成了，接下来就可以启动后台管理端的应用，可以直接在命令行窗口中下发 java-jar 文件路径，具体操作如图 7-16 所示。

图 7-16　命令行启动后台管理端

到此，环境部署已经完成，在浏览器中输入网址 http://localhost:8080/test/，验证是否会进入后台管理端的 Login 页面，如图 7-17 所示。

接着输入用户名和密码，就可以看到新闻采编 CMS 后台管理端的主页面，如图 7-18所示。

图 7-17　登录后台管理端　　　　　　　图 7-18　访问后台管理端页面

到这一步就表示整个后台管理端的部署搭建已经完成。

7.1.2　新闻列表功能需求分析

本次任务主要对新闻采编 CMS 后台管理端的新闻列表功能进行需求分析。新闻列表功能模块是新闻采编 CMS 系统中重要的一项功能，新闻列表功能极大地简化了网站管理人员在后端管理系统中的新闻采编工作，使他们能够高效地创建、编辑和实时发布新闻内容至网站前端，从而为用户提供最新、最及时的信息更新。新闻列表采用了富文本编辑器，方便采编人员进行图文方面的处理。首先从原始需求中将新闻列表的需求信息进行分析，表7-1为新闻列表的原始需求说明。

表7-1　新闻列表的原始需求说明

描述要素	描述内容	备注事项
需求名称	新闻列表管理	
需求编号	SHOE-UC018	
需求简述	管理员在当前新闻列表中，进行增、删、改、查等基本操作	
参与者	管理员	
前置条件	管理员必须先登录且有站内信息管理权限	
后置条件	管理员对新闻列表的内容进行的修改会影响前端新闻板块内容	
特殊需求	无	

根据表7-1中新闻列表的需求说明信息，进行测试需求的分析，提取需求中关联的测试点以及业务规则。表7-2给出了新闻列表需求分析，后面将根据分析得出的测试需求开展测试用例的设计以及测试数据的构造。

表7-2　新闻列表需求分析

功能模块	功能	测试点	子测试点	分析思路
新闻列表	新增新闻	正常测试	新闻类别	与预期值一致
			标题	与预期值一致
			新闻内容	与预期值一致
		异常测试	标题超长	操作失败
			新闻内容超长	操作失败
	删除新闻	正常测试	确认删除	删除成功
			取消删除	新闻保留
	查看新闻	正常测试	查看新闻内容	与预期值一致
	修改新闻	正常测试	新闻类别	与预期值一致
			标题	与预期值一致
			新闻内容	与预期值一致
		异常测试	标题超长	操作失败
			内容超长	操作失败

7.1.3　新闻列表自动化测试

1. 新闻列表模块功能性用例设计

在前一个任务中，对新闻列表功能的需求进行了分析，分别对新闻列表的功能、测试点、子测试点进行梳理。接下来的章节中，将会针对前面分析的结果进行功能测试用例的设计，如表7-3所示。

表7-3　新闻列表功能性用例

用例编号	用例标题	预置条件	执行步骤	预期结果
news-add-001	添加新的新闻，并依次输入合法的新闻类别、新闻标题以及文本型内容，提交后，查询结果成功	正常登录后进入新闻列表页面	1. 单击"新增新闻"按钮； 2. 依次输入类别、标题、内容； 3. 单击"提交"按钮	操作成功，查询列表中存在新增新闻
news-add-002	添加新的新闻，并依次输入合法的新闻类别、新闻标题以及图片内容，提交后，查询结果成功	正常登录后进入新闻列表页面	1. 单击"新增新闻"按钮； 2. 依次输入类别、标题、内容； 3. 单击"提交"按钮	操作成功，查询列表中存在新增新闻
news-add-003	添加新的新闻，并依次输入合法的新闻类别、新闻标题以及纯文本+图片内容，提交后，查询结果成功	正常登录后进入新闻列表页面	1. 单击"新增新闻"按钮； 2. 依次输入类别、标题、内容； 3. 单击"提交"按钮	操作成功，查询列表中存在新增新闻
news-add-004	添加新的新闻，先选择新闻类别，然后输入长度超长的标题，最后输入合法的新闻内容，提交后，返回失败	正常登录后进入新闻列表页面	1. 单击"新增新闻"按钮； 2. 依次输入类别、标题、内容； 3. 单击"提交"按钮	操作失败，返回错误提示信息
news-add-005	添加新的新闻，先选择新闻类别，然后输入正确的标题，最后输入超长的新闻内容，提交后，返回失败	正常登录后进入新闻列表页面	1. 单击"新增新闻"按钮； 2. 依次输入类别、标题、内容； 3. 单击"提交"按钮	操作失败，返回错误提示信息
news-del-001	删除指定新闻并确认	正常登录后进入新闻列表页面	1. 选择待删新闻； 2. 单击删除图标； 3. 确认后，删除成功	新闻列表中该新闻被成功删除
news-del-002	删除指定新闻，然后取消删除操作	正常登录后进入新闻列表页面	1. 选择待删新闻； 2. 单击删除图标； 3. 取消操作，新闻未删除	查询新闻列表中该条新闻还存在
news-check-001	查看新闻内容	正常登录后进入新闻列表页面	1. 选择指定新闻； 2. 单击查看图标； 3. 显示新闻内容正确	查看的新闻内容与之前创建时一致

用例编号	用例标题	预置条件	执行步骤	预期结果
news-modify-001	修改已存在新闻，依次输入合法的新闻类别、新闻标题以及文本型内容，提交后，查询结果成功	正常登录后进入新闻列表页面	1. 选择指定新闻； 2. 单击修改图标； 3. 修改并提交	操作成功，查询列表中存在新增新闻
news-modify-002	修改已存在新闻，依次输入合法的新闻类别、新闻标题以及图片内容，提交后，查询结果成功	正常登录后进入新闻列表页面	1. 选择指定新闻； 2. 单击修改图标； 3. 修改并提交	操作成功，查询列表中存在新增新闻
news-modify-003	修改已存在新闻，并依次输入合法的新闻类别、新闻标题以及纯文本+图片内容，提交后，查询结果成功	正常登录后进入新闻列表页面	1. 选择指定新闻； 2. 单击修改图标； 3. 修改并提交	操作成功，查询列表中存在新增新闻
news-modify-004	修改已存在新闻，先选择新闻类别，然后输入长度超长的标题，最后输入合法的新闻内容，提交后，返回失败	正常登录后进入新闻列表页面	1. 选择指定新闻； 2. 单击修改图标； 3. 修改并提交	操作失败，返回错误提示信息
news-modify-005	修改已存在新闻，先选择新闻类别，然后输入正确的标题，最后输入超长的新闻内容，提交后，返回失败	正常登录后进入新闻列表页面	1. 选择指定新闻； 2. 单击修改图标； 3. 修改并提交	操作失败，返回错误提示信息

表 7-3 是根据前期需求分析的结果，综合完成对新闻列表功能用例的设计。从用例的标题，可以看到当前设计的用例和前面的需求分析表格存在关联关系，如表 7-4 所示。

表 7-4　用例编号与功能对应关系

功能用例标题	需求分析功能大类
news-add-×××	新增新闻
news-del-×××	删除新闻
news-check-×××	查看新闻
news-modify-×××	修改新闻

表 7-4 中每组用例都会对应一项功能，这些用例中的单个用例能满足一个测试点以及相应的子测试点的验证需求。这样做的目的是在以后的测试活动中，可以很方便统计测试覆盖的情况，避免测试遗漏。

2. 新闻列表——新增新闻自动化用例设计

（1）在 PyCharm 上创建一个 Pure Python 的新项目，如图 7-19 所示。

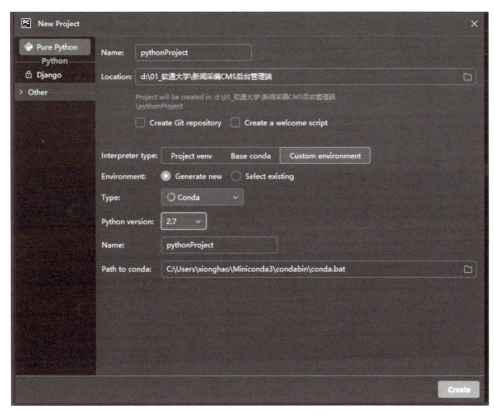

图 7-19 创建 Pure Python 新项目

（2）创建名称为 test_news 的 Python 文件，如图 7-20 所示。

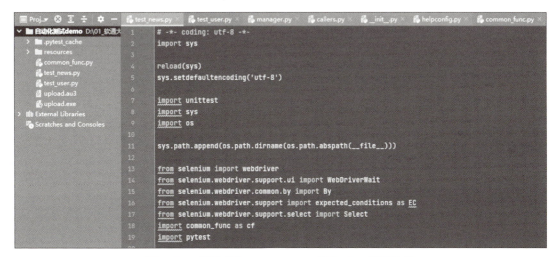

图 7-20 创建名为 test_news.py 的 Python 代码文件

（3）创建名为 TestNews 的测试类。

完成 TestNews 类的创建后，需要在 TestNews 测试类的测试固件 setUp 方法中完成

Chrome 浏览器的配置以及新闻采编 CMS 后台管理端页面登录操作，具体如代码 7-1 所示。

代码 7-1　　测试固件 setUp 方法。

```
def setUp(self):
    options = webdriver. ChromeOptions()
    #禁止使用浏览器的密码保存
    prefs = {"credentials_enable_service": False,
             "profile. password_manager_enabled": False}
    options. add_experimental_option("prefs", prefs)
    #设置免检测(开发者模式)
    options. add_experimental_option('excludeSwitches', ['enable-automation'])
    #禁用浏览器正在被自动化程序控制的提示
    options. add_argument("disable-infobars")
    self. driver = webdriver. Chrome(chrome_options=options)

    login_obj = cf. CLogin(self. driver)
    try:
        login_obj. navigator(url, username, pwd)
    except Exception, err:
        print(err)
        login_obj. navigator(url, username, pwd)
```

关于浏览器在执行自动化测试的过程中，在浏览器的地址栏下方会出现一个信息提示（图 7-21），告知用户 Chrome 浏览器正受到自动测试软件的控制。这类提示信息会对用户的使用感知存在影响，所以在大多数情况下，可以通过对浏览器的配置参数进行设置，消除提示信息。

图 7-21　Chrome 正受到自动测试软件的控制提示

代码 7-2 中 Chrome 浏览器的配置参数的设置，主要完成以下几个操作：①禁用浏览器的密码自动保存服务；②设置免检测模式；③禁用浏览器正受自动测试软件控制的提示。

代码 7-2　Chrome 浏览器参数设置。

```
options = webdriver. ChromeOptions()
    #禁止使用浏览器的密码保存
    prefs = {"credentials_enable_service": False,
              "profile. password_manager_enabled": False}
    options. add_experimental_option("prefs", prefs)
    #设置免检测(开发者模式)
    options. add_experimental_option('excludeSwitches', ['enable-automation'])
    #禁用浏览器正在被自动化程序控制的提示
    options. add_argument("disable-infobars")
    self. driver = webdriver. Chrome(chrome_options=options)
```

通过上面的参数设置，就完成了对浏览器前期的基本配置操作。

（4）后台管理端登录操作。

由于进入新闻采编 CMS 后台页面后，需要进行登录鉴权的操作，而且这个操作是所有自动化用例开展执行前的必备条件。可以将其单独提取出来，放到一个公共的类中，在当前的工程下面新增一个共有文件命名为 common_func. py，如图 7-22 所示。

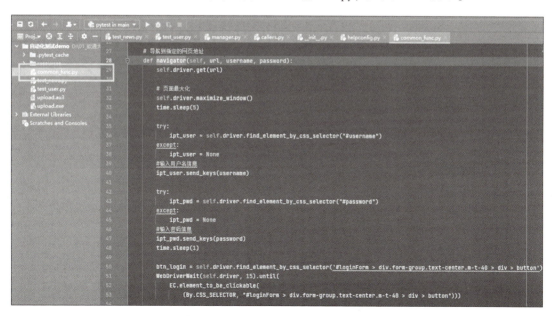

图 7-22　common_func. py 文件创建

该文件中，定义了一个公共类 CLogin 来完成登录新闻采编 CMS 后端页面的操作。请参考代码 7-3。

代码 7-3　　公共类 CLogin 的定义

```python
class CLogin:
    def __init__(self, driver):
        self. driver = driver

        #导航到指定的网页地址
    def navigator(self, url, username, password):
        self. driver. get(url)

        #页面最大化
        self. driver. maximize_window()
        time. sleep(5)

        try:
            ipt_user = self. driver. find_element_by_css_selector("#username")
        except:
            ipt_user = None
        #输入用户名信息
        ipt_user. send_keys(username)

        try:
            ipt_pwd =self. driver. find_element_by_css_selector("#password")
        except:
            ipt_pwd = None
        #输入密码信息
        ipt_pwd. send_keys(password)
        time. sleep(1)

        btn_login = self. driver. find_element_by_css_selector('#loginForm > div. form-group. text-center. m-t-40 > div > button')
        WebDriverWait(self. driver, 15). until(
            EC. element_to_be_clickable(
                (By. CSS_SELECTOR, "#loginForm > div. form-group. text-center. m-t-40 > div > button")))

        #鼠标的焦点转移到登录按钮
        webdriver. ActionChains(self. driver). move_to_element(btn_login). perform()

        btn_login. click()
        self. driver. implicitly_wait(2)
```

CLogin 类的构造函数中传入的参数是前面代码 7-2 中实例化后的 WebDriver 对象，CLogin 类中定义的 Navigator 方法就是用来完成登录和鉴权操作的主体方法。这个方法中定义了三个参数 url、username、password，分别代表了后台 url 地址、鉴权用户、密码。代码 7-4

中就用到了 Selenium 框架下通过 css_selector 定位元素的方法。

代码 7-4 通过 css_selector 定位用户输入框。

```
ipt_user = self. driver. find_element_by_css_selector("#username")
```

关于如何确定 css_selector 的路径，打开 Chrome 浏览器后，在地址栏中输入网址信息，进入后台管理端登录页面，同时通过快捷键 F12 将浏览器的开发者工具打开。单击左下角图标，然后将鼠标移动到输入框上方进行定位，如图 7-23 所示。

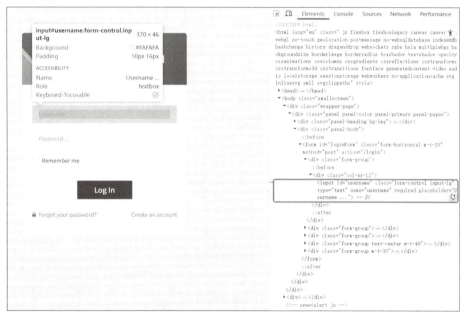

图 7-23 用户名输入框定位

完成元素定位以后，接着将把元素的 css_selector 路径提取出来，如图 7-24 所示。在元素定位后的 DOM 文档结构中，找到对应的信息，然后通过右键菜单将 selector 路径提取出来。

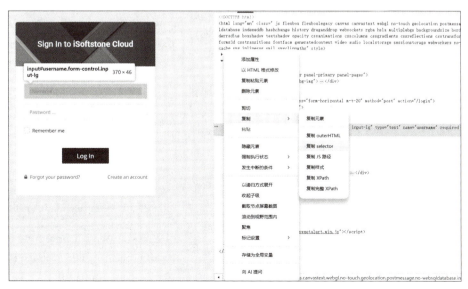

图 7-24 selector 路径提取

通过这个方法分别找到对应的用户输入框和密码输入框，然后将传入方法内部的用户名信息、密码信息填到对应的位置中。接下来就要去完成登录操作最后一步即 Login 按钮的单击。整个操作用 WebDriverWait 这个显性等待的方法，该方法会持续监测元素的状态一直到满足既定的条件，才会退出等待。这里会用到 Selenium 框架中的 expected_conditions 模块。

代码 7-5　显性等待 Login 按钮可用。

```
btn_login = self. driver. find_element_by_css_selector('#loginForm > div. form-group. text-center. m-t-
40 > div > button')
        WebDriverWait(self. driver, 15). until(
                EC. element_to_be_clickable(
                        (By. CSS_SELECTOR, "#loginForm > div. form-group. text-center. m-t-40 > div >
button")))
```

expected_conditions 模块通常是和 WebDriverWait 显性等待一起出现在代码中。表 7-5 展示了 expected_conditions 类方法列表详细内容。

表 7-5　expected_condition 类方法列表

预判条件	描述	实际例子
element_to_be_clickable (locator)	等待通过定位器查找的元素可见并且可用，以便确定元素是可单击的。此方法返回定位到的元素	WebDriverWait (self. driver, 10) . until (expected_conditions. element_to_be_clickable(BY. NAME,"is_subscribed")
element_to_be_selected (element)	等待直到指定的元素被选中	subscription = self. driver. find_element_by_name ("is_subscribed") WebDriverWait (self. driver, 10). until (expected_conditions. element_to_be_selected(subscription))
invisibility_of_element_located(locator)	等待一个元素在 DOM 中不可见或不存在	WebDriverWait(self. driver, 10). until(expected_conditions. invisibility_of_element_located((By. ID,"loading_banner")))
presence_of_all_elements_located(locator)	等待直到至少有一个定位器查找匹配到的目标元素出现在网页中。该方法返回定位到的一组 WebElement	WebDriverWait(self. driver, 10). until(expected_conditions. presence_of_all_elements_located((By. CLASS_NAME,"input-text")))
presence_of_element_located(locator)	等待直到定位器查找匹配到的目标元素出现在网页中或可以在 DOM 中找到。该方法返回一个被定位到的元素	WebDriverWait (self. driver, 10) . until (expected_conditions. presence_of_element_located(BY. ID,"search")))
text_to_be_present_in_element(locator,text_)	等待直到元素能被定位到并且带有相应的文本信息	WebDriverWait(self. driver,10). until(expected_conditions. text_to_be_present_in_element((By. ID,"selectlanguage"),"English"))
title_contains(title)	等待网页标题包含指定的大小写敏感的字符串。该方法在匹配成功时返回 True，否则返回 False	WebDriverWait(self. driver, 10). until(expected_conditions. title_contains ("Create NewCustomer Account"))

续表

预判条件	描述	实际例子
visibility_of (element)	等待直到元素出现在 DOM 中，是可见的，并且宽和高都大于 0。一旦其变成可见的，该方法将返回（同一个）WebElement	first_name = self. driver. find_element_by_id("firstname") WebDriverWait (self. driver, 10) . until (expected_conditions. visibility_of (firstname))
visibility_of_element_located(locator)	等待直到根据定位器查找的目标元素出现在 DOM 中，是可见的，并且宽和高都大于 0。一旦其变成可见的，该方法将返回 WebElement	WebDriverWait(self. driver, 10). until(expected_conditions. visibility_of_element_located((BY. ID,"firstname")))

整个后台登录自动化流程中的最后一个环节，就是单击 Login 按钮完成提交动作。下面的代码中用到 WebDriver 的 API 中 ActionChains 类，这个类允许模拟从简单到复杂的键盘和鼠标事件，如拖曳操作、快捷键组合、长按以及鼠标右键操作。代码实例 7-6 就是通过 ActionChains 类的方法将鼠标的焦点移动到指定元素对象上。

代码 7-6 移动鼠标完成 Login 登录。

```
btn_login = self. driver. find_element_by_css_selector('#loginForm > div. form-group. text-center. m-t-40 > div > button')
#鼠标的焦点转移到登录按钮
webdriver. ActionChains(self. driver). move_to_element(btn_login).perform()
btn_login. click()
self. driver. implicitly_wait(2)
```

关于 ActionChains 类中一些关于键盘和鼠标事件的重要方法，前面的章节已经进行了讲解，下面用一个表格（表 7-6）简要回顾一下 ActionChains 类的方法。

表 7-6 ActionChains 类操作键盘和鼠标方法

方法	描述	参数	样例
click(on_element=None)	单击元素操作	on_element: 指被单击的元素。如果该参数为 None，将单击当前鼠标位置	click(main_link)
click_and_hold(on_element=None)	对元素按住鼠标左键	on_element: 指被单击且按住鼠标左键的元素。如果该参数为 None，将单击当前鼠标位置	click_and_hold(gmail_link)
double_click(on_element=None)	双击元素操作	on_element: 指被双击的元素。如果该参数为 None，将双击当前鼠标位置	double_click(info_box)
drag_and_drop(source, target)	鼠标拖动	source: 鼠标拖动的源元素。target: 鼠标释放的目标元素	drag_and_drop(img, canvas)

续表

方法	描述	参数	样例
key_down(value, element=None)	仅按下某个键，而不释放。这个方法用于修饰键（如 Ctrl、Alt 与 Shift 键）	Key：指修饰键。Key 的值在 Keys 类中定义。target：按键触发的目标元素，如果为 None，则按键在当前鼠标聚焦的元素上触发	key _ down（Keys. SHIFT）. \ send_keys('n'). \ key_up(Keys. SHIFT)
key _ up（value, element=None）	用于释放修饰键	Key：指修饰键。Key 的值在 Keys 类中定义。target：按键触发的目标元素，如果为 None，则按键在当前鼠标聚焦的元素上触发	
move_to_element (to_element)	将鼠标移动至指定元素的中央	to_element：指定的元素	move _ to _ element (gmail_link)
perform()	提交（重放）已保存的动作		perform()
release(on _ element=None)	释放鼠标	on_element：被鼠标释放的元素	release(banner_img)
send_keys(keys_ to_send)	对当前焦点元素的键盘操作	keys_to_send：键盘的输入值	send_keys（"hello"）
send _ keys _ to _ element（element, keys_to_send）	对指定元素的键盘操作	element：指定的元素。keys_to_send：键盘的输入值	send_keys_to_element (firstName, "John")

（5）进入新闻列表页面，添加一条新闻。

完成登录操作后进入首页的欢迎页面，在页面左边的功能列表栏中，单击新闻列表后，进入了新闻列表页中。然后将单击"新增新闻"进行新闻添加操作，如图 7-25 所示。

图 7-25　新增新闻操作步骤

接下来将通过自动化测试代码实现图 7-25 所涉及一系列的操作，请参考代码 7-7。

代码 7-7 新增新闻操作实现。

```
#等待左边的工具条上"新闻列表"按钮激活
WebDriverWait(self. driver, 15). until(
    EC. element_to_be_clickable(
        (By. CSS_SELECTOR,"#sidebar-menu > ul > li:nth-child(2) > ul > li:nth-child(1) > a")))
lbl_news = self. driver. find_element_by_css_selector(
    "#sidebar-menu > ul > li:nth-child(2) > ul > li:nth-child(1) > a")
lbl_news. click()
WebDriverWait(self. driver, 15). until(
    EC. visibility_of_element_located((By. CSS_SELECTOR, "#btn_upload > span")))
btn_add_news = self. driver. find_element_by_css_selector("#btn_upload > span")
btn_add_news. click()
```

（6）新增新闻内容填写与提交操作。

进入新添加新闻的编辑页面后，可以编辑新闻类别、新闻标题，然后填写新闻的内容。其中新闻内容采用了富文本编辑框，可以同时添加文字内容和图片，如图 7-26 所示。

图 7-26 新增新闻的内容编辑页面

新闻内容的编辑所涉及的 Web 自动化测试的内容会比较多，总结出来有以下几个关键点：

1）涉及关于 Selenium 对于内嵌 iframe 的定位与切换操作；

2）特定场景（如元素被遮挡）在 Selenium 中使用 Java Script 脚本完成对特殊场景操作；

3）利用 Autoit v3 完成 Windows 弹出窗体的操作，比如选择指定目录中文件；

新闻内容编辑与提交的 Web 自动化的实现方式参考代码 7-8。

代码 7-8　新闻内容编辑。

```
list_type = Select(self. driver. find_element_by_css_selector("#type"))
list_type. select_by_index(1)


ipt_title = self. driver. find_element_by_css_selector("#title")
ipt_title. send_keys(unicode(title_txt))


frame_elm = self. driver. find_element_by_css_selector(" #cke_1_contents > iframe")


s_html = '<p>%s</p>'% news_text
js_script = 'arguments[0]. innerHTML="%s"'% s_html
self. driver. switch_to. frame(frame_elm)
rich_text = self. driver. find_element_by_css_selector('body > p')
self. driver. execute_script(js_script, rich_text)
self. driver. switch_to. parent_frame()


#单击图片上传
btn_img = self. driver. find_element_by_css_selector("#cke_25 > span. cke_button_icon. cke_button__
image_icon")
btn_img. click()


self. driver. switch_to. active_element


#单击上传 tab 页
tab_upload = self. driver. find_element_by_css_selector("#cke_Upload_133")
tab_upload. click()
self. driver. implicitly_wait(2)


frame_ipt_file = self. driver. find_element_by_css_selector("iframe. cke_dialog_ui_input_file")
self. driver. switch_to. frame(frame_ipt_file)


js_script = "arguments[0]. click()"
btn_file = self. driver. find_element_by_name("upload")
self. driver. execute_script(js_script, btn_file)
self. driver. switch_to. parent_frame()


#需要上传导入的模板文件名称
cur_dir = os. path. dirname(os. path. abspath(__file__))
import_file = os. path. join(os. path. join(cur_dir, "resources"), img_file)


print("上传的文件:%s" % import_file)
#通过键盘录入当前需要输入的文件路径
base_obj = cf. CBase_Func()
```

```
base_obj. type_filepath(import_file)
self. driver. switch_to. active_element
self. driver. implicitly_wait(2)

btn_uploadimg = self. driver. find_element_by_link_text("上传到服务器")
btn_uploadimg. click()
self. driver. implicitly_wait(1)

btn_cfm = self. driver. find_element_by_link_text("确定")
btn_cfm. click()
self. driver. implicitly_wait(1)

#整个新闻编辑结束后最终提交按钮
btn_submit = self. driver. find_element_by_css_selector(
    " # wrapper > div. content − page > div > div. container > div > div. panel − body > div >
button. btn. btn−primary. waves−effect. waves−light")
    btn_submit. click()
```

首先要完成填写新闻类别，由于新闻类别是采用下拉列表的方式进行输入的（图7-27）。列表中有四个可选项：一般新闻、重点新闻、最新动态、行业热点。

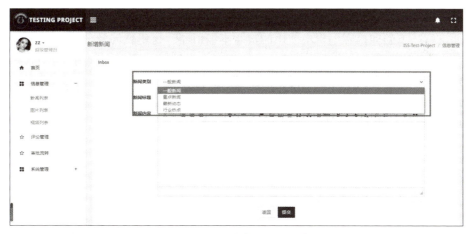

图 7-27　新增类别下拉列表

这里需要用到 Selenium 中的 Select 类。Select 类是 Selenium 的一个特定的类，用于与下拉菜单和列表交互。它提供了丰富的功能和方法来实现与用户交互，具体可以参考表7-7。

表 7-7　Select 类常用方法列表

方法	描述	参数	样例
deselect_all()	清除多选下拉菜单和列表的所有选择项	—	select_list. deselect_all()
deselect_by_index(index)	根据索引清除下拉菜单和列表的选择项	index：要清除的目标选择项的索引	select_list. deselect_by_index1)

续表

方法	描述	参数	样例
deselect_by_value(value)	清除所有选项值和给定参数匹配的下拉菜单和列表的选择项	value：要清除的目标选择项的 value 属性	select_list.deselect_by_value("foo")
deselect_by_visible_text(text)	清除所有展示的文本和给定参数匹配的下拉菜单和列表的选择项	text：要清除的目标选择项的文本值	select_list.deselect_by_visible_text("bar")
select_by_index(index)	根据索引选择下拉菜单和列表的选择项	index：要选择的目标选择项的索引	select_list.select_by_index1)
select_by_value(value)	选择所有选项值和给定参数匹配的下拉菜单和列表的选择项	value：要选择的目标选择项的 value 属性	select_list.select_by_value("foo")
select_by_visible_text(text)	选择所有展示的文本和给定参数匹配的下拉菜单和列表的选择项	text：要选择的目标选择项的文本值	select_list.select_by_visible_text("bar")

在实际应用中选择 select_by_index 方法来实现下拉框中的文本内容的选择，其中使用的参数 index 是从 0 开始计的，下面这段代码中 index 选择的值为 1，对应着下拉列表中的"重点新闻"选项。

代码 7-9 新闻类别选择。

```
list_type = Select(self.driver.find_element_by_css_selector("#type"))
list_type.select_by_index(1)
```

下面讲解一下新闻内容编辑中使用的富文本编辑器，这里就涉及前面提到的一个知识点。用 Chrome 浏览器自带的开发者工具，发现富文本编辑器刚好内嵌到了一个 iframe 中，通过常规的定位方法找到了 iframe 对应的路径，如图 7-28 所示。

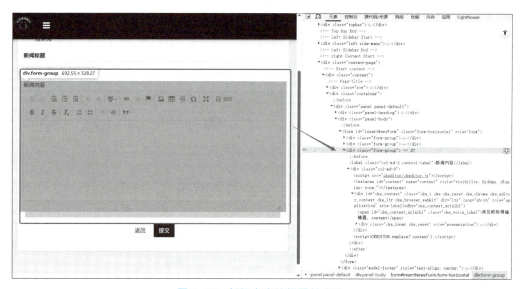

图 7-28　新闻内容编辑器的定位

因此要完成新闻内容的编辑就需要由当前的主页面切换到上面提到的内嵌 iframe 中，然后再执行文本内容的写入，整个操作结束后再次切换回到原来的主页面上。

在代码 7-10 中, 语句 self. driver. switch_to. frame(frame_elm) 完成了从主页面切换到 iframe 的操作, 最后 self. driver. switch_to. parent_frame( ) 又重新切回到了主页面。

代码 7-10 新闻编辑器内嵌 iframe 切换。

```
frame_elm = self. driver. find_element_by_css_selector(" #cke_1_contents > iframe")


s_html = '<p>%s</p>'% news_text
js_script = 'arguments[0]. innerHTML="%s"'% s_html
self. driver. switch_to. frame(frame_elm)
rich_text = self. driver. find_element_by_css_selector('body > p')
self. driver. execute_script(js_script, rich_text)
self. driver. switch_to. parent_frame()
```

这里还使用了上面提到的另外一个知识点, 在 Selenium 中使用 Java Script(JS) 脚本完成对特殊场景操作。关于 Selenium 中执行 Java Script 脚本有两种方式, 表 7-8 具体描述了这两种方式的使用。

表 7-8 同步与异步执行 JS 代码

方法	描述	参数	样例
execute_async_script(script, *args)	异步执行 JS 代码	script: 被执行的 JS 代码。args: JS 代码中的任意参数	driver. execute_async_script ("window. setTimeout(arguments[arguments. length − 1](123), 500);")
execute_script(script, *args)	同步执行 JS 代码	script: 被执行的 JS 代码。args: JS 代码中的任意参数	driver. execute_script ("return document. title")

两种调用 Java Script 脚本的差异, execute_async_script 在当前选定 Frame 或窗口的上下文中执行一段异步 Java Script。与同步方法 execute_script 不同, 使用异步方法执行的脚本必须通过调用提供的回调显式地发出它们已完成的信号。另外一个区别是, 同步执行 Web Driver 会等待 execute_script 执行的结果再去运行后面的代码, 异步执行 Web Driver 不会等待执行结果, 而是直接执行后面的代码。

最后讲解一下新闻内容填写这段中涉及的第三个功能点, 关于在 Windows 弹窗中选择图像文件的实现方法。这里用到了 Autoit v3 来实现这个功能, 参考代码 7-11 内容。

代码 7-11 Autoit v3 实现图像文件上传。

```
#include <MsgBoxConstants. au3>


UploadFunc()


Func UploadFunc()
```

```
Local  $hWnd =WinWaitActive("打开", "", 10)
ControlSetText( $hWnd,"", "Edit1", $CmdLine[1])
Sleep(1000)
ControlClick( $ hWnd, "", "Button1")
EndFunc
```

在代码 7-11 中用到了一个函数 UploadFunc，这个函数的第一行是等待一个标题为"打开"的窗体出现，设置 timeout 的超时时间为 10 秒。第二行是将外部传入的参数 $CmdLine[1]，填写到类名为"Edit1"对应的文本输入框中。第三行延时 1 000 毫秒，第四行单击类名为"Button1"对应的 Button 完成整个操作。关于代码 7-11 中涉及的 Windows 控件使用的类名可以利用 Autoit v3 自带的 Autoit v3 Window Information 进行抓取。以"Button1"对应的 Button 控件为例子，将 Autoit v3 Window Information 界面中 Finder Tool 的焦点移到目标对象上面，就可以获得对应的控件信息，如图 7-29 所示。

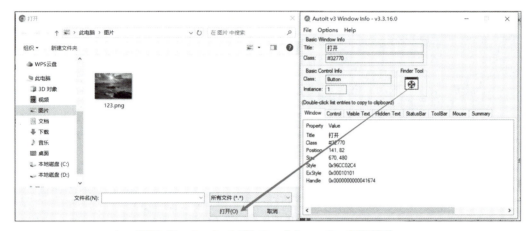

图 7-29　Autoit v3 Window Information 抓取控件

代码 7-11 中的代码功能完成以后，可以利用 Autoit v3 提供的供给将 au3 格式的脚本文件转换成可以在命令行中调用的 exe 文件，具体操作参考图 7-30。

图 7-30　Autoit v3 脚本打包

打包后生成的可执行文件，可以通过命令行传递参数的方式进行调用。具体请参考代码 7-12。

代码 **7-12**　命令行调用 exe 执行上传。

```
time. sleep(3)
sys. setdefaultencoding('gb18030')
cur_dir = os. path. dirname(os. path. abspath(__file__))
autoitexe = os. path. join(cur_dir, "upload. exe")
cmdline = u'upload. exe {0}'. format(unicode(filepath))
#调用 AutoIt 打包的 Exe 文件上传图片、视频、文档等相关的附属文件
os. chdir(cur_dir)
os. system(cmdline)
sys. setdefaultencoding('utf-8')
```

完成图片的上传操作以后，紧接的是一系列标准的保存和提交步骤，至此，新增新闻这一功能的整个操作流程已全面介绍完毕。

3. 新闻列表——删除新闻自动化用例设计

删除新闻的功能是在新闻列表中，找到标题与指定内容一致的新闻，然后执行删除操作。因为执行删除操作后，整个新闻列表的布局会发生变化，所以实现这个功能自动化的难点就是在每完成一次删除操作以后，需要及时重新定位列表中的所有元素，再通过遍历的方式找出需要处理的对象。具体参考代码 7-13。

代码 **7-13**　完成新闻删除操作。

```
def test_del_news(self):
    #等待左边的工具条上"新闻列表"按钮激活
    WebDriverWait(self. driver, 15). until(
        EC. element_to_be_clickable(
            (By. CSS_SELECTOR, "#sidebar-menu > ul > li:nth-child(2) > ul > li:nth-child(1) > a")))

    lbl_news = self. driver. find_element_by_css_selector(
        "#sidebar-menu > ul > li:nth-child(2)   > ul > li:nth-child(1) > a")

    lbl_news. click()

    flag_del = True
    while flag_del is True:
        flag_del = self. del_news()
```

代码 7-13 展示了如何进入新闻列表，然后开始循环完成删除新闻的过程。具体完成删除新闻的操作被封装进 del_news 方法中，接下来看看具体的实现代码 7-14。

代码 **7-14**　del_news 代码详细清单。

```
def del_news(self):
    flag = False
    WebDriverWait(self. driver, 15). until(
        EC. visibility_of_all_elements_located((By. CSS_SELECTOR, 'span. pagination-info')))
```

```
span_summary = self. driver. find_element_by_css_selector('span. pagination-info')
total_record = span_summary. text
matchObj = re. match(r'\W+(\d+)\W+(\d+)\W+(\d+)\W+', total_record, re. M | re. I)
pages = -1

if matchObj:
    total_users = int(matchObj. group(3))
    if total_users % 10 == 0:
        pages = total_users // 10
    else:
        pages = total_users // 10 + 1

cur_page_lbl = self. driver. find_element_by_css_selector(" li. page-item. active > a. page-link")

a = int(cur_page_lbl. text)
# a = 1
while a < pages + 1:
    WebDriverWait(self. driver, 15). until(
        EC. visibility_of_all_elements_located((By. CSS_SELECTOR, 'table#newsTable>tbody>tr >
td:nth-child(4)')))
    topics = self. driver. find_elements_by_css_selector('table#newsTable>tbody>tr > td:nth-child(4)')
    icon_del = self. driver. find_elements_by_css_selector(
        'table#newsTable > tbody >tr > td:nth-child(7) > a:nth-child(3)')

    for topic in topics:
        if topic. text == taget_title:
            icon_del[topics. index(topic)]. click()
            self. driver. implicitly_wait(1)
            btn_cfm = self. driver. find_element_by_css_selector(
                "body > div. swal-overlay. swal-overlay--show-modal > div > div. swal-
footer > div:nth-child(2) > button")
            btn_cfm. click()
            flag = True
            self. driver. implicitly_wait(3)
            WebDriverWait(self. driver, 15). until(
                EC. visibility_of_all_elements_located(
                    (By. CSS_SELECTOR, 'table#newsTable>tbody>tr > td:nth-child(4)')))
            return flag

    if pages > 1 & a < pages:
        self. page_turning(1)

    self. driver. implicitly_wait(4)
    a += 1
return flag
```

首先需要确定当前新闻列表共有多少页，可以在新闻列表的左下角找到分页信息，这些信息中涉及总的新闻条数以及每一页的最大显示数量，通过总条数和每页最大显示数量，就很容易算出新闻列表的分页数量，具体参考代码7-15。

代码7-15　计算新闻列表分页。

```
WebDriverWait(self. driver, 15). until(
EC. visibility_of_all_elements_located((By. CSS_SELECTOR, 'span. pagination-info')))
span_summary = self. driver. find_element_by_css_selector('span. pagination-info')
total_record = span_summary. text
matchObj = re. match(r'\W+(\d+)\W+(\d+)\W+(\d+)\W+', total_record, re. M | re. I)
pages = -1

if matchObj:
    total_users = int(matchObj. group(3) )
    if total_users % 10 == 0:
        pages = total_users // 10
    else:
        pages = total_users // 10 + 1


#获得新闻列表的当前页信息
cur_page_lbl = self. driver. find_element_by_css_selector(" li. page-item. active > a. page-link")
a =int(cur_page_lbl. text)
```

在获得新闻列表总页数和当前页信息后，需要遍历每一页中的新闻信息，然后将匹配上的新闻进行删除，删除后整个新闻列表的布局就会发生改变，之前获得的网页元素就会失效，需要重新定位并抓取网页对象。然后在进行循环遍历，一直到所有匹配的新闻被删除，然后进行翻页操作，进入下一页删除匹配的新闻，持续进行删除，一直到遍历完新闻列表中所有的新闻信息。

代码7-16　遍历分页逐个删除新闻。

```
while a < pages + 1:
    WebDriverWait(self. driver, 15). until(
        EC. visibility_of_all_elements_located((By. CSS_SELECTOR, 'table#newsTable>tbody>tr > td:
nth-child(4)')))
    topics = self. driver. find_elements_by_css_selector('table#newsTable>tbody>tr > td:nth-child(4)')
    icon_del = self. driver. find_elements_by_css_selector(
        'table#newsTable > tbody >tr > td:nth-child(7) > a:nth-child(3)')

    for topic in topics:
        if topic. text == taget_title:
            icon_del[topics. index(topic)]. click()
            self. driver. implicitly_wait(1)
            btn_cfm = self. driver. find_element_by_css_selector(
                "body > div. swal-overlay. swal-overlay--show-modal > div > div. swal-footer >
div:nth-child(2) > button")
```

```
        btn_cfm. click()
        flag = True
        self. driver. implicitly_wait(3)
        WebDriverWait(self. driver, 15). until(
            EC. visibility_of_all_elements_located(
                (By. CSS_SELECTOR, 'table#newsTable>tbody>tr > td:nth-child(4)4) ')))
        return flag


    if pages > 1 & a < pages:
        self. page_turning(1)


    self. driver. implicitly_wait(4)
    a += 1
return flag
```

4. 新闻列表——修改新闻内容自动化用例设计

修改新闻内容是在新闻列表中找到匹配的新闻，然后进入新闻内容中进行修改。修改新闻并保存后，新闻列表的分页会自动返回到第一页。所以在进行新闻内容修改的时候，需要将当前页码信息保存起来，等待修改提交后，再将新闻列表翻到之前保存的页面上。具体的实现细节可以参考代码7-17。

代码7-17 新闻编辑代码清单。

```
def test_modify_news(self):
    #等待左边的工具条上"新闻列表"按钮激活
    WebDriverWait(self. driver, 15). until(
        EC. element_to_be_clickable(
            (By. CSS_SELECTOR, "#sidebar-menu > ul > li:nth-child(2) > ul > li:nth-child(1) > a")))

    lbl_news = self. driver. find_element_by_css_selector(
        "#sidebar-menu > ul > li:nth-child(2) > ul > li:nth-child(1) > a")

    lbl_news. click()
    self. driver. implicitly_wait(2)

    try:
        WebDriverWait(self. driver, 15). until(
            EC. visibility_of_element_located(
                (By. CSS_SELECTOR, "span. pagination-info")))
    except Exception, err:
        print(err)
        lbl_news = self. driver. find_element_by_css_selector(
            "#sidebar-menu > ul > li:nth-child(2) > ul > li:nth-child(1) > a")
        lbl_news. click()
        self. driver. implicitly_wait(2)
```

```
            WebDriverWait(self. driver, 15). until(
                EC. visibility_of_element_located(
                    (By. CSS_SELECTOR, "span. pagination-info")))

        span_summary = self. driver. find_element_by_css_selector('span. pagination-info')
        flag_mod = self. modify_news()
```

　　修改新闻内容的详细操作被封装进名为 modify_news 的方法中，里面涉及前面讲解过的内嵌 iframe 的切换、Java Script 脚本的执行等知识点，这里不再赘述。下面看一下代码 7-18 实现细节。

　　代码 7-18　modify_news 代码详细清单。

```
def modify_news(self):
    flag = False
    span_summary = self. driver. find_element_by_css_selector('span. pagination-info')
    total_record = span_summary. text
    matchObj = re. match(r'\W+(\d+)\W+(\d+)\W+(\d+)\W+', total_record, re. M | re. I)
    pages = -1

    if matchObj:
        total_users = int(matchObj. group(3))
        if total_users % 10 == 0:
            pages = total_users // 10
        else:
            pages = total_users // 10 + 1

    a = 1
    while a < pages + 1:
        WebDriverWait(self. driver, 15). until(
            EC. visibility_of_all_elements_located((By. CSS_SELECTOR, 'table#newsTable>tbody>tr >
td:nth-child(4)')))
        topics = self. driver. find_elements_by_css_selector('table#newsTable>tbody>tr > td:nth-child(4)')
        icons_modify = self. driver. find_elements_by_css_selector(
            'table#newsTable>tbody>tr > td:nth-child(7) > a:nth-child(2)')

        count = 0
        while count < len(topics):
            WebDriverWait(self. driver, 15). until(
                EC. visibility_of_all_elements_located((By. CSS_SELECTOR, 'table#newsTable>
tbody>tr > td:nth-child(4)')))
            topics = self. driver. find_elements_by_css_selector('table#newsTable>tbody>tr > td:nth-child(4)')
            icons_modify = self. driver. find_elements_by_css_selector(
                'table#newsTable>tbody>tr > td:nth-child(7) > a:nth-child(2) ')
```

```
            for topic in topics:
                temp_str = topic. text
                iftopics. index(topic) < count:
                    continue

                if topics. index(topic) ! = count:
                     count += 1

                if temp_str == taget_title:
                    icons_modify[topics. index(topic)]. click()
                    self. driver. implicitly_wait(1)
                    ipt_title = self. driver. find_element_by_css_selector("#title")
                    ipt_title. clear()
                    self. driver. implicitly_wait(2)
                    ipt_title. send_keys(unicode(temp_str + "bingo"))

                    frame_elm = self. driver. find_element_by_css_selector(" #cke_1_contents > iframe")
                    s_html = '<p>% s</p>'% modify_text
                    js_script = 'arguments[0]. innerHTML ="% s"'% s_html
                    self. driver. switch_to. frame(frame_elm)
                    rich_text = self. driver. find_element_by_css_selector('body > p')
                    self. driver. execute_script(js_script, rich_text)
                    self. driver. switch_to. parent_frame()

                    #整个新闻编辑结束后最终提交按钮
                    btn_submit = self. driver. find_element_by_css_selector(
                        "#wrapper > div. content-page > div > div. container > div > div. panel-
body > div > button. btn. btn-primary. waves-effect. waves-light")
                    btn_submit. click()
                    self. driver. implicitly_wait(3)
                    #新闻修改完成后,需要重新翻页到当前页
                    self. page_turning(a-1)
                    self. driver. implicitly_wait(3)
                    break

            if count == len(topics) - 1:
                count = 999

        if pages > 1 & a < pages:
            self. page_turning(1)

        self. driver. implicitly_wait(5)
        a += 1

    return flag
```

前面提到过完成新闻的修改后，新闻列表的页面会从当前页面跳转到第一页。为了延续后面的操作，需要在每次修改新闻后，再将新闻列表的页码再重新返回到当前页，参考代码7-19。

代码7-19　修改新闻后返回当前页。

```
#整个新闻编辑结束后最终提交按钮
    btn_submit = self. driver. find_element_by_css_selector("#wrapper > div. content-page > div >
div. container > div > div. panel-body > div > button. btn. btn-primary. waves-effect. waves-light")
    btn_submit. click()
    self. driver. implicitly_wait(3)
    #新闻修改完成后,需要重新翻页到当前页
    self. page_turning(a-1)
    self. driver. implicitly_wait(3)
    break
```

这里会涉及一个翻页的操作方法，翻页的具体的实现细节，可参考代码7-20。

代码7-20　page_turning 代码详细清单。

```
#完成翻页的功能
def page_turning(self, times):
    for i in range(0, times):
        WebDriverWait(self. driver, 15). until(
            EC. element_to_be_clickable(
                (By. CSS_SELECTOR, "li. page-item. page-next > a. page-link")))
        icon_pagelink = self. driver. find_element_by_css_selector(
            "li. page-item. page-next > a. page-link")
        icon_pagelink. click()
        self. driver. implicitly_wait(3)
        WebDriverWait(self. driver, 15). until(
            EC. visibility_of_all_elements_located(
                (By. CSS_SELECTOR, "table#newsTable>tbody>tr > td:nth-child(4)")))
```

7.1.4　用户管理模块功能需求分析

前面的任务章节从需求分析、用例设计、自动化开发等环节，详细讲解了新闻列表的全流程的自动化设计详细内容。接下来按照相同的步骤对用户管理这个模块进行需求分析。首先，用户管理模块的基本功能是任何后台管理系统不可或缺的一部分。根据系统的业务规模以及负责度，用户管理模块的设计可以分成两大类。

（1）基础权限管理系统——简单清晰，但无法承载复杂业务需求；

（2）RBAC（Role-Based Access Control：基于角色的权限控制），通过角色关联权限，将抽象的权限具象化，便于业务操作。

接下来介绍第二种方式设计的用户管理模块，并且根据用户管理模块的原始需求，完成测试需求分析工作。表7-9为用户管理功能需求说明。

表7-9　用户管理功能需求说明

描述要素	描述内容	备注事项
需求名称	用户管理模块	—
需求编号	SHOE-UC020	—
需求简述	1. 新增用户，完成用户基本信息配置以及用户角色设定； 2. 修改用户基本信息（登录账号除外）； 3. 删除用户	—
参与者	管理员	—
前置条件	管理员必须先登录且有站内信息管理权限	—
后置条件	管理员修改用户权限后，需要用户下次登录生效	—
特殊需求	无	

　　根据表7-9中用户管理功能需求说明，进行测试需求的分析，提取需求中关联的测试点以及业务规则。表7-10为用户管理需求分析，后面将根据分析得出的测试需求开展测试用例的设计以及测试数据的构造。

表7-10　用户管理需求分析

功能模块	功能	测试点	子测试点	分析思路
用户管理	新增用户	正常测试	用户姓名	与预期值一致
			登录账号	与预期值一致
			登录密码	与预期值一致
			手机号码	与预期值一致
			详细地址	与预期值一致
			用户角色	与预期值一致
		异常测试	用户姓名、登录账号、登录密码、手机号码、详细地址，进行超长内容测试	操作失败
	删除用户	正常测试	确认删除	删除成功
			取消删除	保留用户
	查看用户	正常测试	查看用户配置	与预期值一致
	修改新闻	正常测试	用户姓名	与预期值一致
			登录密码	与预期值一致
			手机号码	与预期值一致
			详细地址	与预期值一致
			用户角色	与预期值一致
		异常测试	用户姓名、登录密码、手机号码、详细地址，进行超长内容测试	操作失败

7.1.5　用户管理自动化测试

1. 用户管理模块功能性用例设计

结合前面测试需求分析得到的结果，分别对用户管理功能、测试点、子测试点进行梳理。接下来针对前面分析的结果进行功能测试用例的设计，如表 7-11 所示。

表 7-11　用户管理功能用例

用例编号	用例标题	预置条件	执行步骤	预期结果
user-add-001	添加新的用户，并依次输入合法的用户姓名、登录账号、登录密码、手机号、详细地址、用户角色，提交后，查询结果成功	正常登录后进入用户列表页面	1. 单击"新增用户"按钮； 2. 依次输入相关联信息； 3. 单击"提交"按钮	操作成功，查询列表中已存在新增用户
user-add-002	添加新的用户，先输入合法的用户姓名、登录账号、登录密码、详细地址、用户角色，然后输入长度超长的手机号码，提交后，返回失败	正常登录后进入用户列表页面	1. 单击"新增用户"按钮； 2. 依次输入相关联信息； 3. 单击"提交"按钮	操作失败，返回错误提示信息
user-add-003	添加新的用户，先输入合法的登录账号、登录密码、手机号码、详细地址、用户角色，然后输入长度超长的用户姓名，提交后，返回失败	正常登录后进入用户列表页面	1. 单击"新增用户"按钮； 2. 依次输入相关联信息； 3. 单击"提交"按钮	操作失败，返回错误提示信息
user-add-004	添加新的用户，先输入合法的用户姓名、登录密码、手机号码、详细地址、用户角色，然后输入长度超长的登录账号，提交后，返回失败	正常登录后进入用户列表页面	1. 单击"新增用户"按钮； 2. 依次输入相关联信息； 3. 单击"提交"按钮	操作失败，返回错误提示信息
user-add-005	添加新的用户，先输入合法的用户姓名、登录账号、手机号码、详细地址、用户角色，然后输入长度超长的登录密码，提交后，返回失败	正常登录后进入用户列表页面	1. 单击"新增用户"按钮； 2. 依次输入相关联信息； 3. 单击"提交"按钮	操作失败，返回错误提示信息
user-add-006	添加新的用户，先输入合法的用户姓名、登录账号、登录密码、手机号码、用户角色，然后输入长度超长的详细地址，提交后，返回失败	正常登录后进入用户列表页面	1. 单击"新增用户"按钮； 2. 依次输入相关联信息； 3. 单击"提交"按钮	操作失败，返回错误提示信息

用例编号	用例标题	预置条件	执行步骤	预期结果
user-del-001	删除指定用户并确认	正常登录后进入用户列表页面	1. 选择待删用户； 2. 单击删除图标； 3. 确认后，删除成功	用户列表中该用户被成功删除
user-del-002	删除指定用户，然后取消删除操作	正常登录后进入用户列表页面	1. 选择待删用户； 2. 单击删除图标 3. 取消操作，用户被保留	查询用户列表中该用户还存在
user-check-001	查看用户信息	正常登录后进入用户列表页面	1. 选择指定用户； 2. 单击查看图标； 3. 显示用户信息正确	查看的用户信息与之前一致
user-modify-001	修改已存在用户，并依次输入合法的用户姓名、登录账号、登录密码、手机号、详细地址、用户角色，提交后，查询结果成功	正常登录后进入用户列表页面	1. 选择指定用户； 2. 单击修改图标； 3. 修改并提交	操作成功，查询修改后的用户信息正确
user-modify-002	修改已存在用户，先输入合法的用户姓名、登录账号、登录密码、详细地址、用户角色，然后输入长度超长的手机号码，提交后，返回失败	正常登录后进入用户列表页面	1. 选择指定用户； 2. 单击修改图标； 3. 修改并提交	操作失败，返回错误提示信息
user-modify-003	修改已存在新闻，先输入合法的登录账号、登录密码、手机号码、详细地址、用户角色，然后输入长度超长的用户姓名，提交后，返回失败	正常登录后进入用户列表页面	1. 选择指定用户； 2. 单击修改图标； 3. 修改并提交	操作失败，返回错误提示信息
user-modify-004	修改已存在新闻，先输入合法的用户姓名、登录密码、手机号码、详细地址、用户角色，然后输入长度超长的登录账号，提交后，返回失败	正常登录后进入用户列表页面	1. 选择指定用户； 2. 单击修改图标； 3. 修改并提交	操作失败，返回错误提示信息
user-modify-005	修改已存在新闻，先输入合法的用户姓名、登录账号、手机号码、详细地址、用户角色，然后输入长度超长的登录密码，提交后，返回失败	正常登录后进入用户列表页面	1. 选择指定用户； 2. 单击修改图标； 3. 修改并提交	操作失败，返回错误提示信息

续表

用例编号	用例标题	预置条件	执行步骤	预期结果
user-modify-006	修改已存在用户，先输入合法的用户姓名、登录账号、登录密码、手机号码、用户角色，然后输入长度超长的详细地址，提交后，返回失败	正常登录后进入用户列表页面	1. 选择指定用户； 2. 单击修改图标； 3. 修改并提交	操作失败，返回错误提示信息

2. 用户管理——新增用户自动化用例设计

接下来进行新增用户的自动化用例设计，前面的章节中已经创建了自动化脚本工程，接下来会在这个工程文件的基础上，创建脚本文件开始自动化的开发工作。

（1）创建名为 test_user 的 Python 文件，如图 7-31 所示。

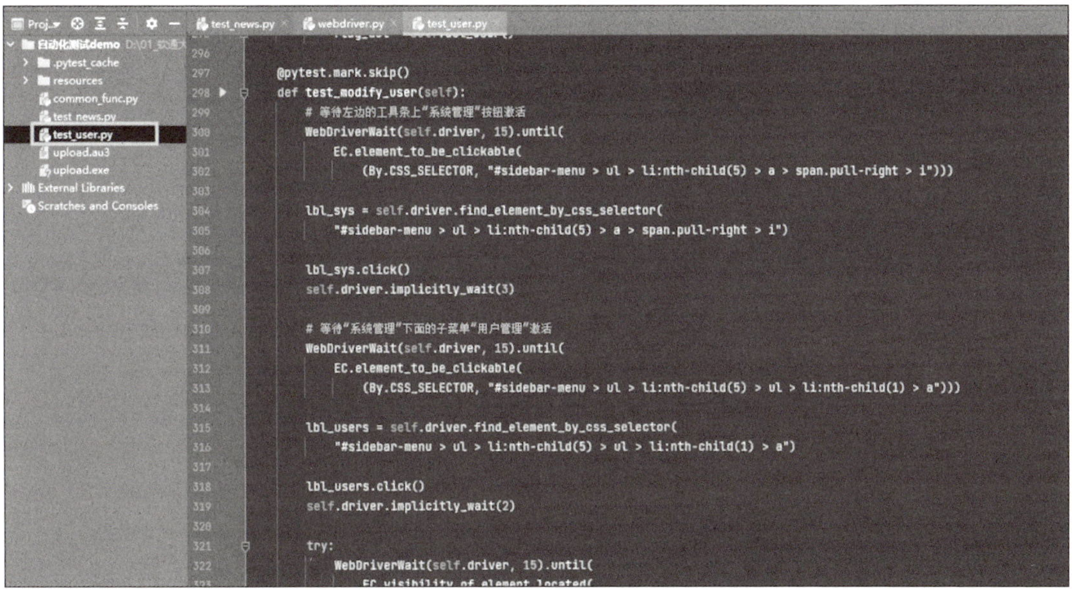

图 7-31 创建名为 test_user. py 的 Python 文件

（2）创建名为 TestUsers 的测试类。

代码 7-21 TestUsers 类的创建。

```
class TestUsers(unittest. TestCase):
    def setUp(self):
        options = webdriver. ChromeOptions()
        prefs = {"credentials_enable_service": False,
                    "profile. password_manager_enabled": False}
        options. add_experimental_option("prefs", prefs)
        options. add_experimental_option('excludeSwitches', ['enable-automation'])
        options. add_argument("disable-infobars")
        self. driver = webdriver. Chrome(chrome_options=options)
```

```
login_obj = cf. CLogin(self. driver)
try:
    login_obj. navigator(url, username, pwd)
except Exception, err:
    print(err)
    login_obj. navigator(url, username, pwd)
```

（3）进入用户列表页面，新增一个用户。

与上一章节关于添加一条新闻的操作方式类似，也是通过左边的功能菜单进入用户列表页面，然后单击"新增用户"进入用户添加页面。具体实现详情参考代码7-22。

代码7-22 新增用户的实现详情。

```
def test_add_user(self):
    #等待左边的工具条上"系统管理"按钮激活
    WebDriverWait(self. driver, 15). until(
        EC. element_to_be_clickable(
            (By. CSS_SELECTOR, "#sidebar-menu > ul > li:nth-child(5) > a > span. pull-right > i")))

    lbl_sys = self. driver. find_element_by_css_selector(
        "#sidebar-menu > ul > li:nth-child(5) > a > span. pull-right > i")

    lbl_sys. click()
    self. driver. implicitly_wait(1)

    #等待"系统管理"下面的子菜单"用户管理"激活
    WebDriverWait(self. driver, 15). until(
        EC. element_to_be_clickable(
            (By. CSS_SELECTOR, "#sidebar-menu > ul > li:nth-child(5) > ul > li:nth-child(1) > a")))

    lbl_users = self. driver. find_element_by_css_selector(
        "#sidebar-menu > ul > li:nth-child(5) > ul > li:nth-child(1) > a")

    lbl_users. click()
    self. driver. implicitly_wait(1)

    WebDriverWait(self. driver, 15). until(
        EC. visibility_of_element_located((By. CSS_SELECTOR, "#btn_upload > span")))

    btn_add_news = self. driver. find_element_by_css_selector("#btn_upload > span")
    btn_add_news. click()

    self. driver. switch_to. active_element

    ipt_username = self. driver. find_element_by_css_selector('#insertUserForm > div:nth-child(1) > div > input')
```

```
ipt_username. send_keys(unicode(user_name))

ipt_account = self. driver. find_element_by_css_selector('#insertUserForm > div:nth-child(2) > div > input')
ipt_account. send_keys(unicode(login_account))

ipt_pwd = self. driver. find_element_by_css_selector('#insertUserForm > div:nth-child(3) > div > input')
ipt_pwd. send_keys(unicode(login_pwd))

ipt_mobile = self. driver. find_element_by_css_selector('#insertUserForm > div:nth-child(4) > div > input')
ipt_mobile. send_keys(unicode(mobile))

ipt_address = self. driver. find_element_by_css_selector('#insertUserForm > div:nth-child(5) > div > input')
ipt_address. send_keys(unicode(address))

lbl_roles = self. driver. find_elements_by_css_selector('#insertUserForm > div:nth-child(6) > div > div > label')
icon_roles = self. driver. find_elements_by_css_selector(
    '#insertUserForm > div:nth-child(6) > div > div > input[type=radio]')

for lbl in lbl_roles:
    if lbl. text == user_role:
        icon_roles[lbl_roles. index(lbl)]. click()
        break
btn_submit = self. driver. find_element_by_css_selector(
    '#insertUserModal > div > div > div. modal-footer > button. btn. btn-primary. waves-
effect. waves-light')
    btn_submit. click()
```

（4）完成用户信息填写，并保存用户。

添加用户的自动化实现与前面的添加新闻大部分相同，主要是关于 Selenium 的元素定位、显性等待这些基本操作，这里还涉及关于 HTML 中单选按钮控件 Radio 的使用。添加用户页面的 Radio 控件如图 7-32 所示。

图 7-32　添加用户页面的 Radio 控件

通过打开浏览器上面的开发者工具，对当前的控件进行识别和定位，可以看到当前的单选按钮控件 Radio 与旁边的 lable 标签总是成对出现在页面上的，如图 7-33 所示。

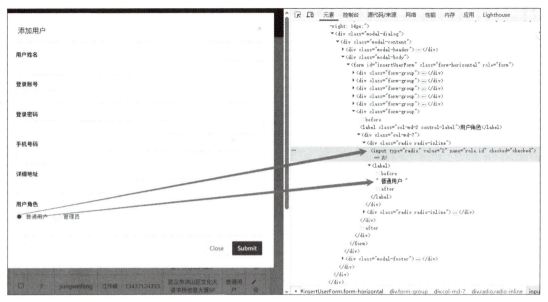

图 7-33　单选按钮 Radio 与 label 标签

对于单选按钮控件 Radio 的定位操作，采用 find_elements_by_css_selector 找到图 7-33 与两个单选按钮 Radio 控件配对的 label 标签，然后通过标签的文本确定需要选择的单选按钮，最后单击选中的 Radio 控件对象完成整个用户信息的输入环境，然后保存用户信息结束操作。具体请参考代码 7-23。

代码 7-23　选择用户角色并提交保存。

```
lbl_roles = self. driver. find_elements_by_css_selector('#insertUserForm > div:nth-child(6) > div > div > label')
icon_roles = self. driver. find_elements_by_css_selector(
        '#insertUserForm > div:nth-child(6) > div > div > input[type=radio]')


for lbl in lbl_roles:
    if lbl. text == user_role:
        icon_roles[lbl_roles. index(lbl)]. click()
        break
btn_submit = self. driver. find_element_by_css_selector(
        '#insertUserModal > div > div > div. modal – footer > button. btn. btn – primary. waves –
effect. waves–light')
btn_submit. click()
```

3. 用户管理——删除用户自动化用例设计

删除用户的操作是在用户列表中，根据提供的用户姓名信息，找到匹配的用户进行删除。这里也涉及页面刷新的问题，每完成一次删除操作后，用户列表的布局就会发生变化，需要在完成删除后重新定位页面的元素信息，然后继续执行后面的操作，细节参考代码 7-24。

代码 7-24　删除用户代码。

```
def test_del_user(self):
    #等待左边的工具条上"系统管理"按钮激活
    WebDriverWait(self. driver, 15). until(
        EC. element_to_be_clickable(
            (By. CSS_SELECTOR, "#sidebar-menu > ul > li:nth-child(5) > a > span. pull-right > i")))

    lbl_sys = self. driver. find_element_by_css_selector(
        "#sidebar-menu > ul > li:nth-child(5) > a > span. pull-right > i")

    lbl_sys. click()
    self. driver. implicitly_wait(2)

    #等待"系统管理"下面的子菜单"用户管理"激活
    WebDriverWait(self. driver, 15). until(
        EC. element_to_be_clickable(
            (By. CSS_SELECTOR, "#sidebar-menu > ul > li:nth-child(5) > ul > li:nth-child(1) > a")))

    lbl_users = self. driver. find_element_by_css_selector(
        "#sidebar-menu > ul > li:nth-child(5) > ul > li:nth-child(1) > a")
    lbl_users. click()
    self. driver. implicitly_wait(1)

    WebDriverWait(self. driver, 15). until(
        EC. visibility_of_element_located(
            (By. CSS_SELECTOR, "span. pagination-info")))

    flag_del = True
    while flag_del is True:
        flag_del = self. del_user()
```

4. 用户管理——修改用户自动化用例设计

修改用户信息也是用户管理模块提供的几个主要功能之一，修改用户信息也是先在用户列表中根据给出的姓名找到对应的用户信息，然后进入用户信息修改页面。用户信息中除登录账号无法修改外，其他信息均可进行修改。对于判断登录账号所在的元素无法进行编辑处理的场景，在 Selenium 中，当面对无法直接编辑登录账号（通常是出于安全或设计上的限制）的场景时，确实没有直接的方法来执行这类操作。然而，可以通过对修改后的用户信息进行断言检查，确保登录账号的值在修改前后保持一致，从而间接验证账号的不可编辑性。具体参考代码 7-25。

代码 7-25　修改前后用户信息检查。

```
def user_check(self, name, account_str, pwd, mobile, address, role):
    span_summary = self. driver. find_element_by_css_selector('span. pagination-info')
    matchObj = re. match(r' \W+(\d+)\W+(\d+)\W+(\d+)\W+', span_summary. text, re. M | re. I)
    pages = -1

    if matchObj:
        total_users = int(matchObj. group(3))
        iftotal_users % 10 == 0:
            pages = total_users // 10
        else:
            pages = total_users // 10 + 1


    a = 1
    while a < pages + 1:
        WebDriverWait(self. driver, 15). until(
            EC. visibility_of_all_elements_located((By. CSS_SELECTOR, '#userTable > tbody > tr >
td:nth-child(3)')))

        accounts = self. driver. find_elements_by_css_selector('#userTable > tbody > tr > td:nth-child(3)')
        icon_modify = self. driver. find_elements_by_css_selector(
            '#userTable >tbody > tr > td:nth-child(8) > a:nth-child(1) > i')

        for account in accounts:
            if account. text == account_str:
                icon_modify[accounts. index(account)]. click()
                self. driver. switch_to. active_element
                self. driver. implicitly_wait(5)

                ipt_username = self. driver. find_element_by_css_selector(
                    '#nickname')
                self. driver. implicitly_wait(1)
                assert ipt_username. get_attribute('value') == name

                ele_account = self. driver. find_element_by_css_selector(
                    '#username')
                assert ele_account. text == account_str

                ipt_pwd = self. driver. find_element_by_css_selector(
                    '#password')
                assert ipt_pwd. get_attribute('value') == pwd

                ipt_mobile = self. driver. find_element_by_css_selector(
```

```
                          '#phone')
            assert ipt_mobile. get_attribute('value')  == mobile

            ipt_address = self. driver. find_element_by_css_selector(
                '#address')
            assert ipt_address. get_attribute('value') == address

            lbl_roles = self. driver. find_elements_by_css_selector(
                '#updateUserForm > div:nth-child(7) > div > div > label')
            icon_roles = self. driver. find_elements_by_css_selector(
                '#updateUserForm > div:nth-child(7) > div > div > input[type=radio]')

            for lbl in lbl_roles:
                if lbl. text == role:
                    print(lbl. text)
                    assert icon_roles[lbl_roles. index(lbl)]. is_selected() == True
                    break

            return True

        if pages > 1 & a < pages:
            self. page_turning(1)

        self. driver. implicitly_wait(2)
        a += 1
    return False
```

综合练习

一、判断题

Python 对应的单元测试框架是 Junit。　　　　　　　　　　　　　（　　　）

二、填空题

Selenium 中使用 WebElement 对象的（　　　）属性获取元素大小。

三、单选题

1. 自动化测试是指（　　　）。

A. 测试输入生成的自动化　　　　　　B. 测试设计的自动化

C. 测试执行和测试结果比较的自动化　　D. 测试执行的自动化

2. 以下测试项目不适合采用自动化测试的是（　　　）。

A. 负载压力测试　　　　　　　　　　B. 需要反复进行的测试

C. 易用性测试　　　　　　　　　　　D. 可以录制回放的测试

四、多选题

Selenium 支持的语言有（　　）。

A. VB　　　　　　　　B. C#　　　　　　　C. JAVA　　　　　　D. Python

五、简答题

简述自动化测试的优点有哪些。

第8章　接口测试

章节导读

目前在互联网研发领域，前后端分离的开发模式已经得到众多开发人员和项目经理的认可。可以毫不夸张地说，前后端分离的开发模式已经成为互联网项目的业界标准。那什么是前后端分离模式呢？关于这个问题其实是没有一个标准答案的，而且前后端分离开发模式也是互联网产业发展的一个产物。在早期的互联网行业中，几乎所有的业务处理流程都是在服务器端进行的，前端的主要功能是提交 HTTP 请求给服务器，然后负责展示服务器返回的数据响应。随着业务场景增加，业务复杂度也越来越高，传统的服务器端包打天下的模式已经很难延续下去了，所以互联网产业界提出前后端分离模式。

学习目标

（1）了解接口测试的基本概念以及原理，了解接口测试的流程与方法；

（2）掌握 Postman 接口测试工具的使用方法，具备独立进行接口测试的能力。

知识图谱

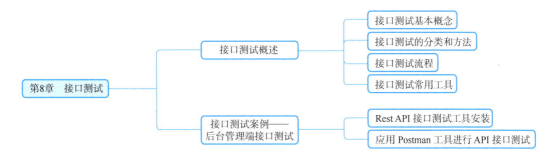

8.1　接口测试概述

接口测试是测试系统组件间接口的一种测试。接口测试主要用于检测外部系统与系统之间以及内部各个子系统之间的交互点。接口测试的重点是要检查数据的交换，传递和控制管理过程，以及系统间的相互逻辑依赖关系等。接口测试是软件测试的重要组成部分，主要用于验证系统间相互连接部分，即接口的正确性和完整性。接口测试关注的是应用程序的 API（Application Programming Interface）层面，确保其按预期的方式交换数据，满足功能需求，遵循预先定义的协议，并确保系统的不同组件间通信无误。

8.1.1　接口测试基本概念

接口分为软件接口和硬件接口，当前主要以软件接口作为了解对象。接口（Interface）在计算机科学和软件工程中通常指的是一种通信协议，它定义了不同软件组件之间如何进行通信和数据交互的约定规则。在软件开发中，接口是组件之间交互的明确定义，它规定了请求的格式、数据类型、通信协议以及调用的参数等。通常意义上的软件接口主要由以下几个部分组成。

（1）请求方法：一般定义了对资源的操作类型，如 GET（获取资源）、POST（创建资源）、PUT（更新资源）、DELETE（删除资源）等；

（2）资源路径：指定了资源的位置，通常是 URL 的一部分，用于定位特定的资源或操作；

（3）请求头：包含关于请求的元数据，如内容类型（Content-Type）、认证信息（Authorization）等；

（4）请求数据结构体：在某些方法（如 POST 或 PUT）中，请求体包含要发送给服务器的数据，可以是表单数据、JSON、XML 等格式；

（5）查询参数：附加在 URL 末尾的键值对，用于提供额外的请求信息或过滤条件；

（6）响应状态码：响应状态码是由服务器返回的数字代码，表示请求的处理结果，如200（成功）、404（未找到）、500（服务器错误）等；

（7）响应头：由服务器返回的关于响应的元数据，如内容长度、服务器类型等；

（8）响应体：服务器返回的数据内容，通常是 JSON、XML 或其他格式的数据。

综上，不管是在硬件还是软件层面，接口的核心作用都是为了实现不同组件之间的标准化沟通和互操作性。

接口测试主要指对系统与系统之间、模块与模块之间进行的测试，或者同一系统内部不同组件之间的接口进行功能验证和性能验证的过程。这里的接口通常是指 Web Service 接口、RESTful API、SOAP 接口、RPC 接口等。测试的重点在于检查数据传输、逻辑控制、状态转换、权限验证等方面是否符合设计要求。

8.1.2　接口测试的分类和方法

接口测试可从不同维度进行划分。下面分别介绍这几种分类模式的差异。

1. 按接口类型分类

（1）外部接口测试：涉及系统与外部系统或第三方服务之间的交互，确保这些接口能够正确地传输数据并遵循预定协议，比如 API 接口、Web Service 接口（SOAP、RESTful API 等）或者消息队列接口。

（2）内部接口测试：模块间接口测试，在系统内部，一个模块调用另一个模块时的接口测试，用于保证模块间的通信准确无误。

（3）上下级服务接口测试：多层架构中，高层服务如何正确调用低层服务的功能接口测试。

同级接口测试：在同一层次结构中不同服务或模块之间的接口测试。

2. 按技术层分类

代码接口测试：针对程序内部定义的接口（如 JAVA 中的 Interface）进行的测试。

协议接口测试：基于不同通信协议的接口测试，如 HTTP、FTP、TCP/IP、WebSocket、Socket、Telnet 等。

3. 按功能与目的分类

Web 接口测试：针对 Web 应用提供的 HTTP 接口进行测试，关注 HTTP 的各种请求方式（GET、POST、PUT、DELETE 等）及其响应。

服务间接口测试：最常见的是微服务架构下的服务调用接口测试。

4. 按测试内容分类

功能性接口测试：验证接口功能的正确性，如增删改查操作、业务逻辑处理等。

异常场景接口测试：测试接口对于错误输入、边界条件、异常状态等情况的处理能力。

数据验证测试：检验接口返回的数据格式、数据完整性、一致性等方面的正确性。

接口性能测试：评估接口在高并发、大数据量下的响应速度、吞吐量、资源消耗等性能指标。

接口安全测试：测试接口是否存在安全隐患，如注入攻击、跨站脚本攻击、认证授权机制有效性等。

综上所述，接口测试的分类涵盖了多个方面，根据实际的项目需求和技术栈选择合适的分类方法来进行针对性的测试设计和实施。

8.1.3 接口测试流程

接口测试是一项系统性的工作，其目的主要是用于验证软件不同组件之间通过接口进行数据交换时的正确性和可靠性。以下是标准的接口测试流程。

（1）需求分析。通过参考接口文档，明确接口测试需求，确保所有参与者均能够深入地理解需求。帮助参与者弄清楚接口内部的实现逻辑，检查当前所提出需求是否存在逻辑不合理或者遗漏的问题。

（2）制订测试计划。通过制订测试计划可以确定测试范围和目标，包括要测试接口范围、功能点以及预期的行为。同时在测试计划中需要制定详细的测试策略，包括测试环境设计、测试工具的选择、测试资源分配、测试进度计划等。

（3）接口文档审查。仔细阅读并分析接口文档，检查其完整性、正确性、一致性及可理解性。详细确认每个接口的 URL、请求方法（如 GET、POST）、请求参数、头信息、响应体格式和状态码等信息的准确性和完整性。

（4）测试用例设计。

根据接口文档编写测试用例，涵盖正常流程、边界条件、异常处理和安全性测试。设计的测试用例应包括测试步骤、预期输入、预期输出和预期结果。

（5）环境搭建。

搭建测试所需的环境，包括配置测试服务器、数据库、依赖服务等。创建或准备测试数据，该数据包括合法数据、边界数据、无效数据和特殊场景数据。

（6）测试用例执行。

执行测试用例，记录测试结果，并实时监控接口响应时间和性能指标。对失败的测试用例进行重试，分析失败原因，并跟踪问题修复进展。

（7）分析测试结果并提交报告。

分析测试结果，整理测试报告，包括发现的缺陷、回归测试结果、性能测试数据等。向项目组反馈接口测试的总体状况，包括通过率、未解决的问题以及性能瓶颈。

（8）问题跟踪及缺陷回归。

跟踪缺陷修复情况，执行回归测试，确保已修复的问题不再出现。在新版本上线前进行接口回归测试，以验证新版本没有引入新问题。

（9）持续集成与持续部署。

将接口测试集成到自动化测试框架和 CI/CD 流程中，确保每次代码变更都能触发自动化的接口测试。

8.1.4　接口测试常用工具

接口测试是软件测试中比较重要的一项测试活动，目前有多种相关测试工具可供选择。下面介绍几款常用的接口测试工具。

1. Postman

Postman 是一个流行的 API 开发工具，它使开发人员能够构建、测试和修改 API（应用程序编程接口）。Postman 提供了一个直观的用户界面，用于发送请求、查看响应、编写测试以及创建 API 文档。以下是 Postman 的一些主要功能和用途：

Postman 允许用户构建各种类型的 HTTP 请求（GET、POST、PUT、DELETE 等），并设置请求头、请求体和查询参数；

Postman 内置了测试脚本编辑器，可以编写测试用例来验证 API 的响应数据和状态码。它支持使用 JavaScript 编写的自定义测试脚本；

Postman 支持创建不同的环境，每种环境均可以有自己的变量集，方便在不同环境（如开发、测试、生产）中使用不同的 URL、令牌和其他配置；

Postman 可以创建模拟服务器，为前端开发提供假的 API 响应数据，从而在后端开发完成之前进行前端开发；

Postman 支持从其他工具导入数据，如 cURL 命令、Swagger 文件等，也可以将请求、集合和环境导出为 JSON 格式；

Postman 有一系列的插件可用，可以扩展其功能。它还可以与其他服务和工具集成，如持续集成/持续部署（CI/CD）系统；

Postman 适用于 API 的整个生命周期，从开发、测试再到部署成功以后的监控。它简化了 API 的测试和开发流程，提高了开发效率，是 API 开发者和测试人员的重要工具。

2. JMeter

JMeter 是一个开源的性能测试工具，主要用于测试和分析服务器、站点或对象的性能。它由 Apache 软件基金会开发，可以用于测试静态和动态资源，如 Web 服务器、数据库、Web 服务等。JMeter 不仅支持性能测试，还可以进行压力测试、负载测试和稳定性测试。JMeter 也可以用来测试接口，包括 RESTful API、SOAP 服务以及其他类型的 Web 服务。JMeter 提供了多种方式来发送请求到服务器，并收集响应数据，以进行性能和负载测试。以下是使用 JMeter 测试接口的一些关键元素和组件。

测试计划：首先创建一个 JMeter 测试计划，它是 JMeter 中组织管理测试的顶层元素；

线程组：在测试计划中，可以添加线程组（Thread Group），它代表了一组用户。在线程组中，可以设置虚拟用户的数量、循环次数、启动延迟等参数，以模拟并发用户访问接口的场景；

配置元件：对于某些特定的发送请求，JMeter 用户可能需要配置一些元件，如 HTTP 请求默认值（HTTP Request Defaults）、用户定义的变量（User Defined Variables）或 CSV 数据文件设置（CSV Data Set Config），用于定义请求的基本参数，如服务器 URL、端口号、路径、请求方法等；

HTTP 请求：在线程组内，可以添加 HTTP 请求（HTTP Request）元件，用于定义具体的请求细节，如请求方法（GET、POST、PUT、DELETE 等）、请求头、请求体和查询参数；

监听器（Listener）：用于收集测试结果数据。JMeter 提供了多种内置监听器，如"察看结果树"（View Results Tree）、"聚合报告"（Aggregate Report）和"图形结果"（Graph Results），它们可以展示请求的响应时间、吞吐量、错误率等关键性能指标；

断言：JMeter 用户可以在 JMeter 中使用断言（Assertions）来验证接口的响应是否符合预期。例如，可以检查响应状态码的值是否为 200，或者响应内容是否包含特定文本；

参数化和数据驱动测试：为测试不同的输入场景，可以使用 JMeter 的参数化功能。通过用户定义的变量或 CSV 文件来驱动测试数据的变化；

性能监控：JMeter 可以与其他工具（如 JConsole、VisualVM 等）集成，以监控服务器的性能指标，如 CPU 使用率、内存使用情况等；

通过这些功能，JMeter 能够全面地测试接口的性能，帮助开发者和测试人员发现性能瓶颈、优化接口设计，并确保接口在高负载下依然稳定可靠。JMeter 的可扩展性和灵活性使其成为接口测试的强大工具。

3. SoapUI

SoapUI 是一个功能强大的开源工具，用于测试和模拟 Web 服务。SoapUI 提供了一个直观的用户界面，使用户能够轻松地创建、管理和执行测试，针对 SOAP（简单对象访问协议）和 REST（表述性状态转移）等类型的 Web 服务。下面介绍下 SoupUI 的主要功能点。

（1）用户友好的界面：SoapUI 提供了一个直观且易于使用的图形用户界面（GUI），使创建和执行测试变得更加简单快捷；

（2）支持 SOAP 和 REST 协议：SoapUI 为 SOAP 和 REST 协议提供全面支持。用户可以轻松地测试和验证这两种类型的 Web 服务；

（3）集成和扩展性：SoapUI 可与其他工具和系统集成，例如 Jenkins、Maven 等，以实现持续集成和自动化测试。它还提供了丰富的扩展性，允许用户通过 Groovy 脚本扩展其功能，执行自定义操作；

（4）数据驱动测试：SoapUI 支持数据驱动测试，允许用户使用不同的数据集来执行测试用例，以验证 Web 服务在不同输入条件下的行为；

（5）模拟和虚拟服务：SoapUI 允许用户创建模拟服务和虚拟服务。模拟服务用于模拟实际的 Web 服务，以便进行客户端应用程序的测试，即使实际服务不可使用或尚未完成也能进行测试；

（6）安全性测试：SoapUI 支持对 API 接口的安全性进行测试，包括验证 WS-Security、OAuth 等安全协议的实施情况。

综上所述，SoapUI 被描绘为一个功能全面且灵活的工具，被广泛用于开发、测试和验证各种类型的 Web 服务。它提供了丰富的功能和工具，使用户能够轻松地创建、执行和管理测试，并提供了有价值的分析功能和报告功能。

4. REST Assured

REST Assured 是 Java 领域的一种特定语言（DSL），用于简化和增强对 RESTful Web 服务的测试。它提供了一组易于使用的 API，使针对 RESTful 服务所编写和执行的自动化测试变得更加简单直观。以下重点介绍 REST Assured 接口测试工具具备的一些功能点。

（1）直观的语法：REST Assured 提供了一套直观的 DSL，使编写测试用例的代码更易于理解和维护。其语法风格流畅，类似自然语言，使测试用例的编写更加直观和灵活；

（2）支持 HTTP 方法：REST Assured 支持常见的 HTTP 方法，如 GET、POST、PUT、DELETE 等，使用户能够模拟各种类型的请求，并验证服务的响应；

（3）内置支持 JSON 和 XML：REST Assured 内置了对 JSON 和 XML 格式的支持，使用户能够轻松地处理和验证这两种常见的数据格式；

（4）过滤和转换响应内容：Rest-Assured 支持对响应内容进行过滤和转换，使在处理和验证特定部分的数据时，能够更简便高效；

（5）集成测试框架支持：REST Assured 可以与流行的 Java 测试框架（如 JUnit 和 Test-NG）集成，以实现更好的测试组织和执行。它也可以与其他工具和框架集成，如 Spring Framework、Cucumber 等；

（6）自定义配置和扩展：REST Assured 允许用户自定义配置和扩展，以满足特定的测试需求。用户可以定义全局配置、请求过滤器、响应解析器等，以实现更灵活的测试流程；

（7）并行执行：REST Assured 可以在并行环境中执行测试，这一特性有助于提高测试效率和性能，特别是对于大型测试套件和持续集成环境尤为实用和高效；

Rest-Assured 的这些特点使其成为 Java 开发者进行 RESTful Web 服务测试的强有力工具。通过使用 Rest-Assured，开发者可以编写出更加简洁、可靠且可维护的测试代码，从而提高测试的质量和效率。

5. Paw

Paw 是一款针对 macOS 平台的高级 API 工具，它提供了强大的功能和友好的用户界面，用于帮助开发人员设计、测试和调试 Web API。Paw 的主要功能和特点包括以下几个方面。

（1）变量定义和环境管理：Paw 支持变量定义，允许用户创建和管理不同的环境变量集，例如开发、测试和生产环境；

（2）多种协议支持：Paw 支持多种常见的 Web 协议，包括 HTTP、REST、WebSocket 等，使其适用于各种类型的 API 测试和调试；

（3）高级功能：Paw 提供了许多高级功能，如请求参数的动态生成、预处理脚本的执行、请求响应的断言和验证等，使用户能够创建更复杂和全面的 API 测试方案；

（4）请求转换：Paw 可以将请求转换为多种编程语言的代码片段，如 Curl、Java+HttpClient 等，便于在其他环境中使用；

（5）插件和扩展：Paw 支持插件和扩展，用户可以根据需要扩展其功能，或集成其他工具和服务，以实现更多样化的 API 测试需求；

（6）加密工具：Paw 内置了 RSA 等加密工具，方便对参数进行加密处理；

（7）Mock 服务功能：Paw 可以模拟 API 响应，帮助开发者在后端服务尚未开发完成时进行前端开发和测试。

总的来说，Paw 是一款功能丰富、易于使用的 API 工具，适用于开发人员、测试人员和系统管理员等各种角色，用于设计、测试和调试 Web API；其直观的界面、强大的功能和灵活的扩展性使其成为 macOS 平台上备受欢迎的 API 开发工具之一。

6. Swagger Inspector

Swagger Inspector 是一个 API 测试工具，主要用于帮助开发人员和 API 消费者快速测试和验证 RESTful API 接口。它的主要功能包括以下几个方面。

（1）接口测试：用户可以直接在 Swagger Inspector 中构造 HTTP 请求，包括定义请求方法（GET、POST、PUT、DELETE 等）、URL、HTTP 头、查询参数、路径参数以及请求体内容（JSON、XML 等格式的数据）；

（2）集成 Swagger 生态系统：由于属于 Swagger 家族的产品，Swagger Inspector 能够很好地与 Swagger UI、Swagger Editor 和 Swagger Hub 等工具集成，形成完整的 API 生命周期管理方案；

（3）实时响应查看：Swagger Inspector 提供了一个实时的响应查看器，用户可以立即查看 API 请求的响应，包括状态码、响应体和响应头；

（4）兼容性测试：Swagger Inspector 支持对 API 的兼容性测试，用户可以比较不同版本 API 接口的差异，以确保新版本不会破坏现有的集成和功能；

（5）自动验证：Swagger Inspector 自动验证 API 响应的有效性，并提供详细的错误信息，帮助用户识别和解决潜在的问题；

（6）API 探索：Swagger Inspector 允许用户输入 API 端点（Endpoint），然后发送请求以探索该端点的功能和响应；

（7）免费和付费功能：Swagger Inspector 提供了基本的免费 API 测试功能，同时也提供了高级功能，如安全扫描、复杂功能测试、负载测试和监控数据等，用户可以根据需求选择付费使用；

Swagger Inspector 是一个方便易用的工具，用于探索、测试和调试 RESTful API 接口。Swagger Inspector 也提供了许多有用的功能，帮助开发人员快速验证其 API 的功能和性能。值得注意的是，最新的 Swagger Inspector 已经更名为 SwaggerHub Explore，在功能和可用性方面也有所更新和变化。

7. Newman

Newman 是 Postman 的命令行工具，它使开发者能够在命令行环境下执行和验证 Postman 集合的测试和用例。Postman 是一个流行的 API 开发工具，用于创建、测试和调试 API 请求。而 Newman 则为这些集合提供了命令行接口，方便用户在 CI/CD 流程中集成 API 测试。以下是关于 Newman 的一些主要特点和功能概述。

（1）命令行界面：Newman 提供了一个简单易用的命令行界面，可以通过命令行来运行 Postman 集合，执行测试脚本，并输出测试结果；

（2）集成到 CI/CD 流程：Newman 可以轻松地集成到持续集成/持续交付（CI/CD）流程中，通过命令行自动运行 API 测试，以确保每次代码提交后 API 的正确性和稳定性；

（3）跨平台支持：Newman 支持在各种操作系统上运行，包括 Windows、MacOS 和 Linux，确保在不同开发环境中运行的一致性和稳定性；

（4）自动化测试脚本执行：Newman 可以执行 Postman 集合中定义的自动化测试脚本，验证 API 的响应是否符合预期，并输出详细的测试结果报告；

（5）批量测试执行：能够对 Postman 集合中的所有请求进行批量运行，并可以按需指定环境变量、数据文件等；

（6）并发执行：Newman 支持并发运行多个请求，提高了大规模测试套件的执行效率。

总而言之，Newman 能够进行接口测试。Newman 是一个基于 Node.js 框架开发的命令行接口测试工具，它允许用户运行由 Postman 创建的接口测试集合来进行 API 测试。用户能够利用 Newman 的命令行功能，实现批量执行 API 接口测试用例，并生成详细的测试报告。这使 Newman 成为一款强大的工具，用于测试支持不同协议 API 接口的功能、性能、可靠性和安全性。

上述介绍的几款接口测试工具各具特色，可以根据实际项目需求和团队的技术能力选择合适的接口测试工具。

8.2　接口测试案例——后台管理端接口测试

本章节采用 Postman 工具对新闻采编 CMS 网站的后台接口进行接口测试。通过对本章节内容的学习，让读者能够了解接口测试的具体操作流程以及接口测试工具的使用技巧。

8.2.1　Rest API 接口测试工具安装

目前市面上比较流行的 Rest API 接口测试工具有 Postman 和 Soap UI 两款，这里以 Postman 为例进行讲解。第一步需要登录 Postman 官方网站 https://www.postman.com/downloads/，下载安装 Postman 工具。Postman 工具下载页面如图 8-1 所示。

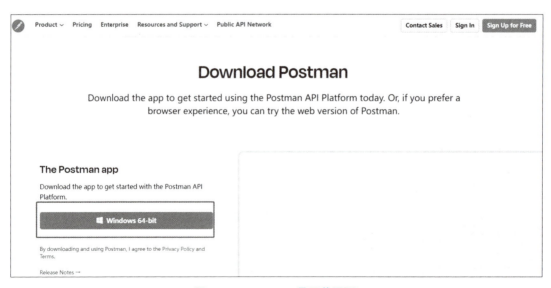

图 8-1　Postman 工具下载页面

单击下载按钮，等待下载完成以后，进入安装程序所在的目录中。Postman 工具安装文件如图 8-2 所示。

图 8-2　Postman 工具安装文件

鼠标双击 Postman 安装程序，进入 Postman 安装程序的页面。Postman 工具安装首页如图 8-3 所示。

图 8-3　Postman 工具安装首页

接下来不需要进行人工干预，安装程序将自动完成安装过程，等待安装完成以后，系统会自行打开 Postman 工具软件。Postman 工具主界面如图 8-4 所示。

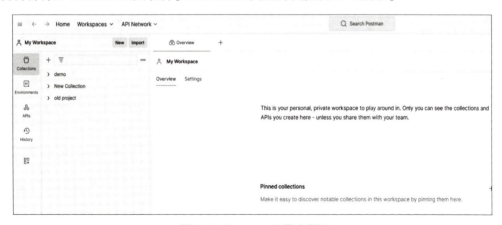

图 8-4　Postman 工具主界面

8.2.2　应用 Postman 工具进行 API 接口测试

前面讲到新闻采编网站后台管理端，针对用户管理以及新闻模块都提供了 RESTful 接口供外部使用；而且接口测试在整个项目开展过程中，又是一个非常重要的环节。所以有必要对当前项目的接口开展测试，以保障整个项目接口功能的实现符合设计标准和要求。在新闻采编网站门户后台部署包中，还有一个 RESTful 接口的详细说明文档，里面提供了一些用户管理和新闻模块的常用接口。新闻采编门户后台管理端接口信息列表参考表8-1。

表8-1　新闻采编门户后台管理端接口信息列表

接口名称	URL	HTTP Method	发送请求参数及类型	返回数据结构说明

用户登录接口	/test/login	POST	type:form-data
			data:
			{
			　　"username":"xx",
			　　"password":"xx"
			}
				{
				　　"operate": true,
				　　"msg": "操作成功！",
				　　"data": null
				}

用户退出	/test/logout	GET	null	

查询用户列表	/test/getUsers?pageNum=1&pageSize=10	GET	pageNum int 当前页数
			pageSize int 每页条数
				{
				　　"pageNum": 1,
				　　"pageSize": 10,
				　　"total": 25,
				　　"rows": [
				　　　　{
				　　　　　　"id": 2,
				　　　　　　"nickname": "xx",
				　　　　　　"username": "xxxxx",
				　　　　　　"password": "xxxx",
				　　　　　　"phone": "xxxxx",
				　　　　　　"address": "xxxxxx",
				　　　　　　"role": {
				　　　　　　　　"id": 2,
				　　　　　　　　"name": "普通用户"
				　　　　　　}
				　　　　},
				　　　　…
				　　　　]
				}

新增用户	/test/insertUser	POST	type:form-data
			data:
			{
			　　"nickname":"xx",
			　　"username":"xx",
			　　"password":"xx",
			　　"phone":"xxx",
			"address":"xxxx",
			"role. id":"xxxx"
			}
				{
				　　"operate": true,
				　　"msg": "Your imaginary data has been inserted. ",
				　　"data": null
				}

续表

接口 名称	URL	HTTP Method	发送请求参数及类型	返回数据结构说明

修改
用户
信息
	/test/
	update
	User
		POST	type:form-data
			data:
			{
			    "id":
			    "nickname":"xx",
			    "password":"xx",
			    "phone":"xxx",
			"address":"xxx",
			"role. id":"xxxx"
			}
				{
				    "operate": true,
				    "msg": "Your imaginary data has been updated. ",
				    "data": null
				}

删除
用户
	/test/
	delete
	User/:id
		GET	id int 用户 ID	{
				    "operate": true,
				    "msg": "Your imaginary data has been deleted. ",
				    "data": null
				}

根据 ID
查询
用户
	/test/
	getUser
	/:id
		GET	id int 用户 ID	{
				    "id":
				    "nickname":"周卓",
				    "username":"zz",
				    "password":"1",
				    "phone":"",
				    "address":"",
				    "role":{
				        id:1,
				        name:"管理员"
				    }
				}

查询
新闻
列表
	/test/
	getNewses?
	pageNum
	=1&page
	Size=10
		GET	pageNum int 当前页数
			pageSize int 每页条数
				{
				    "pageNum": 1,
				    "pageSize": 10,
				    "total": 25,
				    "rows": [
				        {
				            "id": 2,
				            "type": "xx",
				            "title": "xx",
				            "context": "xxx",
				            "lastUpdate": "2022:01:01…",
				            "user": {
				                "id": 2,
				                "nickname": "zz"
				            }
				        },
				        …
				    ]
				}

接口名称	URL	HTTP Method	发送请求参数及类型	返回数据结构说明

新增新闻	/test/ insertNews	POST	type:form-data
			data:
			{
			　"type": "",
			　"title": "",
			　"context": ""
			}
				{
				　　"operate": true,
				　　"msg": "Your imaginary data has been inserted. ",
				　　"data": null
				}

修改新闻	/test/ updateNews	POST	type:form-data
			data:
			{
			　"id":
			　"type": "",
			　"title": "",
			　"context": ""
			}
				{
				　　"operate": true,
				　　"msg": "Your imaginary data has been updated. ",
				　　"data": null
				}

删除新闻	/test/ deleteNews /:id	GET	id int 新闻 ID	{
				　　"operate": true,
				　　"msg": "Your imaginary data has been deleted. ",
				　　"data": null
				}

根据 id 查询新闻	/test/ getNews /:id	GET	id int 新闻 ID	{
				　　"id": 7,
				　　"type": "一般新闻",
				　　"title": "dasdada",
				　　"context": "<p>dasdada</p>\n",
				　　"user": {
				　　　"id": 1,
				　　　"nickname": "Administrator",
				　　　"username": null,
				　　　"password": null,
				　　　"phone": null,
				　　　"address": null,
				　　　"role": null
				　　},
				　　"lastUpdate": "2022-03-29 11:48:06"
				}

接下来将对表 8-1 中描述的接口逐一开展测试。首先是对用户登录接口进行测试，在开展测试前需要在 Postman 建立一个和项目相关的 workspace，如图 8-5 所示。

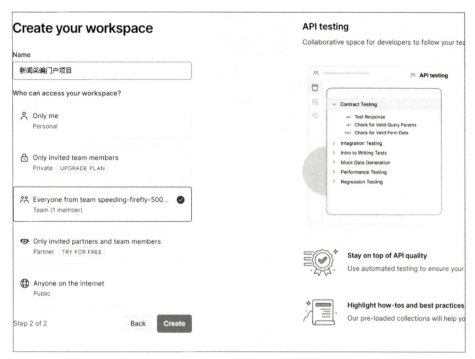

图 8-5　Postman 创建 Workspace

Workspace 建好以后，将名称改成与当前项目一致的名称，然后在 Postman 的 Workspaces 菜单下面可以看到刚刚新建的 Workspace 项，单击进入 Workspace，如图 8-6 所示。

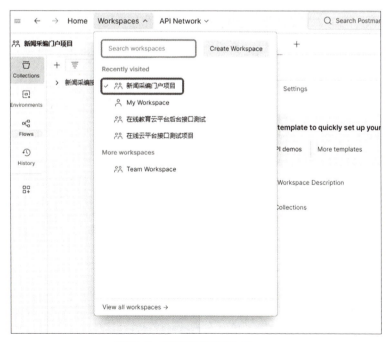

图 8-6　创建完成的 Workspace

然后在新建 Workspace 上创建一个 Collection，并将 Collection 改名为"后台管理端接口测试"，如图 8-7 所示，这样接口测试前的准备工作就完成了。

图 8-7　创建 Collection 并修改名称

1. 用户登录接口测试

在图 8-7 创建的 Collection 中，单击下拉列表"View more actions"，然后选择"Add request"子菜单，创建一个新的 Request，并修改标题为"用户登录"，如图 8-8 所示。

图 8-8　创建"用户登录"Request

接着，按照接口文档提供的描述信息对参数进行配置。先将 HTTP 方法改成"POST"，然后在接口地址栏中，填写接口的完整地址 http://127.0.0.1:8080/test/login,

最后在 Body 下以 form-data 形式配置预先设置好的 username 和 password 参数。"用户登录" Request 参数配置如图 8-9 所示。

图 8-9 "用户登录" Request 参数配置

单击"Send"按钮发送请求，并等待接口的返回值，图 8-10 显示接口返回值与接口文档描述一致。

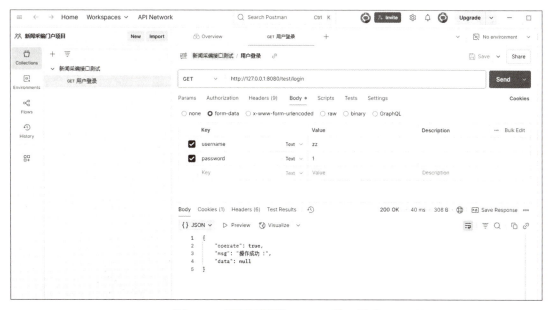

图 8-10 "用户登录" Request 接口测试

2. 查询用户列表接口测试

同样的先要在名称为"用户后端管理接口测试"的 Collection 中创建一个新的 Request，

并且将 Request 的标题修改为"查询用户列表信息"，具体操作如图 8-11 所示。

图 8-11　创建"查询用户列表信息"Request

然后将 HTTP 方法设置为 GET，并在 Request 的接口地址栏中填写详细的请求地址 http://127.0.0.1:8080/test/getUsers，并在 Params 上配置参数 pageNum 和 pageSize（pageNum 表示当前页，pageSize 表示每一页显示的用户数量），具体操作如图 8-12 所示。

图 8-12　配置"查询用户列表信息"接口参数

单击"Send"按钮，发送请求，并等待接口返回的数据，具体返回数据如下。

```
{
    "pageNum": 1,
    "pageSize": 5,
    "total": 27,
    "rows": [
        {
            "id": 32,
            "nickname": "nickname",
            "username": "dasdasdada",
            "password": "123",
            "phone": "1111111111",
            "address": "澳门",
            "role": {
                "id": 1,
```

```
                "name": "管理员"
            }
        },
        {

            "id": 60,
            "nickname": "加菲猫 2",
            "username": "xiongjiacheng",
            "password": "1qaz2wsx",
            "phone": "888888888",
            "address": "武汉市洪山区文化大道李桥创意大厦 6F",
            "role": {
                "id": 1,
                "name": "管理员"
            }
        },
        {

            "id": 61,
            "nickname": "关羽",
            "username": "haoxiongf",
            "password": "123",
            "phone": "189710961",
            "address": "北京天坛公园",
            "role": {
                "id": 1,
                "name": "管理员"
            }
        },
        {

            "id": 2,
            "nickname": "周瑜",
            "username": "zhouzhuo",
            "password": "1",
            "phone": "1393434343",
            "address": "北京什刹海",
            "role": {
                "id": 2,
                "name": "普通用户"
            }
        },
        {

            "id": 3,
            "nickname": "夏侯渊",
            "username": "xiadewang",
```

```
            "password": "1",
            "phone": "13437124333",
            "address": "西安大雁塔",
            "role": {
                "id": 2,
                "name": "普通用户"
            }
        }
    ]
}
```

　　为了验证接口返回的数据是否准确，可以通过浏览器直接访问后台管理界面，查看用户列表中的信息，通过对比可以确认两边的信息完全一致。新闻采编 CMS 后台管理端查询用户列表如图 8-13 所示。

图 8-13　新闻采编 CMS 后台管理端查询用户列表

3. 新增用户接口测试

　　首先还是在"门户后端管理接口测试"的 Collection 中创建一个新的 Request，并将新建的 Request 标题修改为"新增用户"，具体操作如图 8-14 所示。

图 8-14　创建"新增用户"Request

　　然后将 HTTP 方法设置为 POST，并在 Request 的接口地址栏中填写详细的请求地址 http://127.0.0.1:8080/test/insertUser，并在 Body 下以 form-data 形式配置预先设置好的 nickname、username、password、phone、address 参数，具体操作如图 8-15 所示。

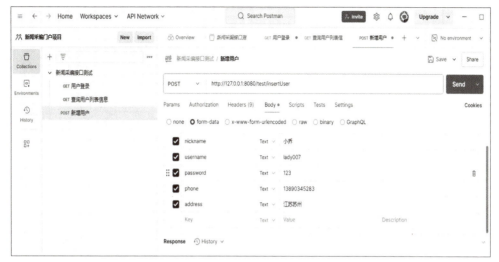

图 8-15　"新增用户"接口参数配置

单击"Send"按钮，发送请求，并等待接口返回的数据。返回信息如图 8-16 所示。

图 8-16　"新增用户"接口测试

为了验证本次操作数据是否真正提交到了后台数据库，同样可以在浏览器中访问后台管理端界面，并查看用户列表中的详细数据是否和操作一致，结果显示正常，如图 8-17所示。

4. 修改用户信息接口测试

首先还是在"门户后端管理接口测试"的 Collection 中创建一个新的 Request，并将新建的 Request 标题修改为"修改用户信息"，具体操作如图 8-18 所示。

图 8-17　新闻采编管理端页面查询结果

图 8-18　创建"修改用户信息"Request

然后将 HTTP 方法设置为 POST，并在 Request 的接口地址栏中填写详细的请求地址 http://127.0.0.1:8080/test/updateUser，并在 Body 下以 form-data 形式配置预先设置好的 nickname、phone、address、password 参数，具体操作如图 8-19 所示。

图 8-19　"修改用户信息"接口参数配置

为验证本次修改的信息是否成功写入后台数据库，还是直接登录浏览器访问后台管理端查看数据，经过比对，此次接口测试结果有效，如图 8-20 所示。

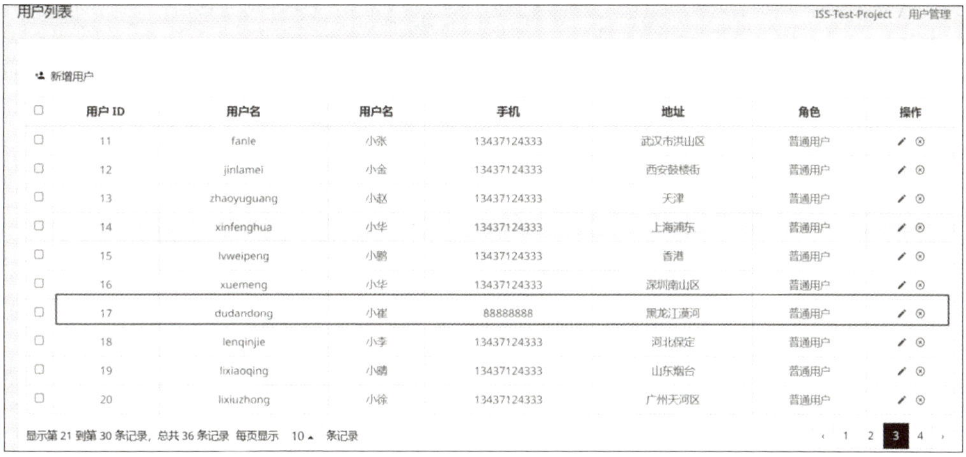

图 8-20　新闻采编管理端界面查询测试结果

5. 删除用户信息接口测试

首先还是在"门户后端管理接口测试"的 Collection 中创建一个新的 Request，并将新建的 Request 标题修改为"删除用户信息"，具体操作如图 8-21 所示。

图 8-21　创建"删除用户信息"Request

然后将 HTTP 方法设置为 GET，并在 Request 的接口地址栏中填写详细的请求地址 http://127.0.0.1:8080/test/deleteUser/:id，这时 Postman 工具会自动在 Params 下添加一个名称为 id 的 Path 变量，将新创建用户 id 填入对应位置，如图 8-22 所示。

图 8-22　"删除用户信息"接口路径参数配置

单击“Send”按钮，发送请求，并等待接口返回的数据，返回信息如图 8-23 所示。

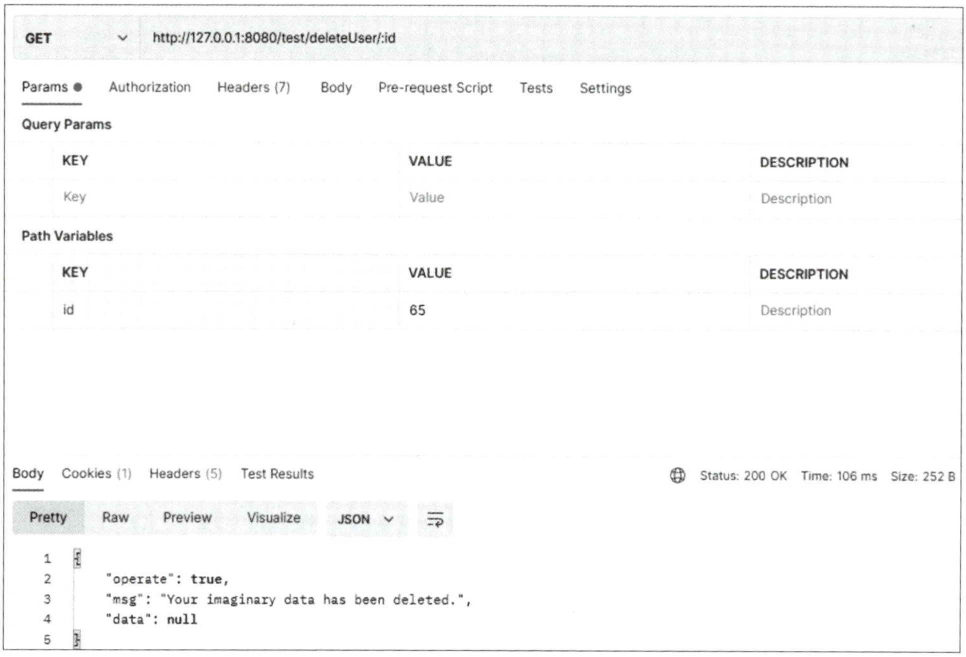

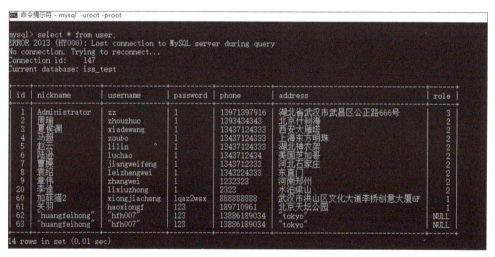

图 8-23　“删除用户信息”接口测试

接下来，通过查询数据库中的相关记录，发现之前创建的用户数据已经被成功删除，如图 8-24 所示。

```
命令提示符 - mysql -uroot -proot

mysql> select * from user;
ERROR 2013 (HY000): Lost connection to MySQL server during query
No connection. Trying to reconnect...
Connection id:    147
Current database: iss_test
```

id	nickname	username	password	phone	address	role
1	Administrator	zz	1	13971397916	湖北省武汉市武昌区公正路666号	3
2	周瑜	zhouzhuo	1	1393434343	北京什刹海	2
3	夏侯渊	xiadewang	1	13437124333	西安大雁塔	2
4	马超	zoubo	1	13437124333	上海东方明珠	2
5	赵云	lilin	1	13437124333	湖北神农架	2
6	陆逊	luchao	1	1343712434	美国芝加哥	2
7	曹操	jiangweifeng	1	1343712333	河北石家庄	2
8	袁绍	leizhengwei	1	1343224333	东直门	2
9	章伟	zhangwei	1	1232323	河南郑州	2
20	李逵	lixiuzhong	1	2323	水泊梁山	2
60	加菲猫2	xiongjiacheng	1qaz2wsx	888888888	武汉市洪山区文化大道李桥创意大厦6F	1
61	关羽	haoxiongf	123	189710961	北京天坛公园	1
62	"huangfeihong"	"hfh007"	123	13886189034	"tokyo"	NULL
63	"huangfeihong"	"hfh007"	123	13886189034	"tokyo"	NULL

```
14 rows in set (0.01 sec)
```

图 8-24　查询后台数据库信息验证测试结果

6. 根据 id 查询用户信息接口测试

在“门户后端管理接口测试”的 Collection 中创建一个新的 Request，并将新建的 Request 标题修改为“根据 id 查询用户信息”，具体操作如图 8-25 所示。

然后将 HTTP 方法设置为 GET，并在 Request 的接口地址栏中填写详细的请求地址 http://127.0.0.1:8080/test/getUser/:id，这时 Postman 工具会自动在 Params 下添加一个名称为 id 的 Path 变量，将新创建用户 id 填入对应位置，如图 8-26 所示。

图 8-25　创建"根据 id 查询用户信息"Request

图 8-26　配置"根据 id 查询用户信息"路径参数

单击"Send"按钮，发送请求，并等待接口返回的数据，返回信息如图 8-27 所示。

图 8-27　"根据 id 查询用户信息"接口测试

7. 查询新闻列表接口测试

在"门户后端管理接口测试"的 Collection 中创建一个新的 Request，并将新建的 Request 标题修改为"查询新闻列表"，具体操作如图 8-28 所示。

图 8-28　创建"查询新闻列表"Request

然后将 HTTP 方法设置为 GET，并在 Request 的接口地址栏中填写详细的请求地址 http://127.0.0.1:8080/test/getNewses，并在 Params 上配置参数 pageNum 和 pageSize（pageNum 表示当前页，pageSize 表示每一页显示的用户数量），具体操作如图 8-29 所示。

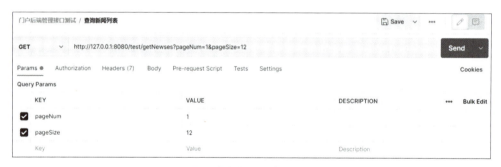

图 8-29　配置"查询新闻列表"参数并发送请求

单击"Send"按钮，发送请求，并等待接口返回的数据，返回信息如下。

```
{
  "pageNum": 1,
  "pageSize": 5,
  "total": 21,
  "rows": [
    {
      "id": 7,
      "type": "一般新闻",
      "title": "dasdada",
      "context": "<p>dasdada112121212</p>\n",
      "user": {
        "id": 1,
        "nickname": "Administrator",
        "username": null,
        "password": null,
        "phone": null,
        "address": null,
```

```
            "role": null
        },
        "lastUpdate": "2022-03-29 11:48:06"
    },
    {
        "id": 10,
        "type": "重点新闻",
        "title": "今日股市",
        "context": "<p>股市上涨,股民开心</p>\n",
        "user": {
            "id": 1,
            "nickname": "Administrator",
            "username": null,
            "password": null,
            "phone": null,
            "address": null,
            "role": null
        },
        "lastUpdate": "2023-04-14 09:59:21"
    },
    {
        "id": 17,
        "type": "一般新闻",
        "title": "神舟十八号载人飞行任务",
        "context": "<p>记者从神舟十八号载人飞行任务新闻发布会上了解到,本次神舟十八号将上行实验装置及相关样品,将实施国内首次在轨水生生态研究项目,以斑马鱼和金鱼藻为研究对象,在轨建立稳定运行的空间自循环水生生态系统,实现我国在太空培养脊椎动物的突破。</p>\n",
        "user": {
            "id": 1,
            "nickname": "Administrator",
            "username": null,
            "password": null,
            "phone": null,
            "address": null,
            "role": null
        },
        "lastUpdate": "2023-04-14 11:11:12"
    },
    {
        "id": 18,
        "type": "一般新闻",
        "title": "苏州园林",
```

```
    "context": "<p>苏州园林追求自然之美,在布局上不讲究对称,但耦园却相反。园中黄石假山、湖
石假山成双,&ldquo;筠廊 &rdquo;&ldquo;樨廊 &rdquo;成对,更有建筑被命名为 &ldquo;吾爱亭 &rdquo;东
花园一处楹联 &ldquo;耦园住佳耦 城曲筑诗城 &rdquo;出自沈秉成夫人严永华之手,也昭示着这座园林
的爱情底色。</p>\n\n<p>园中爱情令人称羡,园中景致令人向往。自 2022 年七夕起,耦园成为苏州特
色婚姻登记服务点之一。景色好、寓意好,这座 &ldquo;爱情之园 &rdquo;成为年轻人理想的 &ldquo;领证
之园 &rdquo;</p>\n\n<p>通过保护修缮,让老宅活下来;引入公共服务,让老宅活起来。</p>\n\n<p>身
着传统服饰、倘佯山水园林、许下爱的誓言,一起走过的长廊、看过的花窗,古诗词里的浪漫仿佛被一页
页翻开。耦园百年爱情故事也由当代年轻人续写。</p>\n\n<p>将佳偶天成的美好姻缘融入江南园林
的诗情画意,中式浪漫,莫过于此。</p>\n",
        "user": {
            "id": 1,
            "nickname": "Administrator",
            "username": null,
            "password": null,
            "phone": null,
            "address": null,
            "role": null
        },
        "lastUpdate": "2023-04-14 11:11:24"
    },
    {
        "id": 19,
        "type": "一般新闻",
        "title": "下月起,上海三胞胎家庭每月补助 1970 元",
        "context": "<p><strong>根据新修订的通知,</strong>子女符合上述年龄条件的三胞胎家庭,家庭
年人均可支配收入低于上年度本市居民人均可支配收入可申请生活补助,目前的补助标准为<strong>
1970 元/月</strong>(补助标准按照最低生活保障标准的 1.3 倍确定)。</p>\n",
        "user": {
            "id": 1,
            "nickname": "Administrator",
            "username": null,
            "password": null,
            "phone": null,
            "address": null,
            "role": null
        },
        "lastUpdate": "2023-04-14 11:11:34"
    }
  ]
}
```

8. 新增新闻接口测试

在 "门户后端管理接口测试" 的 Collection 中创建一个新的 Request,并将新建的 Request 标题修改为 "新增新闻",具体操作如图 8-30 所示。

图 8-30　创建 "新增新闻" Request

然后将 HTTP 方法设置为 POST，并在 Request 的接口地址栏中填写详细的请求地址 http://127.0.0.1:8080/test/insertNews，并在 Body 下以 form-data 形式配置预先设置好的 type、title、context 参数。需要补充说明的是，存放新闻数据的表名为 news，可以通过以下命令查到表结构，如图 8-31 所示。所以在设置参数的时候需要考虑参数的长度大小。

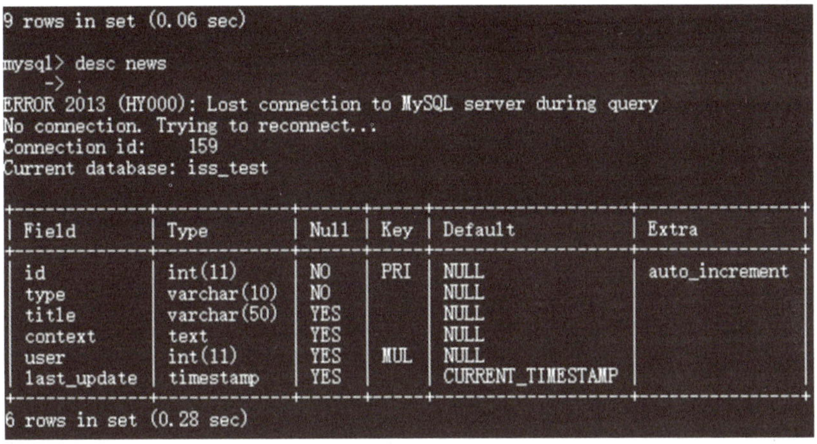

图 8-31　查询数据库 "news" 表结构

接下来，继续完成 "新增新闻" 接口下 Body 参数的填写，具体操作如图 8-32 所示。

图 8-32　"新增新闻" 接口参数配置

单击 "Send" 按钮，发送请求，并等待接口返回的数据，返回信息如图 8-33 所示。

为了验证本次测试结果是否真正写入数据库，可以直接通过浏览器登录到后台管理端查看最终测试结果，经过比对，此次接口测试结果有效，如图 8-34 所示。

图 8-33　"新增新闻"接口测试

图 8-34　后台管理端界面查询测试结果

9. 修改新闻信息接口测试

在"门户后端管理接口测试"的 Collection 中创建一个新的 Request，并将新建的 Request 标题修改为"修改新闻"，具体操作如图 8-35 所示。

图 8-35　创建"修改新闻"Request

然后将 HTTP 方法设置为 POST，并在 Request 的接口地址栏中填写详细的请求地址 http://127.0.0.1:8080/test/updateNews，并在 Body 下以 form-data 形式配置如下的参数 id、type、title、context。关于参数 id 无法直接从后台管理端直接获取到，可以通过查询新闻列表的接口进行获取，具体操作如图 8-36 所示。

结合上面获取到新闻 id，可以将 Body 下的参数进行填充，如图 8-37 所示。

单击"Send"按钮，发送请求，并等待接口返回的数据，返回信息如图 8-38 所示。

图 8-36 通过查询接口获得新闻 id

图 8-37 "修改新闻"接口参数配置

图 8-38 完成"修改新闻"接口测试

同时，用户也能在后台管理端的页面上查询下本次操作的效果，如图 8-39 所示。

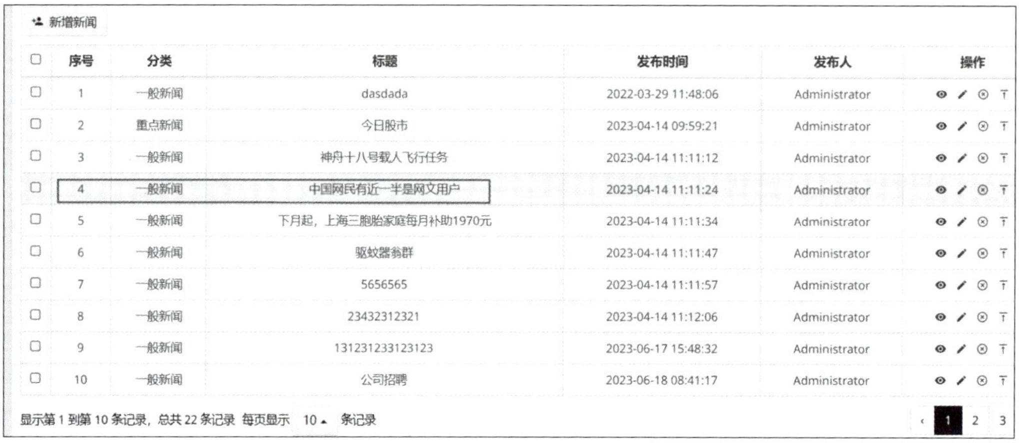

图 8-39　后台管理端界面查询测试结果

10. 根据 id 查询新闻接口测试

在"门户后端管理接口测试"的 Collection 中创建一个新的 Request，并将新建的 Request 标题修改为"根据 id 查询新闻"，具体操作如图 8-40 所示。

图 8-40　创建"根据 id 查询新闻"Request

然后将 HTTP 方法设置为 GET，并在 Request 的接口地址栏中填写详细的请求地址 http://127.0.0.1:8080/test/getNews/:id，这时 Postman 工具会自动在 Params 下添加一个名称为 id 的 Path 变量，可以将上面新创建的用户 id 填入对应位置，如图 8-41 所示。

图 8-41　配置"根据 id 查询新闻"路径参数

单击"Send"按钮，发送请求，并等待接口返回的数据，返回信息如图 8-42 所示。

图 8-42　完成"根据 id 查询新闻"接口测试

11. 删除新闻接口测试

在"门户后端管理接口测试"的 Collection 中创建一个新的 Request，并将新建的 Request 标题修改为"删除新闻"，具体操作如图 8-43 所示。

图 8-43　创建"删除新闻"接口测试

然后将 HTTP 方法设置为 GET，并在 Request 的接口地址栏中填写详细的请求地址 http://127.0.0.1:8080/test/deleteNews/:id，这时 Postman 工具会自动在 Params 下添加一个名称为 id 的 Path 变量，将上面新创建的用户 id 填入对应位置，如图 8-44 所示。

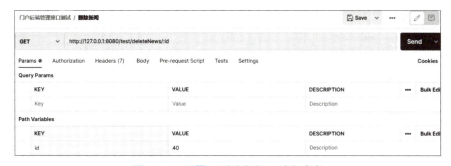

图 8-44　配置"删除新闻"路径参数

单击"Send"按钮，发送请求，并等待接口返回的数据，返回信息如图 8-45 所示。

图 8-45　完成"删除新闻"接口测试

下面在数据库中查询相关的数据记录，可以看到之前创建的用户已经从数据库中删除，如图 8-46 所示。

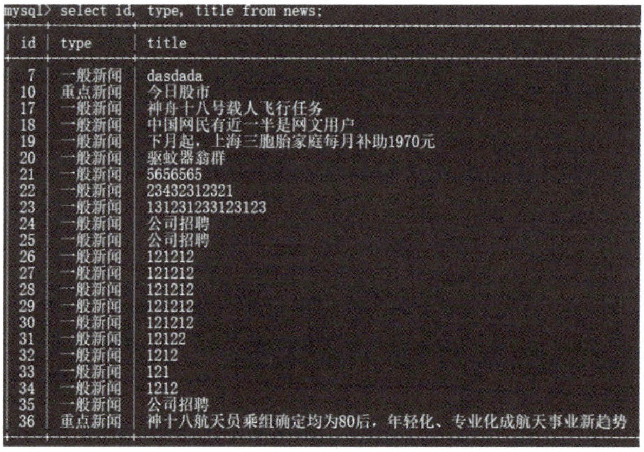

图 8-46　查询数据库验证接口测试结果

12. 用户退出接口测试

在"门户后端管理接口测试"的 Collection 中创建一个新的 Request，并将新建的 Request 标题修改为"用户退出"，具体操作如图 8-47 所示。

图 8-47　创建"用户退出"Request

由于这个接口不需要任何参数，所以可以直接单击"Send"按钮，发送请求，返回信息如图 8-48 所示。

图 8-48 完成"用户退出"接口测试效果

综合练习

一、单选题

1. 以下哪项是 Postman 的组件（　　　）。

A. BeanShell 后置处理器　　　　　　B. Collections

C. JSON 提取器　　　　　　　　　　D. 正则表达式提取器

2. 下面不属于 Postman 响应 Body 体视图模式的是（　　　）。

A. Binary　　　　　　B. Pretty　　　　　　C. Raw　　　　　　D. Preview

二、判断题

接口测试只需要在系统集成阶段进行。　　　　　　　　　　　　　　（　　　）

三、多选题

1. 软件接口测试的主要目的是什么？（　　　）

A. 确保单个组件的功能正确

B. 验证软件的整体性能

C. 确认不同系统或组件之间的交互正确无误

D. 检查软件的安全性

2. 以下哪些活动属于软件接口测试的范畴？（　　　）

A. 验证数据传输的准确性

B. 检查错误处理机制

C. 测试接口的响应时间

D. 确认接口的兼容性和互操作性

四、问答题

使用 Postman 删除流表时使用哪种方法？

第9章　性能测试

章节导读

性能测试的目的是希望通过提前模拟各种压力，检测出系统中可能存在的瓶颈，并对这些性能瓶颈进行修复，从而减少服务器宕机的风险。此外，性能测试常被用来评估待测软件在不同负载下的运作状况，帮助决策管理层来维持系统性能和成本支出之间的平衡。例如，早期某些管理者会希望通过性能测试来评估需要采购几台服务器。

性能测试的最终效果与测试工具息息相关。目前，业界使用频率相对较高的性能测试工具有 Apache JMeter 和 LoadRunner 2 款，下面将分别介绍这两款工具。

JMeter：一款 Apache 组织开发的压力测试工具。它最初被设计用于 Web 应用测试，后来扩展到其他测试领域。它可以用于测试静态和动态资源，例如静态文件、Java 小服务程序、CGI 脚本、Java 对象、数据库、FTP 服务器等。JMeter 可用于对服务器、网络、对象进行巨大负载的模拟，在不同压力类别下测试它们的强度和分析整体性能。此外，JMeter 能够对应用程序做功能测试和回归测试，通过创建带有断言的脚本来验证程序是否返回了期望结果。

LoadRunner：一款需要付费的商用性能测试工具，可用于预测系统行为和性能的负载测试。LR 最初是 Mercury 公司的产品，2006 年被惠普收购，该工具成为惠普的产品。2017 年，惠普整个软件部门被全球第七大纯软件公司 Micro Focus 收购，该工具又成为 Micro Focus 的产品。它通过以模拟上千万用户实施并发负载和实时性能监测的方式来确认和查找问题。LoadRunner 能够对整个企业架构进行测试，最大限度地缩短测试时间、优化性能和加速应用系统的发布。

本章内容将以 JMeter 工具为主，使用 JMeter 工具完成新闻采编 CMS 后台接口性能测试。

学习目标

（1）了解性能测试的基本概念、性能测试分类及方法、性能测试基本参数指标、性能测试的基本流程；
（2）了解 JMeter 工具的安装和使用方法，掌握性能测试的基本技能；
（3）掌握通过命令行启动性能测试的步骤和方法。

知识图谱

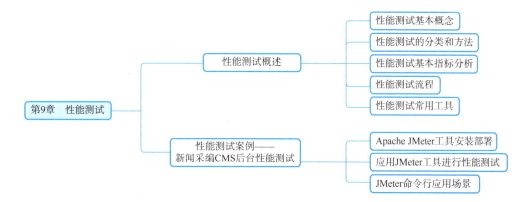

9.1 性能测试概述

性能测试的重要性不言而喻，任何大型的软件系统都必须要经过严格的性能测试才能交付使用。所以在软件测试从业者中，性能测试工程师的技术等级以及薪酬待遇也高于其他类型的测试工程师。性能测试的学习对于软件测试人员也非常重要。本章节主要介绍性能测试的概念和分类方法，性能测试的主要指标参数及其代表的含义，性能测试的流程以及常用性能测试工具的主要特征。

9.1.1 性能测试基本概念

性能测试是通过自动化测试工具模拟多种正常峰值和异常负载条件，在这一前提下，对系统的各项性能指标进行测试，验证软件系统是否能够满足用户提出的性能指标要求，通过测试活动发现软件系统存在的性能瓶颈，再针对性能薄弱环节进行优化。负载测试和压力测试都属于性能测试，二者可结合进行。通过负载测试确定在各种工作负载下系统的性能，当负载逐渐增加时，观察系统各项性能指标的变化情况。压力测试通过确定一个系统的瓶颈或用户无法接受的性能表现，从而确定被测试系统能够提供的最大服务能力。

一般来说，性能测试的作用分为以下几种：

验证系统在给定的条件下性能是否达到设计目标并满足用户需求。

探索系统在给定条件下的极限处理能力。

通过对系统各参数的调整，测试系统的最佳性能配置方案。

通过性能测试发现功能测试难以发现的深层次缺陷。

总体来说，性能测试能够验证软件系统是否达到了用户提出的性能指标要求，同时发现软件系统中存在的性能瓶颈。通过优化软件相关指标，达到优化整个系统的目的。

9.1.2 性能测试的分类和方法

性能测试是一个笼统的概念。它包含多种类型，主要有负载测试、压力测试、配置测试、并发测试等。不同类型测试侧重点不同，下面对几个主要的性能测试种类进行介绍。

1. 负载测试

负载测试（Load Test）对系统不断施加压力或者在一定压力下持续增加停留的时间，直至系统的性能指标达到极限。例如，响应时间超过预定的指标或某种资源已经达到饱和状态。负载测试可找到系统处理能力的极限，为系统调优提供相关依据。负载测试主要特点如下：

负载测试的主要目的是找到系统处理能力的极限。

负载测试需在给定的测试环境下进行，通常需考虑被测系统的业务压力量和典型场景，使测试结果具有业务意义。

负载测试一般用来检测系统的容量，或者配合性能调优使用。

2. 压力测试

压力测试（Stress Test）使测试系统在资源使用逼近饱和状态时（如 CPU、内存在接近饱和使用情况下），系统能够处理的会话能力以及系统是否会出现错误。压力测试主要特点如下：

压力测试的主要目的是检查系统处于压力下的应用表现。

压力测试一般通过模拟负载等方式，使系统的资源使用率达到较高水平。

压力测试一般用于测试系统的稳定性。

结合以上描述，压力测试使系统长时间处在高强度的压力之下，通过分析系统的性能输出日志，评估系统各项指标是否稳定。其目的是检测在什么条件下系统性能变得不可接受，并通过应用程序不断增加施加的负荷直至发现程序性能下降的拐点。

总体而言，负载测试对系统持续加压，强调压力持续的时间；而压力测试则更加关注施加压力的大小。

3. 配置测试

配置测试（Configuration Test）通过调整被测系统的软硬件环境，了解不同配置对系统性能的影响程度，从而发现系统各项资源的最优分配原则。配置测试的主要特点如下：

配置测试主要目的是了解各种不同因素对系统性能影响的程度，从而制定最佳的性能调优方案。

配置测试一般是在对系统性能状况初步了解后开展进行。

配置测试一般用于性能调优和能力规划。

配置测试关注点是"微调"，通过对软硬件的不断调整，使系统达到最佳状态。

4. 并发测试

并发测试（Concurrency Test）方法通过模拟用户并发访问，测试多用户并发访问同一个应用、同一个模块时是否存在死锁或者其他性能问题。并发测试主要特点如下：

并发测试的主要目的是发现在并发应用场景下系统中可能隐藏的性能瓶颈。

并发测试重点关注系统可能存在的并发问题，如系统中的内存泄露、线程锁和资源争用方面的问题。

并发测试可在开发的各个阶段开展，此过程需要相关测试工具的配合和支撑。

结合以上描述，并发测试关注点是当多个用户同时访问同一个应用程序、同一个模块时是否存在死锁或其他性能问题。几乎所有的性能测试都需要进行并发测试。

5. 可靠性测试

可靠性测试（Reliability Test）通过向系统加载一定业务压力（如：保持 CPU 资源使用率在 70%~90%），使系统持续运行一段时间，检测系统的稳定运行情况。软件可靠性研究是一个很大的课题，一般使用平均无故障时间（MTBF）或失效率来衡量。可靠性测试主要特点如下：

可靠性测试的主要目的是验证系统能否长期稳定地运行。可靠性测试中，若系统在较长时间的较大压力测试中没有出现问题或较差的表象，基本上可判断系统具备长期稳定运行的能力。

可靠性测试需要系统在压力下持续运行一段时间，这段时间的具体数值需根据系统的可靠性要求确定。对一般非关键的大型应用来说，一般使系统处于压力峰值下持续进行 2~3 天的可靠性测试基本上就能满足测试要求。

可靠性测试过程中需关注系统的运行状况。在运行过程中，一般需要关注系统的内存使用状况、系统的其他资源使用有无明显变化、系统响应时间有无明显变化。在测试过程中，如果发现随着时间的推移，响应时间有明显的变化或系统资源使用率存在明显波动，都可能是系统不稳定的征兆。

可靠性测试的关注点是"稳定"，无须给系统太大压力，系统能够长期处于一个稳定的状态即可。"可靠性测试"并不等同于"获得软件的可靠性"，这里是指可靠性测试仅让软件系统在相对较大的压力环境下持续运行较长时间，从而评估系统是否能在平均压力下持续正常工作。

6. 容量测试

容量测试（Capacities Test）是指在一定的软件、硬件和网络环境下，在数据库中构造不同数量级别的数据记录，在一定的虚拟用户数量下运行一种或多种业务，获取不同数量级别的数据记录，并记录相应的服务器性能表现，以确定数据库的最佳容量和最大容量。容量测试不仅可以针对数据库进行测试，还可以对硬件处理能力、各种服务器的连接能力等进行测试，以此来测试在不同容量级别下的性能是否能满足需求。

7. 失效恢复测试

失效恢复测试（FailOver Testing）是针对有冗余备份、负载均衡的系统设计的。这种测试方法可用来验证若系统发生局部或全局性故障时，用户是否能够继续正常使用系统，如果这种情况发生用户又将承受多大程度的损失。该方法具有以下特点：

失效恢复测试方法的主要目的是验证在局部故障情况下，系统能否继续使用。一般的关键业务系统都会采用热备份或是负载均衡的方式来实现。这种业务上一般要求即使在有一台或几台服务器出现问题时，应用系统仍然能够正常运行业务。FailOver Testing 方法可以在测试中模拟一台或几台设备故障，验证预期的恢复技术是否能够发挥作用。

失效恢复测试方法还需指出当问题发生时"能支持多少用户访问"的结论和"采取何种应急措施"的方案。当系统中一台或多台服务器出现故障后，系统一定会受到性能甚至是功能上的部分损失。因此，在进行失效恢复测试前，必须先提出如下问题"当系统中一台或多台服务器出现故障时，系统还能支持多少用户的并发访问？是否要采取某些必要措施？"，接着在失效测试的过程中验证上述这些问题的答案是否可行。

一般来说，只有对持续运行时间有明确要求的系统才需要进行这种类型的测试。

9.1.3　性能测试基本指标分析

软件性能测试的基本指标是衡量软件系统性能优劣的一项重要参考依据。一般情况下，在经过精心设计的性能测试场景中，每一个性能指标都可代表软件性能某个方面的优劣，这些性能指标也是系统开发人员进行调优时的参考依据。对于软件开发的质量而言，系统性能指标的优劣是一个重要的因素。下面将重点介绍性能测试中经常关注的几个性能指标参数所代表的含义。

1. 响应时间

软件系统的响应时间划分为呈现时间和服务器端响应时间两个部分。呈现时间取决于数据在被客户端接受以后呈现给用户所消耗的时间。对于一个 Web 应用系统而言，呈现时间就是浏览器接收到响应数据后展现到 Web 页面上面所花费的时间。服务器端的响应时间是指应用系统从请求发出开始到客户端接收到数据所消耗的时间。

呈现时间的主要构成是前端响应时间，这部分时间主要取决于客户端而非服务端。对于 Web 应用而言，合理使用前端技术可以极大地减少前端的响应时间和数据呈现所用的时间。

响应时间还可以进一步地进行分解。图 9-1 描述了一个 Web 应用系统的页面响应时间构成。在图 9-1 中，页面的服务器端响应时间可以分解为网络传输时间（N1+N2+N3+N4）和应用处理时间（A1+A2+A3），应用的处理时间又可以分解为数据库响应时间（A2）和应用服务器处理时间（A1+A3）。通过对响应时间进行分解处理，可以更加容易地定位性能瓶颈的所在位置，从而有针对性地进行性能优化和处置。

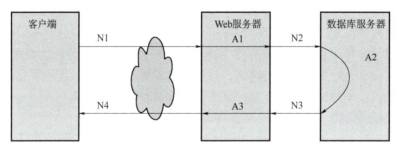

图 9-1　Web 应用系统的页面响应时间构成

2. 并发用户数

并发用户数的概念通常在性能测试方法中被提到，从业务的角度模拟真实的用户访问，体现的是业务并发用户数。如果抛开业务的层面而仅从服务器承受的压力考虑，那么对于 C/S 或者 B/S 结构的应用来说，系统性能的表现毫无疑问地主要由服务器决定。那么，服务器端什么时候会承受最大的压力？或者说，服务器端在什么时候性能表现最差？毫无疑问，是在大量用户同时对这个系统进行访问的时候。显然，越多的用户同时使用系统，系统承受的压力就会越大，性能表现随之越差。此外，极有可能出现用户同时访问导致的资源竞争等问题。

在实际的性能测试工作中，测试人员通常比较关心业务并发用户数，即从业务角度关注究竟应设置多少数量的并发数比较合理。因此，在后面的内容中，我们主要针对业务并发用户数进行讨论，为了方便起见，直接将业务并发用户数称为并发用户数。

下面给出了一些用于估算并发用户数的公式

$$C = \frac{nL}{T} \qquad (公式9.1)$$

在公式9.1中，C 是平均的并发用户数；n 是 login session 的数量；L 是 login session（login session 表示用户从登录进入系统到退出系统之间的平均时长）的平均长度；T 指考察的时间段长度。例如，对于一个典型的 OA 办公应用，考察的时间段长度应该为 8 小时的工作时间。

另一个计算并发用户数峰值的公式为

$$\hat{C} \approx C + 3\sqrt{C} \qquad (公式9.2)$$

在这个公式中，$\hat{C}$ 代表了并发用户数的峰值，C 是公式9.1中得出的平均并发用户数。

3. 吞吐量

吞吐量指单位时间内系统处理的客户请求数量，直接体现软件系统的性能承载能力。一般来说，吞吐量单位用"请求数/秒"或是"页面数/秒"来表示。从业务的角度来说，吞吐量也可用"访问人数/天"或"处理的业务数/小时"等单位来表示。从网络的角度来说，还可用"字节数/天"来考察网络流量。以一个典型的 Web 应用系统为例，从系统的处理能力考虑，可以将"页面数/秒"作为吞吐量的单位；对一个银行的业务前台系统来说，可以将其处理的"业务数/小时"作为吞吐量的单位。

在对 Web 系统的性能测试过程中，吞吐量主要以请求数（单击数）/秒、页面数/秒或字节数/秒来体现，其指标可以在以下两个方面发挥作用：

（1）用于协助设计性能测试场景以及衡量性能测试场景是否达到预期设计目标。在设计性能测试场景时，吞吐量可用于协助设计性能测试场景，根据估算的吞吐量数据，对应到测试场景的事务发生频率、事务发生次数等；此外，在测试完成后，根据实际的吞吐量可衡量测试是否达到预期目标。

（2）用于协助分析性能瓶颈。吞吐量限制是性能瓶颈的一种，因此，有针对性地对吞吐量设计测试，可以协助尽快定位到性能瓶颈所在位置。例如，RBI（Rapid Bottleneck Identify）快速识别系统性能瓶颈方法主要通过吞吐量测试并发现性能瓶颈。以不同方式表达的吞吐量可以说明不同层次的问题。例如，以字节数/秒方式表示的吞吐量主要受网络基础设施、服务器架构、应用服务器制约；以单击数/秒方式表示的吞吐量主要受应用服务器和应用代码的制约。

作为性能测试时的主要关注指标，吞吐量和并发用户数之间存在一定的联系。在没有遇到性能瓶颈的时候，吞吐量可采用如下公式计算：

$$F = (N \times R) / T \qquad (公式9.3)$$

其中，F 表示吞吐量，N 表示虚拟用户个数，R 表示虚拟用户发送的请求个数，T 表示性能测试持续的时间。

如果遇到了性能瓶颈，吞吐量和虚拟用户数量之间就不再符合公式9.3给出的关系。必须指出的是，虽然吞吐量指标可被看作是系统承受压力的体现，但在不同并发用户数量的情况下，对同一个系统施加相同的吞吐量压力，很可能会得到不同的测试结果。

4. 资源利用率

资源利用率反映的是在一段时间内资源平均被占用的情况。资源使用率指的是对不同系统资源的使用程度，例如服务器的 CPU、内存、磁盘繁忙率、网络等硬件资源的占用情况。资源利用率一般是针对服务器的一项测试参考指标，从以下四个方面进行评估：

（1）CPU 利用率。CPU 利用率一般指服务器 CPU 利用率，能够反映系统的性能和效能，是衡量 CPU 使用效率的一个重要指标。CPU 利用率通常以百分比表示，表示 CPU 在一段时间内被使用的时间比例。一般可接受上限不超过 85%。

（2）内存使用率。内存使用率也称内存利用率，是指系统当前正在使用的物理内存占总体可用内存的比例。它是衡量系统内存资源利用情况的重要指标之一。内存使用率可以通过以下公式计算得出：

$$内存使用率 = (已使用内存) / (总内存) \qquad （公式 9.4）$$

其中，已使用内存是指当前已经被分配给应用程序使用的物理内存的总和，而总内存是指系统中可用的物理内存总量。当内存使用率超过 90% 时，服务器的性能可能会受到严重影响。解决高内存使用率的方法包括关闭占用内存的程序、清理垃圾文件、增加内存容量、关闭不必要的系统服务等。通过服务器上的内存管理工具可以查看和监控内存使用率。

（3）磁盘吞吐量。磁盘吞吐量简称为 Disk Throughput，是指在无磁盘故障的情况下单位时间内通过磁盘的数据量。磁盘吞吐量分析指标主要有每秒读写多少兆、磁盘繁忙率、磁盘队列数、平均服务时间、平均等待时间、空间利用率等。其中，磁盘繁忙率是直接反映磁盘是否有瓶颈的重要依据。通常情况下，磁盘繁忙率应低于 70%。

（4）网络吞吐量。网络吞吐量简称为 Network Throughput，是指在无网络故障的情况下单位时间内通过网络的数据数量，单位为 Byte/s。网络吞吐量用于衡量系统对于网络设备或链路传输能力的需求。当网络吞吐量指标接近网络设备或链路最大传输能力时，需考虑升级网络设备。网络吞吐量指标主要有每秒多少兆流量进出，一般情况下，不能超过设备或链路最大传输能力的 70%。

9.1.4　性能测试流程

性能测试是通过性能测试工具模拟各种正常、峰值、异常负载峰值或异常负载条件来对系统的各项性能指标进行测试。规范的性能测试实施流程能够提高性能测试效率，强化性能测试效果。性能测试流程明确了性能测试各阶段应完成的工作内容，指导测试人员正确、有序地开展性能测试工作，提高性能测试中的工作效率。下面将对性能测试流程中的各个环节进行详细的补充说明。

1. 性能需求分析

性能需求分析是整个性能测试工作开展的基础。测试需求分析阶段的主要任务是确定测试策略和测试范围。测试策略主要根据软件以及用户对系统的性能需求来定，测试范围则主要通过分析系统的功能模块进行调研分析。性能测试需求分析与功能测试需求分析无太大区别，同样需要通过与项目干系人进行沟通以及依据一些项目文档来确定性能测试范围、性能测试策略等内容，从而为下一步制订性能测试计划打下良好基础。

（1）性能需求信息来源。开发过程中的相关文档是性能测试需求的主要来源，《项目开发计划书》、《需求规格说明书》、《设计说明书》、测试计划等文档都可能涉及性能测试要求或性能测试方面的规格定义。涉及性能测试需求相关的项目干系人主要包括客户代表、项目经理、产品经理、销售经理、需求分析员和架构设计师等，收集这些原始性能需求信息可以为后面制订性能测试计划、设计性能测试用例提供依据。下面介绍需要从项目干系人处采集的主要信息。

客户代表：通过和客户代表交流，可以了解一些项目背景知识。如客户在软件性能方面的需求、是否足够关注性能测试等，这些都是制定性能测试策略的依据。例如，在一个涉及银行信用卡性能测试案例中，通过和客户交流，了解到之前开发的系统因性能不过关没有通过验收。因此，对于重新开发的系统，客户非常关注项目性能，要求项目必须先通过性能测试才可以投入使用，因而该项目需更加重视性能测试。

项目经理：项目经理通常是整个项目计划的制定者，负责把控项目整体进度。通过与项目经理进行交流，可得到性能测试大致测试范围、测试工作重心、关键阶段里程碑等信息，进而确定需要投入多少人力资源。

产品经理：产品经理通常会提出比较明显的性能需求，从产品经理获得的原始性能需求可作为系统性能测试场景设计的依据。

销售经理：通常，在项目初期投标或交付给客户的售前解决方案中都会承诺一些性能指标，这些性能指标是性能测试中需要优先完成的任务，也是性能测试场景设计的预期指标。

需求分析员：通过与需求分析员的交流，可以了解基本业务需求以及一些更加明确的性能指标。需求分析员是需求文档的主要作者，通过需求分析员还可确定哪些业务是核心业务，为设计核心业务模块相关的测试场景打下良好基础。需求分析员对用户群体构成以及系统的扩展目标较为清楚，这些均为设计性能测试的重要数据来源。

（2）确定性能测试策略和测试目标。软件类型可通过项目计划书甚至软件名称得到，用户对待性能测试的态度通过和用户交流也很容易体会。这样基本可以确定应采取怎样的性能测试策略，进而确定投入多少成本。性能测试目标需进行一些分析才能确定，且需考虑可利用的人力资源与其他资源。

人力资源的考虑：毋庸置疑，测试工作最终由人来完成，因此首先应确定是否有足够的人力资源完成测试任务。事实上，在国内大多数的公司中，测试人员都是紧缺的，用于做性能测试的人员则更少。因此，做性能测试需求分析时，必须考虑测试目标与人力资源的关系，制定的目标应保证有足够的人完成。考虑人力资源时还需考虑测试人员的技能，通常，性能测试对执行测试的人员技能要求会更高一些。

时间资源的考虑：时间资源和人力资源是紧密相连的，如果时间不充裕，则意味着需要投入更多的人力资源或延长测试工作时间。因此，一定要结合人力资源和时间要求制订出合理的测试目标。此外，因性能测试通常需借助测试工具完成，测试工具也应慎重选择，充分考虑其使用成本。如果采用免费开源工具，则应考虑学习与培训成本。测试策略和测试目标是整个性能测试工作的基础，一定要对项目的实际情况进行认真分析，从而制定合理的测试目标和策略。

2. 性能测试计划

性能测试计划贯穿于整个测试项目的生命周期，主要描述测试活动范围、明确测试任务和人员分配以及把控整体测试进度等，测试计划能够有效地规避测试风险。测试计划阶段是软件性能测试过程中的重要环节，在这个环节需要分析用户活动，确定系统的性能目标。

（1）明确性能测试策略和测试范围。性能测试策略贯穿了整个性能测试过程，指导性能测试的开展。因此，性能测试策略在计划的开始就应明确。性能测试范围也是计划伊始就应明确的内容，通常在性能测试需求分析环节已经确定了性能测试范围，只需要在编制计划时明确一下，使测试团队达成共识即可。

需要注意的一点是，性能测试范围既要明确测试的具体内容，还要明确这些内容在什么阶段进行测试。由于习惯上常把性能测试分为开发与用户两个阶段，而这两部分各有特点，因此在制订计划时应尽量明确各个阶段的具体测试内容，否则会引起性能测试计划和用例设计方案的变更。

（2）确定性能测试目标、方法、环境和工具。测试目标、方法、环境和工具同样来源于前面的性能测试需求分析，因此较易确定。下面将分别介绍测试目标、方法、环境和工具如何确定。

① 测试目标的编写。制定测试目标既要考虑时间和人力成本，又要考虑测试目标的风险性。测试目标应该是合理的、能够实现的目标。有时测试目标也指系统要达到的性能指标，即系统调优目标。这里的测试目标主要指测试任务的目标。

② 测试方法的编写。测试方法主要指测试中应采用的主要方法。例如，采用工具测试还是真实用户测试，这需根据项目的实际情况确定。

③ 测试环境的设计。性能测试通常对测试环境要求较高，因此在计划中应明确性能测试的软硬件环境。测试环境设计主要是指明确各个阶段相关软硬件测试环境要求。例如，应用服务器和数据库服务器的软硬件运行环境、测试工具的软硬件运行环境、客户端软硬件运行环境等。在计划中必须明确各种资源什么时间到位，以保证测试进度的顺利进行。

④ 测试工具的确定。通过前面的性能测试需求分析，可确定采用什么工具进行测试。在计划中明确采用何种测试工具有利于商务部门及时采购，便于测试人员提前进行培训与学习。

（3）确定性能测试团队成员以及职责。很多测试人员认为所有的性能测试工作都由测试人员一手包办，实际上这种情况主要在较小的性能测试项目中发生。对于大型性能测试项目，在测试计划中仍需明确具体人员及其相关职责。性能测试中可以为一个人员同时安排多种角色，使团队中各个成员充分发挥自己的能力，以节约一定成本。

（4）确定时间进度安排。在测试计划中，时间进度安排和人员的角色与职责经常编写在一起。编写计划还要明确项目里程碑，为后期测试执行与进度控制提供监控点。

（5）确定性能测试执行标准。所有的项目计划都有启动、终止和结束标准，性能测试计划也不例外。下面为性能测试计划各个执行标准含义的介绍。

① 启动标准。启动标准主要是指在怎样的情况下可以开始性能测试工作。启动标准有很多，例如，"系统功能测试结束、性能测试场景编制完成、测试环境具备"就是一组启动性能测试的标准。启动标准需要根据项目实际明确。

② 终止标准。终止标准主要是指在怎样的情况下性能测试工作异常退出。例如，"性能用例通过率低于20%""系统频繁崩溃"等都是终止标准。制订终止标准主要是为了防止"为了测试而测试"，提前结束无意义的性能测试可避免浪费不必要的人力和物力。

③ 结束标准。如果一味追求高性能，那么性能测试可能很难结束，故应制定性能测试的完成标准。在性能测试计划中，结束标准常指系统达到的性能目标结束。例如，"性

能达到或者高于性能测试方案中的预期指标"就可作为性能测试结束标准。

制定性能测试执行标准时，还需考虑可能分阶段来执行性能测试的情况。例如，有些性能测试项目会分为开发环境和用户现场两个阶段进行，对于这种情况，需要明确各个阶段的启动、终止和结束标准的差异。

3. 性能测试方案

性能测试方案主要描述应测试的特性、测试的方法、指导测试用例的设计以及执行，并对可能存在的风险进行评估。测试方案主要包括以下几点：

测试目的：阐述本次测试目的；

测试范围：包括测试的背景、需要测试的内容以及无须测试的模块；

测试准则：包括启动准则、结束准则以及暂停/再启动准则；

交易模型：包括业务系统模型、业务指标、测试模型以及测试指标；

测试策略：主要有测试工具选型、测试策略、执行场景策略等；

测试环境及工具：包括待测系统网络拓扑图及测试环境相关软硬件配置信息；

测试输出：测试过程数据输出及测试结果输出；

测试计划：具体测试步骤预定执行的日程安排；

测试风险分析：包括测试环境部署是否可能延期，测试数据包括测试用例是否准备充分，待测系统功能是否完整可用。

4. 测试环境搭建及数据准备

测试环境搭建是性能测试流程中必不可少的环节。性能测试结果与测试环境之间关系紧密，无论是哪个领域内的性能测试，都必须要有测试环境。对于"能力验证"领域的性能测试来说，这类测试活动首先就明确了在特定环境中进行，因此无须特别为性能测试设计环境，只需保证用于测试的环境与实际商用系统运行的环境一致即可；对于"规划能力"领域的性能测试来说，无须像"能力验证"领域那样在特定测试环境中进行，但也需要一个基本的测试环境；对于"性能调优"领域的性能测试而言，由于调优是一个不断重复的过程，在每个调优阶段的末期，都需要有性能测试评估调优的效果，因此必须在开始就给出用于性能评估的标准测试环境，并在整个调优过程中确保测试环境保持不变。

测试数据准备包括历史测试数据和业务执行所需的数据，正式测试之前需准备好这些数据。历史测试数据一般只有数量级的要求，可通过导入历史数据或按照业务规则插入一些仿真数据；业务执行所需的数据可直接使用完成业务交易的数据。例如，测试待办审批操作时必须有待审批的记录，这种数据可以通过开发人员编造，也可以自己通过编写脚本生成真实的业务数据。

5. 测试用例设计与执行

测试场景设计完成后，为将场景通过测试工具体现出来，并利用测试工具进行测试执行，需针对每个测试场景部署相应的工具并制定对应的测试方法和步骤，这个过程就是测试用例设计。测试用例是对测试场景的进一步细化，其内容包括场景中涉及业务的操作描述、测试环境准备等内容。测试用例设计还包括性能测试的测试脚本开发，比较常见的测试脚本开发方法是先通过测试工具录制用户的操作，再进行修改。例如，可利用 LoadRunner、JMeter 等性能测试工具完成录制，接着进行代码优化以及参数调整等工作。有些特殊项目使用的性能测试脚本完全由测试人编写完成。

除脚本外，有时还需利用测试辅助工具对服务器性能指标进行监控，这类测试辅助工具也需在当前阶段开发完成。必须说明的是，测试辅助工具需在测试过程中进行妥善的管理。随着性能测试要求的提升，还需定期更新测试辅助工具功能。

测试用例设计完成后，进入测试执行环节。测试执行内容主要体现在搭建合适测试环境、部署测试脚本、执行测试并记录测试结果。以下为测试执行活动的详细说明。

（1）搭建测试执行环境。设计用例结束之后，开始搭建测试环境。搭建测试执行环境是一个持续性的活动，在测试过程中，可能会根据测试需求对测试环境进行调整。搭建测试环境需多个团队参与，测试环境由设计人员设计完成，接着按照其要求进行搭建，团队中的支撑人员负责协助测试执行人员。搭建测试环境一般包括硬件、软件环境、数据库等。除此之外，应用系统的部署、系统参数的调整以及数据准备也算是搭建测试环境工作的一部分。

（2）部署测试脚本。在建立合适的测试环境后，接下来需部署测试脚本和测试场景。部署测试脚本和测试场景活动通过测试工具本身提供的功能实现。对脚本和场景的部署需熟悉测试工具的人员完成，在过程模型中，该活动由测试实施人员进行。在场景部署完成后，通常需要确认步骤，在该步骤中，测试设计人员确认场景部署与预期的设计一致。部署活动最终需要保证场景与设计的一致性，确保需监控的计数器均已部署好相应的监控手段。

（3）测试执行和记录结果。环境搭建与测试脚本部署完成后，可执行测试并记录测试结果。在测试工具的协助下，测试执行操作会相对简单。记录测试结果可依靠测试工具完成，通过测试工具的监控（Monitor）模块获取并记录需关注的性能计数器的值。当测试工具本身不具备监控性能计数器的功能时，可自行编写脚本解决这个问题。常用方法是通过脚本调用操作系统提供的工具，在脚本实现中分析各性能计数器值并按照一定格式记录在本地文件中。

6. 测试结果分析

测试分析过程主要完成分析性能测试结果，根据测试目的并结合测试目标综合给出测试结论。性能测试的挑战性很大程度体现在测试结果的分析上，对性能测试结果的每次分析都需要测试人员对软件性能、系统架构及各项性能指标十分了解。测试分析过程非常灵活，很难统一给出一种具体的、能适应各类性能测试的测试分析过程列表。性能测试的分析需借助各种图表，常见的性能测试工具都提供了报表模块以生成不同的图表。报表模块还允许用户通过叠加、关联等方式处理和生成新的图表。如果采用自己编写的脚本获取性能计数器的值，则可利用 Excel 等数据处理软件生成图表。

9.1.5　性能测试常用工具

目前市面上流行的性能测试工具种类繁多，既有商用的，也有开源的。市面上流行的压力/负载/性能测试工具大多来自国外，近年来，国内的性能测试工具如雨后春笋般崛起。由于工具的用途和侧重点不同，其功能也有很大差异。下面介绍几款目前常见的测试产品。

1. kylinTOP 测试与监控平台（商用版）

kylinTOP 测试与监控平台是一款 B/S 架构的跨平台的集性能测试、自动化测试、业务监控于一体的测试工具，开放 10 个免费用户授权供学习使用。kylinTOP 具有易用性，支持使用最新版本的浏览器进行脚本录制，支持谷歌和火狐浏览器。对一些采用 HTTPS 网站的证书问题，可以自动帮用户处理好，使其轻松完成录制。它的录制过程高效便捷，是其他性能工具无法比拟的。此外，在仿真能力上来看，它是目前业界最好的性能工具，可以做到完全仿真浏览器行为，单用户的 HTTP 请求瀑布图能够和浏览器完全相同。总之，kylinTOP 是目前国内一款非常好用的性能测试工具，可完全替代国外的同类产品，目前在军工领域、测评检测机构、国有企业、银行体系、大型企业均有着广泛的应用。它支持的协议较多，在视频领域具有独特的优势。

2. LoadRunner（商用）

LoadRunner 是一款采用 C/S 架构的商业版性能测试工具，在国内上市时间较早，因此国内用户基数很大，知名度相对较高。该工具免费开放了 50 个虚拟用户授权供学习使用，目前最新版本号为 12。LoadRunner 是一种适用于多种体系架构的自动负载测试工具，能从用户关注的"响应时间""单击次数"或业务层面的"吞吐量""请求数"衡量系统的性能表现，并辅助用户进行性能优化。由于 loadRunner 起步较早，支持许多协议，包括很多不常用的协议，如电子邮件相关协议。LoadRunner 可用于测试整个企业的系统，通过模拟实际用户的操作行为和实行实时监测性能，帮助用户快速查找和发现问题。LoadRunner 价格比较昂贵，小型企业无法承担其高昂的使用成本，所以目前的用户数量增长趋势并不明显。

3. Apache JMeter（开源免费）

JMeter 是一款开源免费的压力测试工具，最初被设计用于 Web 应用功能测试，目前多用于性能测试。对于 Web 服务器（支持浏览器访问），不建议使用 JMeter，因为 JMeter 的线程组都是线性执行的，与浏览器相差很大，测试结果不具有参考性。对于纯接口的部分测试场景（对接口调用顺序无严格要求），则可以使用，但需注意使用技巧才能达到理想结果。JMeter 提供的脚本形态与 kylinPET 很相似，但执行效率相差很大。JMeter 在进行脚本调试时，关联参数均需手动处理，会比较耗时。

4. OpenSTA（开源免费）

OpenSTA 是一个免费的、开放源代码的 Web 性能测试工具，能录制功能非常强大的脚本过程，执行性能测试。例如，虚拟多个不同的用户同时登录被测试网站。它还能对录制的测试脚本按指定的语法进行编辑。在录制完测试脚本后，可以对测试脚本进行编辑，以便进行特定的性能指标分析。其较为丰富的图形化测试结果大大提高了测试报告的可阅读性。OpenSTA 基于 CORBA 的结构体系，通过虚拟一个 proxy 使用其专用的脚本控制语言，记录通过 proxy 的一切 HTTP/S traffic。通过分析其性能指标收集器收集的各项性能指标以及 HTTP 数据，对系统的性能进行分析。即使 OpentSTA 优点较多，但其缺点也不容忽视。OpenSTA 在 2007 年后就已停止维护，脚本录制对浏览的支持 IE 只支持到 IE6，想要使用的用户需降低浏览器版本。OpentSTA 脚本与 LoadRunner 类似，提供函数封后的脚本，需要增加一些学习成本。

5. Load impact（免费使用）

Load impact 是一个可以在线测试网站负载能力的工具，同时也是一款可以集成到 DevOps 的性能测试工具，支持各种类型的网站、Web 应用、移动应用和 API 性能测试。Load impact 可以帮助用户了解应用的最高在线用户访问量，通过模拟测试不同在线人数下网站的响应时间估算出服务器的最大负载。它的使用非常简单，只需输入网址，便可统计出被测试网站的一些详细数据，包括整体加载和站内图片、JavaScript 及 CSS 等代码载入。Load impact 最多可以同时对比三个对象的加载数据，并生成图表进行显示，方便网站设计者分析网站的性能，测试完成之后还可以存储测试过的统计数据。

6. NeoLoad（商用版）

NeoLoad 是 Neotys 推出的一款负载和性能测试工具，能真实地模拟用户活动并监视系统架构基本运行状态，从而快速发现并优化所有 Web 及移动应用程序中的瓶颈。NeoLoad 通过使用无脚本 GUI 和一系列自动化功能，帮助用户使用持续集成系统自动进行测试。NeoLoad 支持 WebSocket、HTTP1/2、GWT、HTML5、AngularJS、Oracle Forms 等技术协议，能够监控包括操作系统、应用服务器、Web 服务器、数据库和网络设备在内的各种 IT 基础设施，同时可以通过 Neotys 云平台发起外部压力。

7. WebLOAD（商用版）

WebLOAD 是来自 Radview 公司的负载测试工具，可被用于测试系统性能和弹性，也可被用于正确性验证（验证返回结果的正确性）。其测试脚本是使用 JavaScript 语言（和集成的 COM/Java 对象）编写的，支持多种协议，如 Web（包括 AJAX 在内的 REST/HTTP）、SOAP/XML 及其他可从脚本调用的协议，如 FTP、SMTP 等，因而可从所有层面对应用程序进行测试。

9.2　性能测试案例——新闻采编 CMS 后台性能测试

本章节将采用 JMeter 工具对新闻采编 CMS 后台接口进行性能测试。通过本章节内容的学习，让读者了解性能测试的主要步骤，掌握 JMeter 性能测试工具的使用方法，掌握如何通过命令行的方式启动性能测试的方法。通过对本章节知识点的串联讲解，能让读者具备独立开展性能测试的基本能力。

9.2.1　Apache JMeter 工具安装部署

在部署 JMeter 工具之前，我们需先确认当前系统是否安装了 Java8+以上的版本。Java 版本通过在命令行窗口下发命令"java -version"进行查看，如图 9-2 所示。

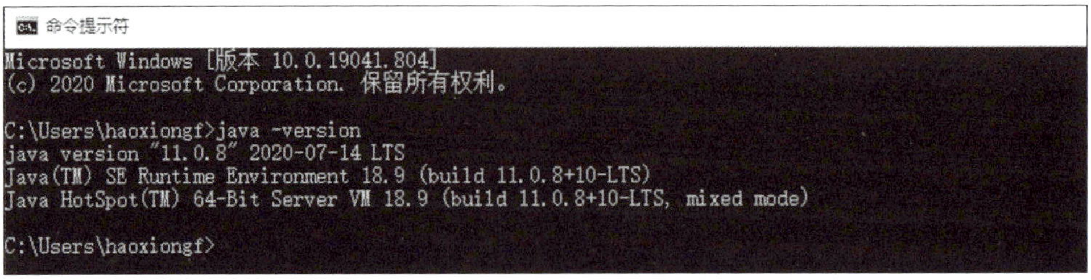

图 9-2　查询当前系统 Java 版本信息

接着登录 JMeter 的官方网站，如果登录不上可以访问对应的镜像站点，如图 9-3 所示。

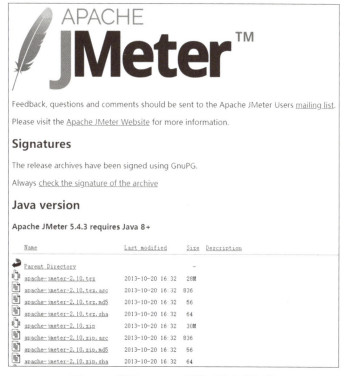

图 9-3　访问 JMeter 官网下载安装文件

选择一个合适版本的压缩包下载到本地硬盘上，如图 9-4 所示（本项目选择 5.3 版本）。

脑 › 软件 (D:) › 02_Download			
名称	修改日期	类型	大小
AdBlock.zip	2021/3/4 10:51	压缩(zipped)文件...	3,306 KB
20210304093001huajiakeji.zip	2021/3/4 9:30	压缩(zipped)文件...	37 KB
cryptojs-master.zip	2020/12/17 14:52	压缩(zipped)文件...	31 KB
aes-sample.eae1f364.zip	2020/12/16 17:01	压缩(zipped)文件...	3,519 KB
miniprogram-gesture-master.zip	2020/12/15 16:38	压缩(zipped)文件...	30 KB
minigame-demo-master.zip	2020/12/15 14:46	压缩(zipped)文件...	1,022 KB
apache-jmeter-5.3.zip	2020/10/28 16:36	压缩(zipped)文件...	68,993 KB
sonar-scanner-cli-4.4.0.2170-windows.zip	2020/9/27 18:12	压缩(zipped)文件...	38,696 KB
云盘万能钥匙.crx	2020/4/19 20:23	CRX 文件	386 KB

图 9-4　下载完成 JMeter 压缩包

将下载到本地的 JMeter 工具的压缩包进行解压。由于 JMeter 工具采用 Java 语言开发，对于中文路径的支持不友好，所以我们先将 JMeter 工具解压到一个不含有中文路径的目录中，接下来进入 bin 目录，如图 9-5 所示。

在 bin 目录中可找到名称为 "jmeter.bat" 文件，这个文件是 JMeter 工具的启动文件，我们可以直接运行这个批处理文件来启动工具，或者采用另外一种方式直接在命令行窗口中启动 ApacheJMeter.jar，如图 9-6 所示。

这两种方式的最终效果是一样的，JMeter 运行后的界面效果如图 9-7 所示。

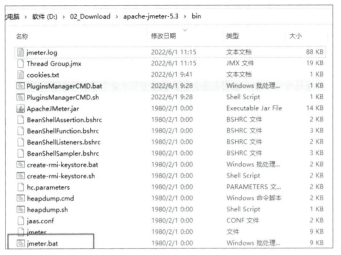

图 9-5　JMeter 解压后文件路径

图 9-6　命令行启动 JMeter

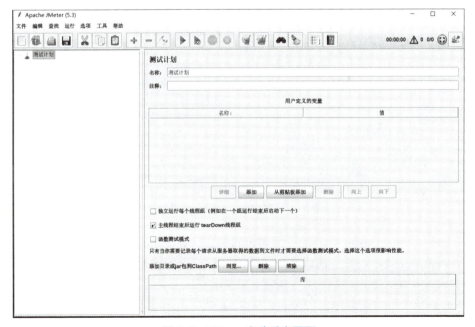

图 9-7　JMeter 启动后主页面

因为 JMeter 工具默认采用英文界面，所以为了使用方便，我们可以在菜单设置中将工具的界面设置由英文改成中文，具体操作如图9-8所示。

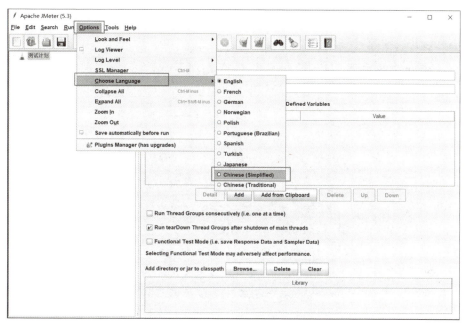

图9-8　JMeter界面汉化设置

上面提到的通过菜单更改界面语言的设置只是临时性的。如果重启JMeter工具，界面会恢复到之前的英文设置。如果要永久改变语言设置，需在JMeter工具的安装目录下进行设置。在JMeter安装目录下的bin文件夹中找到名为"jmeter.properties"的文件，用文本编辑器打开文件，查找"language"关键字，判断工具是否支持zh_CN语言包。如果支持zh_CN语言包，就在jmeter.properties中增加一行"language＝zh_CN"，如图9-9所示。

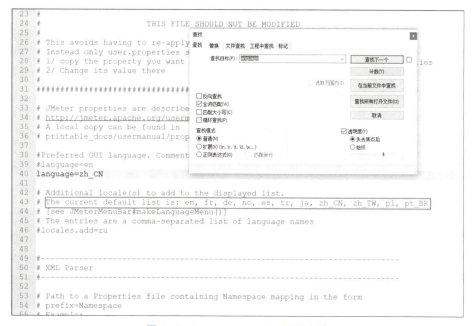

图9-9　jmeter.properties配置文件

　　以上设置完成以后，重新启动 JMeter 工具，可以发现整个界面的语言切换成了简体中文，如图 9-10 所示。

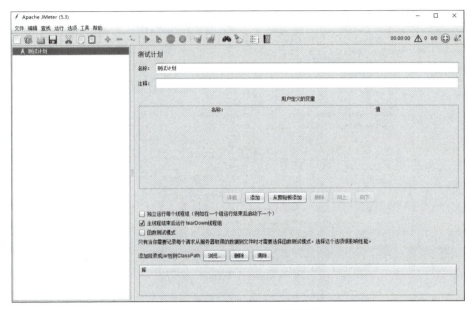

图 9-10　JMeter 汉化以后界面

9.2.2　应用 JMeter 工具进行性能测试

　　上述章节完成了 JMeter 工具的安装部署，接下来我们将围绕新闻采编后台管理端提供的 Restful 接口开展性能测试。首先，在 JMeter 中新建测试计划，如图 9-11 所示。

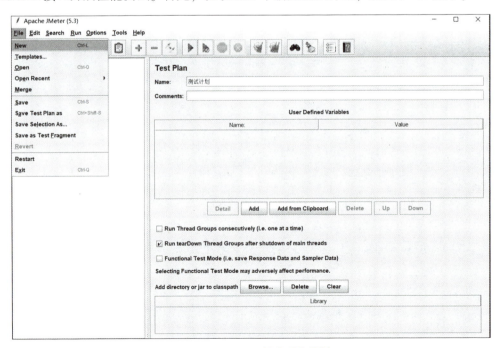

图 9-11　JMeter 创建测试计划

接着，将测试计划名称改为"新闻门户性能测试"，在"新闻门户性能测试"节点上单击右键菜单添加"线程组"，具体操作如图9-12所示。

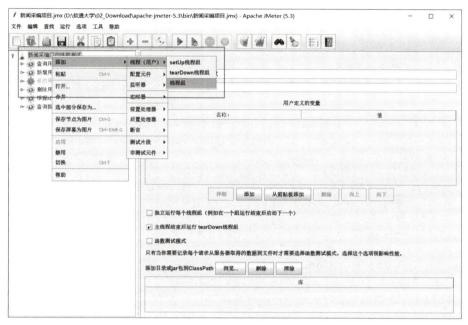

图9-12　JMeter 创建线程组

至此，我们测试前的准备工作基本完成，接下来将围绕后台管理端提供的接口开展性能测试。

1. 查询用户列表性能测试

我们已经创建了一个"线程组"并将其名称改为"查询用户列表"，接着需对线程组的参数进行配置。首先，将"在取样器失败错误后要执行动作"配置为"继续"，如图9-13所示。

图9-13　"查询用户列表"线程组参数配置

接下来配置"线程属性"。在线程属性中有几个重要的概念说明如下：

（1）线程数：等同于模拟并发的用户数量；

（2）Ramp-Up 时间：代表完成达到指定的线程数所需的时间；

（3）循环次数：有两种方式，第一种指定一个整数值，表示完成一定次数的循环；第二种勾选"永远"，表示不限次数，只会在指定时间内持续维持并发；

（4）持续时间：只有在循环次数被勾选为"永远"后才会有效，表示并发场景持续的时间；

（5）启动延迟：表示延迟多长时间才开始执行。

具体的"线程属性"设置信息参考图9-14。

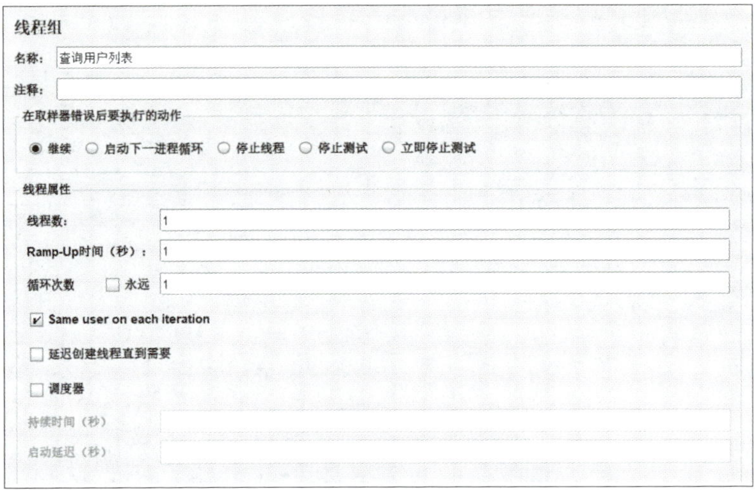

图 9-14　"查询用户列表"线程组属性

线程组只表示我们用来模拟并发用户的场景设置，真正的用户操作模拟则需通过取样器实现。接下来，我们将在该线程组上创建一个"HTTP 请求"的取样器，具体操作如图9-15所示。

图 9-15　"查询用户列表"线程组添加取样器

"HTTP 请求"取样器创建好以后，同样需要对它进行一些配置。在配置"HTTP 请求"取样器参数前，我们先回顾一下"查询用户列表"接口的定义，如表9-1所示。

表 9-1 "查询用户列表"接口信息

接口名称	URL	HTTP Method	发送请求参数及类型	返回数据结构说明

查询用户列表	/test/get Users? pageNum =1&page Size=10	GET	pageNum int 当前页数
			pageSize int 每页条数
				``
				{
				    "pageNum": 1,
				    "pageSize": 10,
				    "total": 25,
				    "rows": [
				        {
				            "id": 2,
				            "nickname": "xx",
				            "username": "xxxxx",
				            "password": "xxxx",
				            "phone": "xxxxx",
				            "address": "xxxxxx",
				            "role": {
				                "id": 2,
				                "name": "普通用户"
				            }
				        },
				        …
				    ]
				}
				``

　　首先，在"HTTP 请求"取样器中设置"Web 服务器"，即将"查询用户列表"接口的 URL 分解成对应的参数，分别填写到对应的参数项中。其中，"内容编码"一般设置为"utf-8"，这个参数是为了防止 GET 或者 POST 请求内容出现乱码。除了这项设置外，参数设置中还需勾选上"编码"字段。"HTTP 请求"参数的设置与上文介绍过的 Postman 工具类似，具体如图 9-16 所示。

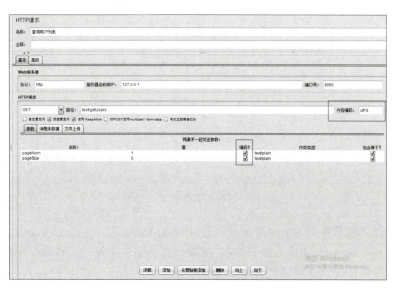

图 9-16 "查询用户列表"HTTP 取样器配置

取样器创建好以后，我们需要对测试结果进行查看。在"线程组"中添加类型为"察看结果树"的监听器，具体操作如图 9-17 所示。

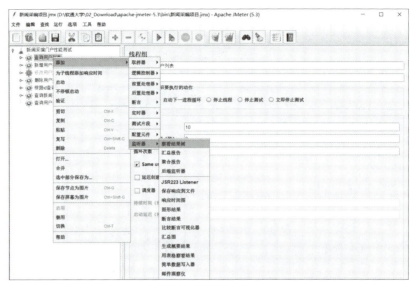

图 9-17　"查询用户列表"线程组增加察看结果树

"察看结果树"创建好以后，可以配置"所有数据写入一个文件"参数项。这个配置可以将性能测试结果输出到一个文件中，以便测试人员进行回顾。具体的配置如图 9-18 所示。

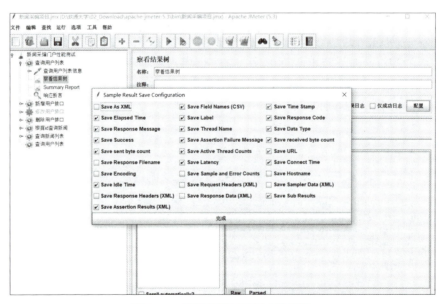

图 9-18　察看结果树配置文件路径

另外，配合"所有数据写入一个文件"这项设置，需要在"jmeter.properties"文件中找到"resultcollector.action_if_file_exists"项，这项设置能够避免每次运行测试的时候弹出问询窗口。这项设置共有 3 个参数可供选择，"ASK"表示询问用户；"APPEND"表示将本次执行数据附加到文件后面；"DELETE"表示将已有的文件删除，重新创建文件写入数据，具体参数设置参考图 9-19。

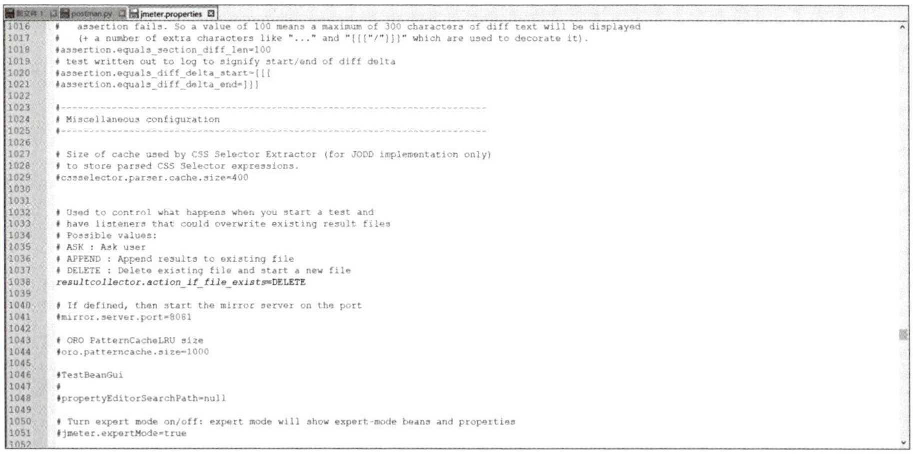

图 9-19 "resultcollector. action_if_file_exists"项配置

为了在性能测试过程中对接口的响应数据进行检查，可以在"HTTP 请求"取样器中添加一个"响应断言"，这样在进行线程并发时，每个线程都有一个独立的断言对响应数据进行检查，从而最大限度地提升效率。具体操作如图 9-20 所示。

图 9-20 "查询用户列表"线程组增加响应断言

"响应断言"的设置包括 Apply to、测试字段、模式匹配规则、测试模式。对于"Apply to"，大部分情况只需选择"Main sample only"。只有当一些使用到 Ajax 或者 JQuery 的接口中存在多个内部子请求时，才需选择"Main sample and sub-samples"。对于"测试字段"，一般情况选择响应正文，除此之外还包括响应代码、响应消息、响应头、请求头、URL 样本、请求数据、忽略状态等。"模式匹配规则"较易理解，即将要测试的响应字段内容与期望值进行比较。"模式匹配规则"的可选值包括：包含、匹配、相等、子字符串，另外还有一个"否"表示对断言结果取反，"或者"将多个测试模式以逻辑"或"组合起来。"测试模式"主要用于设置应进行断言的内容，可添加多个。下面我们列举一个具体的设置样例，如图 9-21 所示。

图 9-21　响应断言配置

由于"响应断言"只负责对取样器发送的 HTTP 请求的响应数据做断言，所以查看断言结果需单独添加一个名为"断言结果"的查看器，具体操作如图 9-22 所示。

图 9-22　"查询用户列表"线程组增加断言结果

"断言结果"也可以将所有数据写入文件中，这个配置与"察看结果树"是一样的，具体配置参考图 9-23。

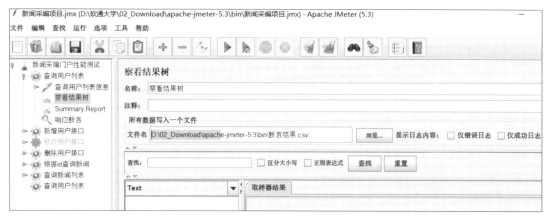

图 9-23　断言结果配置

至此，我们已完成了一个完整的接口性能测试配置。接下来，我们运行"查询用户列表"线程组，查看实际效果。JMeter 工具上有两种运行方式，一是采用启动整个测试计划的方式运行，二是用鼠标选中"查询用户列表"线程组，接着采用右键菜单启动的方式单独运行这个线程组，具体操作如图 9-24 所示。

图 9-24　主界面启动线程组

"查询用户列表"线程组运行结束后，可通过"察看结果树"查看测试的结果。我们可通过"察看结果树"左侧面板底部下拉框中的选项选择不同的模式查看测试结果。如果选择"Text"模式，会直观地看到返回结果如图 9-25 所示。

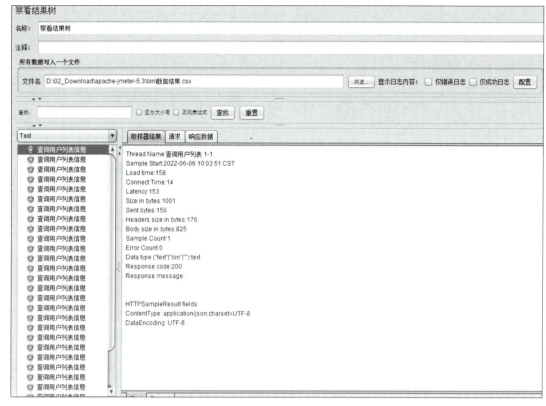

图 9-25　主界面启动线程组结果

表 9-2 对图 9-25 中取样器结果包含的信息进行了详细的分解说明。

表 9-2　取样器结果明细表

属性	值	含义
Thread Name	查询用户列表 1-1	线程名称
Sample Start	2022-06-06 10:03:51 CST	取样开始时间
Load time	158	加载时间
Connect Time	14	持续连接时间
Latency	153	延迟
Size in bytes	1001	数据大小（字节）
Sent bytes	150	发送字节
Headers size in bytes	176	表头大小（字节）
Body size in bytes	825	正文大小（字节）
Sample Count	1	采样次数
Error Count	0	错误数
Data type	text	数据格式
Response code	200	响应码
Response message	—	响应消息

续表

属性	值	含义
Reponse Head 部分		
HTTP/1.1 200		HTTP 协议版本及状态码
Content-Type	application/json；charset=UTF-8	内容类型
Transfer-Encoding	chunked	传输编码
Date	Mon，06 Jun 2022 02:03:51 GMT	日期
Keep-Alive	timeout=60	保持激活时间
Connection	keep-alive	连接方式

如果选择"RegExp Tester"模式，则能够通过编写正则表达式对响应文本进行筛查，从而快速高效查询返回结果，具体操作如图 9-26 所示。

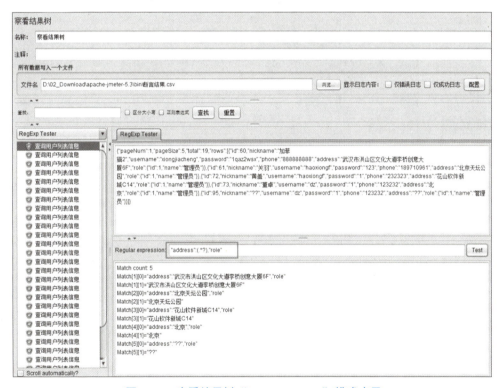

图 9-26　察看结果树 "RegExp Tester" 模式应用

如果选择"JSON Path Tester"模式，用户能够通过自己编写的 JSON Path 表达式从响应正文内容中提取相关的结果信息。具体操作如图 9-27 所示。

如果选择"边界提取器测试"模式，则可以分别输入左边界和右边界，单击 Test 查看返回结果。具体操作如图 9-28 所示。

除了上面列举到的几种查看模式外，还有几种针对 Html 或 XML 格式的响应数据的查看模式，如 CSS 选择器测试、XPath Tester、HTML 、HTML Source Formatted 等，详细信息请参考图 9-29。

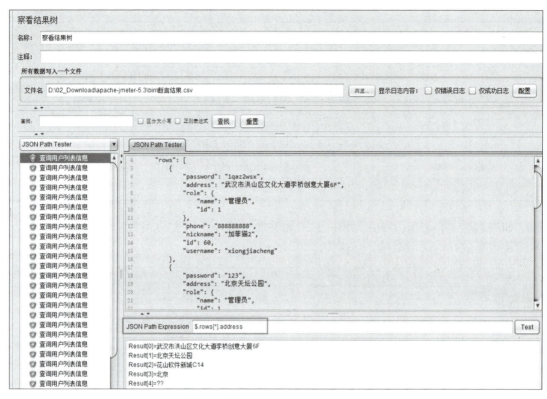

图 9-27　察看结果树"JSON Path Expression"模式应用

图 9-28　察看结果树"边界提取器测试"模式应用

图 9-29　察看结果树其他模式

除了"察看结果树"中的测试结果信息外，还有线程组运行结束后"断言结果"中的测试结果。一般情况下，如果断言的结果成功，在查看"断言结果"时只显示 HTTP 请求的名称。具体操作请参考图 9-30。

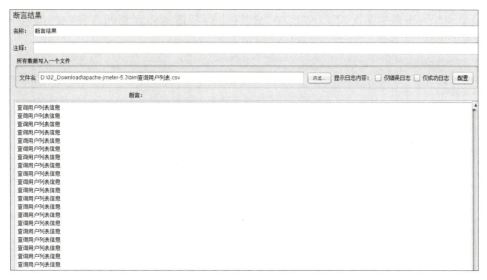

图 9-30　断言结果界面显示测试结果

如果断言失败，则会显示出断言失败的原因。我们修改断言中的测试模式，如图 9-31所示。

图 9-31　修改响应断言中测试模式

接着清除之前执行的结果，重新启动线程组进行测试，测试结束后查看"断言结果"如图 9-32 所示。

图 9-32　断言结果界面显示断言失败

当出现断言失败的情况时，"察看结果树"也会相应地体现出断言失败的信息，并将断言失败的结果完整地展示出来，具体信息请参考图 9-33。

图 9-33　断言失败时察看结果树信息显示

2. 新增用户接口性能测试

接下来，我们对新增用户接口进行性能测试的讲解。第一步，创建一个"线程组"并且将其命名为"新增用户接口"，配置基本的线程属性，具体操作结果如图9-34所示。

图9-34　创建"新增用户接口"线程组

第二步，在"新增用户接口"下创建一个"HTTP 请求"取样器，并对取样器的 HTTP 请求参数进行设置。在设置参数前，我们仍先回顾文档中的接口基本信息，如表9-3所示。

表9-3　"新增用户接口"接口信息

接口名称	URL	HTTP Method	发送请求参数及类型	返回数据结构说明

新增用户	/test/insertUser	POST	type:form-data
			data:
			{
			　"nickname":"xx",
			　"username":"zz",
			　"password":"1",
			　"phone":"",
			　"address":"",
			　"role":{id:1}
			}
				{
				　"operate": true,
				　"msg": "Your imaginary data has been inserted. ",
				　"data": null
				}

首先，在"HTTP 请求"取样器中设置传参格式为 form-data 的数据，不能用"Body Data"传递数据，只能用"Parameters"，且需将"Use multipart/form-data"勾选。操作结果如图9-35所示。

其次创建一个"察看结果树"，配置与前面章节一致，具体操作结果如图9-36所示。

接着完成"响应断言"创建与配置，其中"测试模式"参数中可以将接口返回信息的内容填写上去，具体操作如图9-37所示。

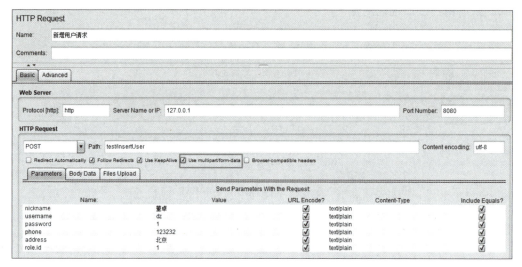

图 9-35 "新增用户接口"接口取样器配置

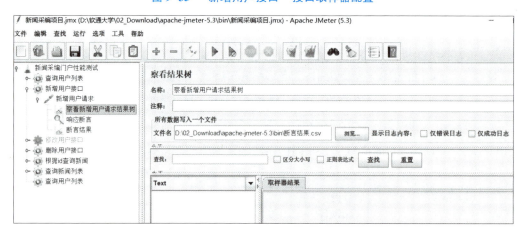

图 9-36 "新增用户接口"接口添加察看结果树

图 9-37 "新增用户接口"接口添加响应断言

最后，创建一个"断言结果"监听器作为前面"响应断言"的断言结果的载体，操作结果如图 9-38 所示。

图 9-38 "新增用户接口"添加断言结果

整个"新增用户接口"线程组配置完成后，启动该线程组，执行结果如图 9-39 所示。

图 9-39 启动"新增用户接口"线程组

3. 修改用户接口性能测试

修改用户接口性能测试第一步仍为创建一个"线程组"，并将其改名为"修改用户接口"，具体操作如图 9-40 所示。

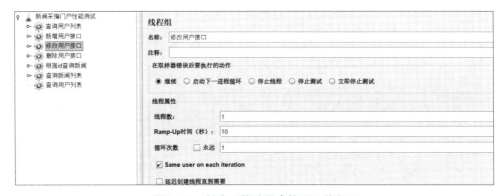

图 9-40 创建"修改用户接口"线程组

其次，在"修改用户接口"线程组下创建一个"HTTP 请求"取样器，并配置好相关的参数，具体操作请参考图 9-41。

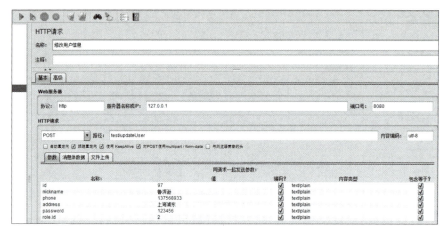

图 9-41　"修改用户接口"添加取样器

针对"HTTP 请求"取样器的运行结果，需要增加一个"察看结果树"的监听器，并将其名称改为"察看修改用户结果"，具体操作如图 9-42 所示。

图 9-42　"修改用户接口"添加察看结果树

接着，创建一个"响应断言"，并在测试模式中添加"修改用户接口"响应信息的关键部分，具体操作如图 9-43 所示。

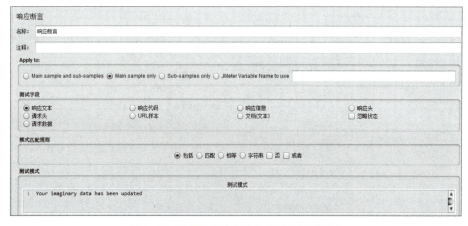

图 9-43　"修改用户接口"添加响应断言

在创建"响应断言"的同时，还要创建一个"断言结果"，具体操作如图 9-44 所示。

图 9-44 同步添加断言结果

以上的操作完成后，就可以运行"修改用户接口"线程组，等待运行结束后，查看结果如图 9-45 所示。

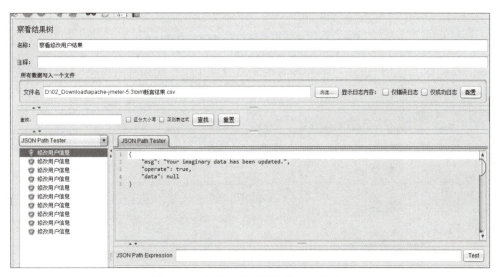

图 9-45 启动"修改用户接口"线程组

4. 删除用户接口性能测试

删除用户的接口与前面几个接口的性能测试在操作上会有一些区别，因为删除用户的接口需要使用到用户 id 这个变量，这个变量会存在变化，所以在本章节会用到"CSV 数据文件设置"。在进行实际操作前，我们仍需先回顾文档中的接口基本信息，如表 9-4 所示。

表 9-4 "删除用户接口"接口信息

接口名称	URL	HTTP Method	发送请求参数及类型	返回数据结构说明

删除用户	/test/delete User/:id	GET	id int 用户 ID	{
				    "operate": true,
				    "msg": "Your imaginary data has been deleted. ",
				    "data": null
				}

删除用户接口的参数是通过路径传递的，图 9-46 就是接口测试中截取的完整 HTTP 请求信息。

```
▼ GET http://127.0.0.1:8080/test/deleteUser/111
  ▸ Network
  ▼ Request Headers
      User-Agent: "PostmanRuntime/7.29.0"
      Accept: "*/*"
      Postman-Token: "64d00cf9-40b7-4509-955c-4d05ef02064e"
      Host: "127.0.0.1:8080"
      Accept-Encoding: "gzip, deflate, br"
      Connection: "keep-alive"
  ▼ Response Headers
      Content-Type: "application/json;charset=UTF-8"
      Transfer-Encoding: "chunked"
      Date: "Mon, 06 Jun 2022 08:47:24 GMT"
      Keep-Alive: "timeout=60"
      Connection: "keep-alive"
  ▸ Response Body  ⧉
```

图 9-46　"删除用户接口" HTTP 请求信息

我们在创建"HTTP 请求"取样器时也要通过路径来传递用户 id 参数，具体的操作结果如图 9-47 所示。

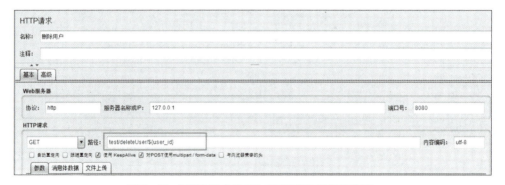

图 9-47　"删除用户接口"取样器路径参数定义

${user_id} 变量存放在一个名为"用户 id.txt"的文本文件中，文本文件内容如图 9-48 所示。

图 9-48　编辑存放 user_id 的参数文件

接下来，需在 JMeter 中创建一个名为"CSV 数据文件设置"的配置元件，其文件名和变量名需要手动设置，且变量名和前面路径传参使用的变量名需一致，具体设置如图 9-49 所示。

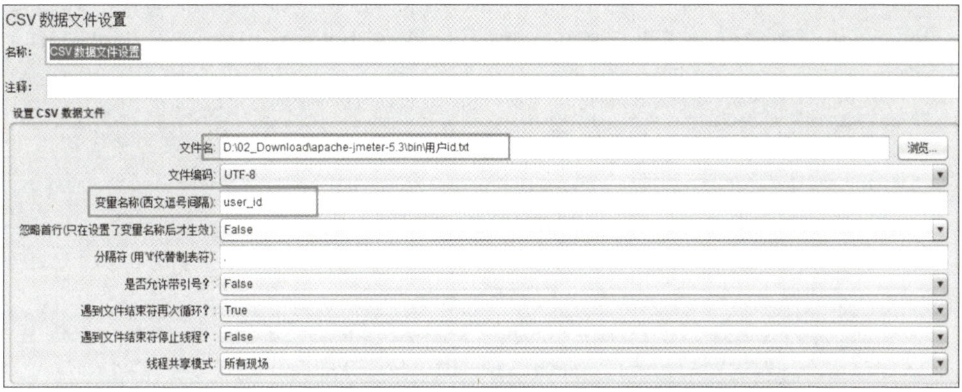

图 9-49　配置 "CSV 数据文件设置" 配置元件

其次，添加 "响应断言" 和 "断言结果"，这两项与其他接口相同，这里不再赘述。所有项目都配置好后，启动 "线程组" 并等待执行结束，进入 "察看结果树" 察看运行结果，如图 9-50 所示。

图 9-50　启动线程组完成测试

9.2.3　JMeter 命令行应用场景

JMeter 的 GUI 模式一般用于管理和配置测试计划，如修改测试接口的配置参数、调试测试计划等。在进行性能测试时常推荐使用 CLI 模式，实际上，在启动 JMeter 的 GUI 界面后，后台窗口上会显示相关的提示信息，如图 9-51 所示。

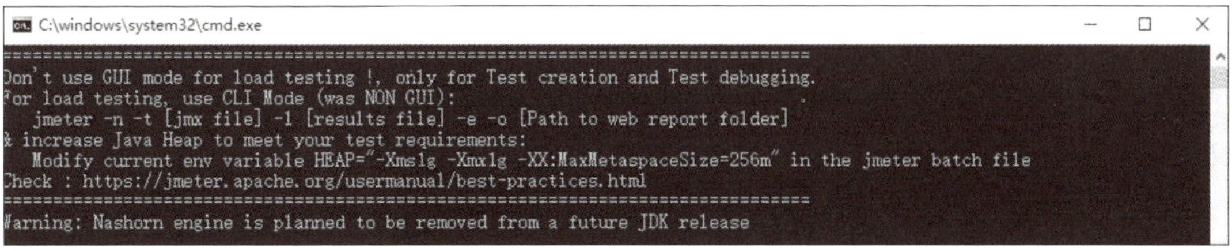

图 9-51　JMeter 后台窗口信息

JMeter 命令行对整个测试计划中的所有激活的线程组开展测试活动，所以可提前在 JMeter 的 GUI 界面中通过激活或去激活方式筛选对应的线程组，具体操作参考图 9-52。

图 9-52　JMeter 测试计划中线程组去激活

　　JMeter 自带测试报告生成机制。当我们通过 JMeter 的 GUI 界面创建好测试用例后，会生成一个扩展名为 jmx 的文件，之后的测试中只需导入这个脚本即可再次进行之前的测试，且可以复制到任何地方使用，非常方便。通过 JMeter 命令行执行脚本，采用命令行格式 jmeter -n -t ./xxx/name. jmx -l ./xxx/name. jtl -e -o ./xxx/name/reports，通过执行这条命令启动测试计划，将结果存入 .jtl 文件，并同时输出测试报告。在下发命令行之前需将前次执行的 reports 目录下内容清空，同时将 jtl 文件删除。图 9-53 即为通过命令行执行测试计划的截图。

图 9-53　JMeter 命令行执行脚本

测试执行完成后，会在 report 目录下生成一份测试报告，具体内容如图 9-54 所示。

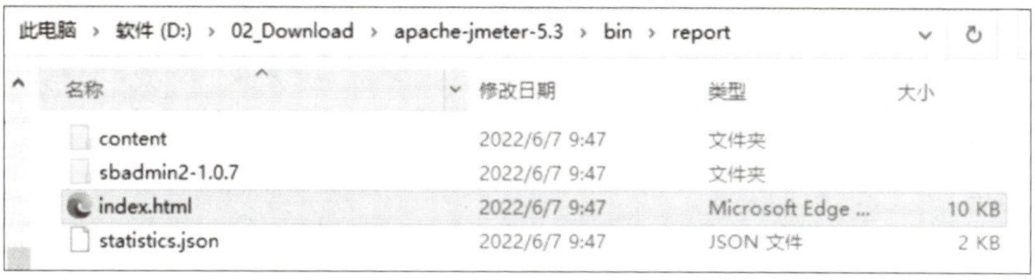

图 9-54　JMeter 命令行生成报告

双击打开 index. html 文件进入 JMeter 生成的报告首页，首先看到的是 Dashboard 页的信息，其中包括 APDEX（应用性能指标）和 Statistics（数据分析）。Apdex 为性能结果，范围为 0~1，1 表示满意。T（Toleration threshold）为满意阈值，小于或等于该值则表示满意。F（Frustration threshold）为失败阈值，大于或等于该值则表示不满意。图 9-55 是本次测试报告中 APDEX 数据部分，报告数据显示当前的 APDEX 远远小于 1。

APDEX (Application Performance Index)

Apdex	T (Toleration threshold)	F (Frustration threshold)	Label
0.042	500 ms	1 sec 500 ms	Total
0.375	500 ms	1 sec 500 ms	查询用户列表信息
0.020	500 ms	1 sec 500 ms	修改用户信息

图 9-55　JMeter 报告中 APDEX（应用性能指标）板块

本次测试报告包含的 Statistics 数据部分如图 9-56 所示。

Statistics

Requests	Executions			Response Times (ms)							Throughput	Network (KB/sec)	
Label	#Samples	KO	Error %	Average	Min	Max	Median	90th pct	95th pct	99th pct	Transactions/s	Received	Sent
Total	320	0	0.00%	5366.31	354	14714	5858.50	6762.90	6895.80	12363.11	20.19	6.91	24.23
修改用户信息	300	0	0.00%	5547.27	543	14714	5927.50	6759.00	6861.80	12544.91	18.92	4.82	24.04
查询用户列表信息	20	0	0.00%	2651.85	354	9407	1048.00	9192.10	9397.85	9407.00	1.91	3.17	0.28

图 9-56　JMeter 报告中 Statistics（数据分析）板块

测试报告中 Statistics 表格中的数据含义详情参考表 9-5。

表 9-5　性能测试报告 Statistics 表格信息

Statistics 项目	含义
Label	请求名称
Samples	请求数量

续表

Statistics 项目	含义
KO	失败请求数量
Error%	错误率（测试中出现错误的请求的数量/请求的总数）
Average	平均响应时间
Min	最小响应时间
Max	最大响应时间
90th pct	90%用户的响应时间小于该值
95th pct	95%用户的响应时间小于该值
99th pct	99%用户的响应时间小于该值
Throughput	每秒发送请求数量
Received	每秒从服务器端接收到的数据量
Sent	每秒从服务器发出的数据量

JMeter 的生成报告中还包含了一些表格信息，如 Over Time（时间变化）、Throughput（吞吐量）、Response Times（响应时间），这三个维度涉及的一些时间变化的图标，因篇幅原因不做赘述，请大家自行查找相关资料了解学习。

综合练习

一、判断题

1. 性能测试应该只在软件开发的最后阶段进行。 （   ）

2. 性能测试指标不包含并发用户数量。 （   ）

二、填空题

性能测试通常包括_____测试、_____测试和_____测试。

三、单选题

1. 以下（   ）不是性能测试的目的。

A. 确定软件在高负载下的响应时间　　　B. 评估软件的可伸缩性

C. 检查软件的代码质量　　　　　　　　D. 测量软件在特定负载下的吞吐量

2. 以下哪种软件测试属于软件性能测试的范畴（   ）。

A. 易用性测试　　　B. 接口测试　　　C. 压力测试　　　D. 单元测试

3. 性能测试不包括（   ）。

A. 压力测试　　　B. 可靠性测试　　　C. 负载测试　　　D. 恢复性测试

四、多选题

下列属于性能测试的范畴的是（   ）。

A. 负载测试　　　B. 稳定性测试　　　C. 集成测试　　　D. 压力测试

第 10 章　安全测试

章节导读

　　安全测试是软件测试的一个重要组成部分，聚焦于如何评估被测应用程序或系统的安全性，确保数据的完整性、可用性和私密性。安全测试的目标是识别并修复潜在的安全漏洞，防止未经授权的访问、重要数据泄露和其他安全威胁。本章节首先通过安全测试概述，介绍了安全测试的基本概念、重要性和目的。关于安全测试的概念，目前在测试行业内存在很多不同的观点。在这里我们介绍其中一种认可度比较高的观点，即安全测试是围绕着软件产品的安全需求进行的验证测试活动，其目的是识别并评估系统或应用程序的安全脆弱性，确保它们能够在各种威胁环境下正常运作，保护数据的机密性、完整性和可用性，同时防止未经授权的访问、篡改和拒绝服务攻击等安全事件的发生。接着，本章介绍了安全测试的几种常见类型，包括渗透测试、漏洞管理、Web 安全测试、安全审计、应用程序安全测试、安全扫描以及风险评估等。

　　随后，本章对常见的安全漏洞进行了阐述：安全漏洞一般是指软件产品、操作系统或者网络设施中广泛存在的由于开发人员能力或经验欠缺以及参数配置策略的失误等原因引起的缺陷。这些缺陷使不法分子能够在未经许可的情况下绕过或突破原有的安全控制措施，对系统、网络或用户的重要数据造成不利影响。安全漏洞是网络安全威胁的重要表现形式，可能被恶意利用以实施攻击、窃取敏感信息、破坏系统稳定性或服务的可用性。在这一章节中，我们重点介绍了几种常见的安全漏洞，包括 SQL 注入、XSS 跨站脚本攻击、CSRF 攻击、命令行注入、流量劫持、DDoS 攻击以及服务器漏洞等常规漏洞的危害以及防范的措施。

　　最后，本章节讲解了关于渗透测试的基本常识以及渗透测试的流程方法。渗透测试的讲解从概念开始，接着介绍其常用方法，包括黑盒测试、白盒测试和灰盒测试。同时探讨渗透测试的基本原则，包括稳定性原则、可控性原则、最小影响原则、非破坏性原则、全面深入性原则以及保密原则。

　　在安全测试案例方面，本章选用了一个 OWASP ZAP 安全测试的案例，首先介绍关于 OWASP ZAP 安全测试工具的主要功能特征，接着介绍 OWASP ZAP 进行渗透测试和漏洞扫描的一般流程和方法。

学习目标

　　（1）了解安全测试的其中常见类型，包括渗透测试、漏洞管理、Web 安全测试、安

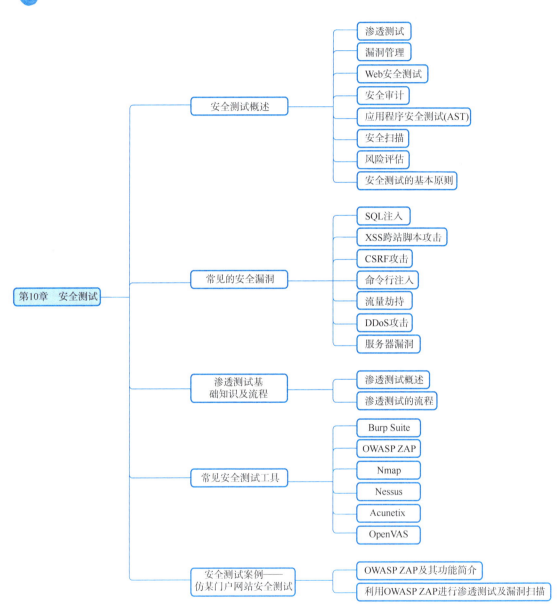

全审计、应用程序安全测试、安全扫描、风险评估，了解安全测试的基本原则；

（2）了解常见的安全漏洞类型，以及这些安全漏洞带来的影响；

（3）了解渗透测试的基本概念，以及渗透测试的基本流程和方法；

（4）了解主流的安全测试工具的功能特点，掌握 OWASP ZAP 安全测试工具的使用方法。

知识图谱

10.1　安全测试概述

安全测试是指在软件产品的生命周期后半段中，特别是从软件开发基本完成到发布这一特定阶段，对被测试产品进行测试评估以验证产品是否符合安全需求定义，并满足预定质量标准的过程。安全测试的主要目的有以下几个方面。

（1）在不影响产品功能完整性的前提下，提升软件产品的安全质量和可信度；

（2）安全测试一般是在软件开发结束后开展，从项目管理的角度来看，我们应尽量在发布前找到软件产品中存在的安全问题并予以修补，降低产品的安全风险和维护成本；

（3）通过安全测试软件开发，测试人员能够在发布前对软件产品的安全质量进行评估摸底，便于项目管理人员制订计划和相应的对策；

（4）验证安装在系统内的保护机制能否在实际工作状态下对系统进行全面保护，避免被非法入侵，降低各种外部因素的干扰。

总体而言，安全测试主要目标是发现软件产品或应用程序中的安全漏洞和安全隐患。安全专家和测试人员采用不同类型的安全测试技术和方法来识别潜在威胁，预测非法用户利用安全漏洞的可能性，并评估软件或应用程序面临的整体风险。通过上述测试活动，能够获得软件产品真实的安全防护能力与安全需求目标之间的差距并加以改善，从而最大限度地降低安全风险。接下来，我们将深入探讨常见的安全测试的类型。通常，安全测试分为七种类型，如图10-1所示。

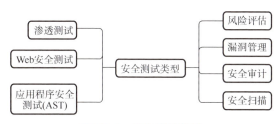

图 10-1　安全测试类型

10.1.1　渗透测试

渗透测试（Penetration Test）是在安全授权的情况下针对应用程序、软件、系统或网络的模拟攻击的过程。通过模拟攻击评估现有的安全措施在面对真实的攻击时的表现。最重要的是，渗透测试可以发现未知的漏洞，包括零日威胁和业务逻辑漏洞。传统上，渗透测试是由具备高技能和高素质的专业安全测试人员手动完成的。专业安全测试人员在商定的范围内，试图以受控的方式模拟攻击公司的系统，不会造成损害。近年来，渗透测试工具正在帮助专业安全测试人员以更低的成本和更高的效率完成渗透测试工作。

渗透测试并没有标准的定义，国外一些安全组织的通用说法是：渗透测试是通过模拟恶意黑客的攻击方法来评估计算机网络系统安全的一种评估方法。这个过程包括对系统的任何弱点、技术缺陷或漏洞的模拟攻击。这个模拟攻击是从一个不法分子可能存在的位置进行的，且这个位置有条件主动利用安全漏洞完成攻击。换句话说，渗透测试是指渗透人员在不同的位置（比如从内网、外网等）利用各种手段对某个特定网络进行测试，最终目的是发现和挖掘系统中存在的漏洞，从而输出渗透测试报告，并提交给网络所有者。网络所有者根据渗透人员提供的渗透测试报告，可以直观地掌握系统中存在的安全隐患和风险问题。

我们认为，渗透测试还具有两个显著的特点：渗透测试是一个渐进的且逐步深入的过程。渗透测试是在不影响业务系统正常运行的前提下，采用模拟攻击手段进行的测试。它作为网络安全防范的一种技术手段，对于网络安全组织具有实际应用价值。但是，要找到一家合适的公司实施渗透测试并不容易。

　　渗透测试可用于向第三方，譬如投资方或者相关管理人员提供网络安全状况方面的全面评估。事实上，也许安全漏洞在当前产品中已存在一段时间，但由于缺少权威的分析评估数据，无法直接说服管理人员投入必要资源加以补救。仅依赖安全测试人员的意见，或仅听取网络及安全管理员的建议，这些意见往往不会被决策层直接采纳。如果外部第三方的权威安全顾问也能够拿出同样的举证材料，那么决策管理层会倾向于相信专业意见。

10.1.2　漏洞管理

　　漏洞管理属于 IT 风险管理的一个子领域。漏洞管理是持续发现 IT 基础设施和软件中的安全漏洞，对安全漏洞按照优先级进行排序并逐一进行修补的过程。安全漏洞可以是网络结构、功能或实现中的任何缺陷或弱点，黑客可以利用这些缺陷或弱点发起网络攻击，实现对系统或数据未经授权的访问，或以其他方式损害组织合法权益。常见安全漏洞包括：可能允许某些恶意软件访问网络的防火墙配置错误、系统中存在可能允许黑客接管设备远程操作的错误系统设置。

　　大部分公司由于组织架构的原因，企业内部网络相对分散，每天都会有新漏洞被发现，因此手动或临时漏洞管理几乎不能达到预期效果。网络安全团队通常依靠漏洞管理解决方案来实现漏洞管理流程自动化。互联网安全中心（CIS）将漏洞持续管理列为其关键安全防护手段之一，以防御最常见的网络攻击。漏洞管理使 IT 安全团队能够在漏洞被利用之前识别并解决漏洞，以采取更主动的安全策略。

　　漏洞管理是一个持续的过程，可在不用过多考虑业务模型、组织架构等前提下有效识别、评估、通报、管理并修复安全漏洞。安全团队通常使用漏洞扫描工具来检测漏洞，并实施手动或自动流程来修复漏洞。强大的漏洞管理计划会根据漏洞危害情报了解漏洞对真实的业务影响、确定风险级别并尽快修复高优先级漏洞。

　　目前行业内普遍使用的是基于风险的漏洞管理（RBVM），它是一种相对较新的漏洞管理方法。基于风险的漏洞管理将特定的漏洞数据与人工智能机器学习功能相结合，通过这三个重要方式的组合来增强漏洞管理，更多背景信息可实现更有效的优先级排序。如上所述，传统的漏洞管理解决方案使用通用漏洞评分系统（CVSS）或美国国家信息安全漏洞库等行业标准资源来确定漏洞安全重要性，这些资源依赖于权威组织中漏洞风险评估的通用性，但这些权威组织缺乏对于特定领域或者行业专业化的漏洞数据，可能导致漏洞对特定公司的影响力评估过高或过低，最终影响决策层对于漏洞修复的判断和修复计划的日程安排。

　　安全测试漏洞管理的工程方法是一套系统化的流程，用于有效地识别、评估、跟踪和处理系统中的漏洞。以下是一套通用的安全测试漏洞管理方法论：

　　（1）漏洞管理流程：漏洞管理的整体流程，包括漏洞识别、评估、跟踪、通报、修复和验证等环节。确保漏洞管理流程清晰明确，并且各个环节之间协调配合。

　　（2）漏洞扫描与识别：这个阶段利用安全测试工具进行漏洞扫描，识别系统中可能存在的漏洞。这可以包括网络扫描、应用程序扫描、代码审查等方法。

　　（3）漏洞评估与分类：对识别出的漏洞进行评估和分类，确定漏洞的严重程度和影响范围。通常可参考 CVSS 等标准对漏洞进行评分，以便进行优先级排序。

（4）漏洞追踪：将识别出的漏洞记录到漏洞管理系统中，并建立漏洞库。跟踪漏洞的修复进度，记录漏洞的处理过程，包括发现时间、修复责任人、修复时间等信息。

（5）漏洞修复与验证：修复漏洞并验证修复效果，确保漏洞已被完全修复，软件产品中不再包含该漏洞所涉及的安全风险。

（6）漏洞报告机制：在漏洞管理环节中生成详细的漏洞报告和文档，包括漏洞描述、风险评估、修复建议等信息，以便为漏洞修复提供参考依据，作为未来安全测试的参考。

（7）持续优化：根据漏洞管理的实际情况进行持续改进和优化，调整流程和方法，提高漏洞管理的效率和准确性。

总而言之，在运用安全测试漏洞管理方法论的过程中，需要注意与团队成员或相关部门进行有效的沟通与协作，确保各个环节都能顺利进行。同时，需遵循相关的法律法规和行业标准，确保漏洞管理的合规性和安全性。

10.1.3　Web 安全测试

在互联网发展早期，互联网仅由无数个 Web 站点组成，这些 Web 站点均为一些包含静态文件的信息库。随着 Web 浏览器的出现，人们开始使用浏览器检索或者显示文件。这时由浏览器发起请求，接着信息流通过服务器发送到浏览器。这一时期多数网站没有进行用户合法性的验证，所有用户同等对待，提供同样的信息数据。这个时期的安全威胁主要来自 Web 服务器端软件漏洞，由于 Web 站点上提供的信息都是公开的，所以不法分子无法获得敏感信息。

但如今互联网的工作模式与早期大不相同，其上的大部分 Web 站点都是应用程序。这些应用程序功能强大，在服务器和浏览器之间进行双向信息传递。这些功能强大的 Web 站点往往具备登录与注册、金融交易、在线购物、在线内容分享等复杂的功能，用户获取的内容往往通过动态的形式展现出来，且有时候还需满足用户的特殊需求。在这些网站上处理的数据往往都是私密或者高度敏感的数据，因此，对于这类 Web 站点来说，安全问题至关重要。如果无法保障用户的私密信息不被泄露给未经过授权的用户，那么这些站点将会因为安全问题被大多数用户所抛弃。

Web 应用程序带来了新的重大安全威胁。因为应用程序各不相同，所以包含的漏洞也各不相同。许多应用程序是由开发人员独立开发的，还有许多应用程序的开发人员对他们所编写的代码可能引起的安全问题只是略知一二。为了实现核心功能，Web 应用程序通常需要与内部计算机系统建立连接。这些系统中保存着高度敏感的数据，并能执行强大的业务功能。在早期，如果需要转账，则必须去银行，在银行职员的帮助下完成交易。而今天，我们可以通过访问银行的 Web 应用程序完成转账交易。虽然现在的银行 Web 程序提供了诸多的便利性，但凡事都具备两面性，网络不法分子也可进入 Web 应用程序窃取用户的私密信息，进行金融欺诈或执行针对其他用户的恶意操作。

Web 安全测试就是要提供证据表明，在面对恶意输入的时候，Web 系统应用仍然能够充分地满足它的需求。Web 应用程序安全测试的目的是确认 Web 应用程序是否容易受到攻击，它涵盖了多种自动和手动技术。Web 应用程序渗透测试旨在收集有关 Web 应用程序的信息，发现系统漏洞或缺陷，并评估 Web 应用程序漏洞的风险。

10. 1. 4 安全审计

1. 安全审计的概念

安全审计（Security Audit）是一个新的概念，它指由专业审计人员根据有关的法律法规、财产所有者的委托和管理当局的授权，对计算机网络环境下的有关活动或行为进行系统的、独立的检查验证，并给出相应评价。安全审计是通过测试公司信息系统对一套明确标准的符合程度来评估其安全性的系统方法。

安全审计涉及四个基本要素：控制目标、安全漏洞、控制措施和控制测试。其中，控制目标是指企业根据具体的安全标准，结合企业实际业务需求制定出的安全控制要求；安全漏洞是指系统中的安全薄弱环节，容易被干扰或破坏的地方；控制措施是指企业为实现其安全控制目标所制定的安全控制措施、配置方法及各种规范制度；控制测试是将企业的各种安全控制措施与预定的安全标准进行一致性比较，确定各项控制措施是否有效、是否被全面执行、对漏洞的防范是否有效，并根据上述指标特征评价企业安全措施的可信程度。显然，安全审计作为一个专门的审计项目，要求审计人员必须具有较强的专业技术知识与技能。

安全审计是审计的一个组成部分。由于计算机网络环境的安全不仅涉及国家安危，更涉及企业的经济利益，因此，我们必须迅速建立起国家、社会、企业三位一体的安全审计体系。其中，国家安全审计机关应依据国家法律，特别是针对计算机网络本身的各种安全技术要求，对广域网上企业的信息安全实施年审制度。此外，应发展社会中介机构，对计算机网络环境的安全提供审计服务。它与会计师事务所、律师事务所相同，是社会对企业的计算机网络系统安全进行评价的机构。当企业管理机构权衡网络系统所带来的潜在风险时，就需通过中介机构对安全性进行检查和评价。同时，涉及税费、财务审计也离不开网络安全专家。他们对网络的安全控制作出评价，帮助注册会计师对相应的信息系统所披露的信息真实性、可靠性作出准确判断。

2. 安全审计相关法规条例

根据互联网安全顾问团主席 Ira Winkler 提出的理论，安全审计、易损性评估以及渗透性测试是安全诊断的三种主要方式。这三种方式采用不同的方法，适用于特定的目标：安全审计适用于测量一系列标准信息系统的安全性能；易损性评估涉及整个信息系统的综合考察以及搜索潜在安全漏洞；渗透性测试是一种隐蔽的操作，安全专家进行大量的模拟攻击来探查系统是否能够经受来自恶意黑客的同类型攻击。在渗透性测试中，伪造的攻击可能包括社会工程学等黑客可尝试的任何攻击。这些方法能够发挥各自独有的作用，联合使用两个或者多个方法可能会发挥更大的作用。

世界各地均出台有相关法律法规要求企业建设安全的审计系统，如《通用数据保护条例》（GDPR）规定：企业在收集、存储、使用个人信息上要取得用户的同意，用户对自己的个人数据有绝对的掌控权。对任何类型的违反 GDPR 行为进行处罚，包括纯粹程序性的违规行为。其罚款范围是 1 000 万到 2 000 万欧元，或企业全球年营业额的 2% 到 4%；《萨班斯法案》（SOX 法案）要求提供有效的控制手段和可信的报表；《信息安全管理实用规则》（GB/T 22081—2016）要求提供有效的安全策略与日志留存手段。

目前，国内也出台了类似的法律法规，如《信息安全技术网络安全等级保护基本要求》，也就是我们俗称的"等保2.0"。"等保2.0"相关条款对网络、设备、应用和数据进行安全审计，并实现以下功能：

（1）应提供并启用安全审计功能，审计覆盖每个用户，对重要的用户行为和重要安全事件进行审计；

（2）审计记录应包括事件的日期和时间、用户、事件类型、事件是否成功及其他与审计相关的信息；

（3）应对审计记录进行保护，定期备份，避免受到未预期的删除、修改或覆盖等；

（4）应对审计进程进行保护，防止未经授权的中断。

国内还出台了另外一套法规《网络安全法》。《网络安全法》对于安全审计做出了以下规定：

（1）要求严格执行等保制度；

（2）要求持续提供安全维护；

（3）要求日志留存不少于六个月；

（4）要求采取网络安全技术措施；

（5）要求提供网络数据安全保护和利用技术；

（6）要求保障网络数据的完整性、保密性和可用性。

随着网络安全风险和威胁所造成的影响和损失越来越严重，企业应结合自身的业务发展需要，定期制订计划并实施网络安全审计，以保护自己利益免受内部和外部的威胁。

安全审计的频率可结合企业自身的实际情况进行规划，建议每年至少进行1次。处理有关敏感信息（如个人身份信息、财产信息）的企业或机构应考虑每年进行2次。面对复杂多变的网络环境，提高审计频率可以为企业提供良好保护。网络安全审计类型有多种，其中需要关注的是常规审计和事件审计。企业应每年或每半年进行一次常规审计，且一旦发生重大事件，就应进行事件审计。例如，企业网络添加了服务器或转换新的项目管理软件时，由于更改可能影响到网络安全状况，因此，针对这些"事件"需执行事件审计。

3. 安全审计分类以及方法

安全审计从审计级别上可分为3种类型：系统级审计、应用级审计和用户级审计。

（1）系统级审计。

系统级审计主要针对系统的登录情况、用户识别号、登录尝试的日期和具体时间、退出的日期和时间、所使用的设备、登录后运行程序等事件信息进行审查。典型的系统级审计日志还包括部分与安全无关的信息，如系统操作、费用记账和网络性能。这类审计无法跟踪和记录应用事件，也无法提供足够的细节信息。

（2）应用级审计。

应用级审计主要针对的是应用程序的活动信息，如打开和关闭数据文件，读取、编辑、删除记录或字段等的特定操作，以及打印报告等。

（3）用户级审计。

用户级审计主要是审计用户的操作活动信息，如用户直接启动的所有命令、用户所有的鉴别和认证操作、用户所访问的文件和资源等信息。

4. 安全审计主要收益

安全审计的主要目的是发现和修复安全漏洞，避免安全漏洞被网络不法分子利用。同时，帮助企业和机构适应日益严格的法规要求。安全审计能够带给企业或机构的收益有以下几点：

（1）降低系统停机时间。

长时间的系统停机可能会给企业带来巨大损失，而造成停机的原因可能是 IT 管理不善、网络安全事件等其他更严重的事件，安全审计可以发现导致停机的潜在风险，提前规避风险。

（2）降低网络攻击机会。

企业可以改善整体网络安全状况，提高对潜在网络风险的保护级别，防止数据泄露。例如恶意软件、网络钓鱼攻击、勒索软件和企业电子邮件泄露等。

（3）维持客户信任。

企业的信息和网络安全也是客户的优先考虑项。在业务往来过程中，客户会考量企业是否能保证其敏感数据不存在暴露、被盗甚至被暗网出售的风险。维护客户信任可以帮助企业建立客户群，提高客户忠诚度，从而提升品牌知名度。

（4）满足合规要求。

随着各种数据隐私保护法规的出台，安全审计可以帮助安全部门提高企业合规性，满足各种网络安全法律法规条文的要求。

10.1.5　应用程序安全测试（AST）

应用程序安全测试（Application Security Testing，AST）是一种广泛应用于软件开发过程中的安全测试技术。它涵盖了多种测试方法，其中包括静态应用程序安全测试（SAST）、动态应用程序安全测试（DAST）、交互式应用程序安全测试（IAST）和软件组成成分分析（SCA）。随着 DevOps 理念的普及，将安全能力融入软件开发生命周期中已成为企业的重要实践。AST 工具的应用也随之增加，帮助企业更高效地检测应用程序的安全性。通过使用 AST 工具，企业可以在软件开发生命周期中快速地检测潜在的安全问题，提高应用程序的可靠性和安全性，降低安全风险。

1. 静态应用程序安全测试（SAST）

静态应用程序安全测试是一种白盒测试方法，它更侧重于识别应用程序源代码中的错误和漏洞。顾名思义，静态应用程序安全测试可以在不运行代码（静止状态）的情况下进行测试，这种静态测试的特点使其可以在 DevSecOps 流程中偏早期的编码、构建、测试阶段进行，在实践中 SAST 通常会被集成在 CI 流程中甚至 IDE 编辑器中。在开发人员编码时为其提供实时反馈，帮助他们在代码传递到软件开发生命周期（SDLC）的下一阶段之前解决问题。SAST 扫描的核心是基于一组预先确定的规则（这些规则定义了源码中需要评估和处理的编码错误）与代码进行匹配。

第 1 步：通过语法分析和词法分析形成中间代码，将其源代码之间的调用关系、执行环境、上下文等分析清楚。

第 2 步：通过语义分析（分析程序中不安全的函数）、数据流分析（跟踪、记录并分析程序中的数据传递过程所产生的安全问题）、控制流分析（分析程序在特定时间、状态下执行操作指令的安全问题）等方法分析代码中可能存在的安全问题。

第 3 步：匹配所有规则库中的漏洞特征，进而找出疑似存在安全缺陷的代码片段。

静态应用程序安全测试所具备的优势如下：

帮助开发人员在生产环境中发布底层代码之前验证代码是否符合安全编码标准，确保软件使用安全的代码，践行"安全测试左移"理念，大幅度降低安全问题的修复成本；

静态应用程序安全测试工具有较为出色的代码覆盖率以及较为全面的覆盖已知漏洞类型和常见的安全缺陷；

静态应用程序安全测试可精准定位缺陷所在位置；

静态应用程序安全测试所具备的劣势如下：

语言依赖性使工具难以构建和维护，且需针对不同的语言使用不同的工具；

因为在代码未运行的情况下去测试，所以无法覆盖运行时出现的问题或配置问题；对于访问控制，身份验证或加密之类的场景也无法进行测试；

基于规则匹配的测试方式虽可精准定位缺陷位置，但检出漏洞误报率较高，工程师需要花费大量时间来清除误报。此外，该测试方法无法挖掘 0day 漏洞。

2. 动态应用程序安全测试（DAST）

动态应用程序安全测试（Dynamic Application Security Testing，DAST）是一种黑盒测试方法。在应用程序运行时对应用程序进行安全测试，以发现可能被不法分子利用的漏洞。DAST 是在软件开发生命周期的中后期（可以理解为运行阶段）发现代码漏洞，由于 DAST 不扫描源代码，所以通常无法给出存在漏洞的具体代码位置。

动态应用程序安全测试是目前应用最广泛、使用最简单的一种 Web 应用安全测试方法。测试者无须了解架构、网络或者代码，而从一个恶意不法分子的角度来测试应用程序。应用程序依赖于输入和输出运行，DAST 通过模拟不法分子的行为构造特定的输入给到应用程序，同时分析应用程序的行为和反应，进而确定该应用是否存在安全漏洞。与静态检测方案相比，DAST 测试的过程相对独立，但在 DevOps 流程的测试阶段中发挥着重要作用，并可发现诸多静态检测难以发现的运行时漏洞，如身份验证和服务器配置错误、代码注入、SQL 注入和 XSS 错误等。

动态应用程序安全测试的优势如下：

可以发现静态检测无法发现的运行时漏洞，如身份验证和服务器配置错误、代码注入、SQL 注入和 XSS 错误等；

采用黑盒的测试模式，无须源代码；

与其他应用安全测试方法相比，DAST 扫描工具导致的误报率极低。

动态应用程序安全测试的劣势如下：

由于采用黑盒的模式测试，缺少程序的内部信息，测试覆盖范围难以保障；

在主动扫描阶段，该工具会发送可能修改、删除或破坏现有应用程序数据的攻击负载，因此，所有动态应用程序安全测试都应在非生产环境中进行；

由于无法访问源代码，因此难以定位漏洞的具体位置，给漏洞修复提供完善的建议；

无法用于未知缺陷的检测。

通过以上定义可看出，静态应用程序安全测试和动态应用程序安全测试是两种不同的测试方法，用于发现不同类型的漏洞，且在软件开发生命周期的不同阶段进行。静态应用程序安全测试应尽早执行，且应针对全量源代码文件执行；动态应用程序安全测试应在类似于生产环境中运行中的应用程序上执行。不难看出，静态应用程序安全测试和动态应用程序安全测试组合应用才能达到较好的安全效果。表 10-1 介绍了静态应用程序安全测试和动态应用程序安全测试两种测试方式的差异。

表 10-1   静态应用程序安全测试方式和动态应用程序安全测试方式的差异

项目	静态应用程序安全测试	动态应用程序安全测试
测试方法	白盒安全测试方法，测试人员在了解设计和实现方法的情况下，由内到外进行测试	黑盒安全测试方法，测试人员不了解应用程序的技术或框架，从外到内进行测试
运行方式	需要源代码，通过扫描源代码方式实现	需要程序在运行中，在应用程序运行时对应用程序进行安全测试
执行阶段	在软件开发生命周期的早期阶段发现代码漏洞	在软件开发生命周期的中后阶段发现代码漏洞
漏洞修复成本	修复漏洞成本低，由于在开发周期中较早地发现了漏洞，因此修复起来更快更容易	修复漏洞成本较高，由于漏洞是在开发周期的末尾发现的，漏洞修复往往会被放到下一次迭代
发现问题类型	无法发现需要运行启动的问题以及与环境相关的问题	可以发现需要运行启动的问题以及与环境相关的问题
适用范围	适用于各种应用程序	只适用 Web 应用程序和 Web 服务等应用程序

3. 交互式应用程序安全测试（IAST）

交互式应用程序安全测试（IAST）是 2012 年佳特奈（Gartner）提出的一种应用程序安全测试方案。在 DevSecOps 流程中，交互式应用程序安全测试可以在应用程序构建和测试时及时发现和修复漏洞和安全风险。目前最主流的是插桩模式的 IAST，该模式在保证目标程序原有逻辑完整的情况下，在特定的位置插入探针，在应用程序运行时，通过探针获取请求、代码数据流、代码控制流等，并结合请求、代码、数据流、控制流等综合分析判断漏洞。其中，插桩模式的 IAST 主要分为主动式与被动式。

主动式 IAST 需在被测试应用程序中部署探针，但它主要通过使用外部扫描器触发流量，再由探针进行捕获、检测是否存在漏洞。由于触发流量的方式不同，主动式 IAST 比被动式 IAST 更全面、更准确，因为它可以测试应用程序响应各种输入的行为，但这种方式可能会在测试过程中产生脏数据，并且可能需要更改源代码，如图 10-2 所示。

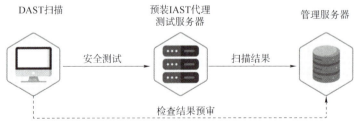

图 10-2   主动式 IAST 原理图

被动式 IAST 通过在被测试应用程序中部署探针获取程序执行的代码上下文信息及数据流向，根据数据流向及程序执行的代码上下文信息梳理污点链路，判断是否存在漏洞。之所以称之为被动的主要原因在于，此类测试不会进行任何主动攻击或抓取，收集和检测的流量主要来自测试人员在测试过程中的操作。因此，被动式IAST的特点是对应用程序性能的影响较小，并且可以在不对源代码做任何更改的情况下进行部署，如图10-3所示。

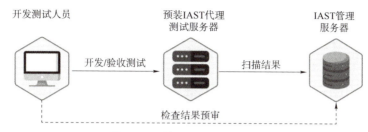

图 10-3　被动式 IAST 原理图

4. 软件组成成分分析（SCA）

随着软件技术的发展，应用程序的数量以指数级的速度增长，给我们的生活带来前所未有的便利。为了更有效地提高软件的研发效率，开发人员广泛使用第三方组件，以便快速构建高效稳定的软件系统。但是，这种做法也会带来潜在的安全隐患，因为第三方组件的安全性无法得到充分保障。因此，越来越多的企业开始关注第三方组件的安全性检测，以降低软件开发过程中的安全风险。软件组成分析（Software Composition Analysis，SCA）便是目前规避此类安全风险的核心技术。

软件组成成分分析是一种用于管理第三方组件安全的方法。通过SCA工具，开发团队可以快速跟踪和分析引入项目的开源组件和其他第三方组件。该工具不仅能够发现所有相关组件、支持库以及它们之间的直接和间接依赖关系，还能够检测软件许可证、已弃用的依赖项、漏洞和潜在威胁，以确保软件系统的安全性和稳定性。此外，SCA扫描过程生成的物料清单（Bill of Materials，BOM）提供了项目软件资产的完整清单，帮助开发团队更好地管理和维护软件系统。同时，SCA还能够检测到第三方组件的许可证类型，确保软件的合法性和合规性。

通常情况下，SCA的目标是支持各种类型的文件，包括以二进制形式存储的第三方基础组件、可执行程序、源代码片段、软件包、基础库、tar/tgz压缩文件、镜像及镜像层等。此外，它还可以广泛应用于软件构建过程等领域。因此，所有以二进制形式存储的文件都可以成为SCA的分析目标。通过对软件汇编代码指令、代码结构、控制流图、函数调用关系等特征值进行对比，SCA工具可以分析出二进制代码的成分以及代码之间的相似性。这种方法不仅可以检测出潜在的漏洞和安全风险，还可以发现被隐藏的恶意代码和非法操作。SCA工具的分析结果能够帮助开发人员更好地理解代码的结构和功能、代码与其他组件之间的依赖关系和交互方式，从而提高软件系统的稳定性和安全性。在现代软件开发中，SCA已经成为不可或缺的工具，以帮助开发团队更好地管理和维护软件系统，保护用户的隐私和安全，为用户提供更加优质的产品和服务。

10.1.6　安全扫描

安全扫描也称网络安全扫描，是识别软件、网络和其他计算系统的错误配置的过程。这种类型的扫描通常会根据研究组织或合规标准指定的最佳实践列表检查系统。自动配置扫描工具可以识别错误配置并提供一份报告，其中包含有关每个错误配置的更多详细信息，以及如何解决这些错误配置的建议。

安全扫描属于网络安全测试的技术范畴之一，安全扫描技术是指手工或使用特定的自动扫描工具——安全扫描器，对系统风险进行评估，寻找可能对系统造成损害的安全漏洞。扫描主要涉及系统和网络两个方面，系统扫描侧重单个用户系统的平台安全性以及基于平台的应用系统的安全，而网络扫描则侧重于系统提供的网络应用和服务及相关协议的分析。

安全扫描技术与防火墙、安全监控系统互相配合能够提供安全性更高的网络应用。安全扫描工具源于黑客在入侵网络系统时采用的工具，商品化的安全扫描工具为网络安全漏洞的发现提供了强大支持。安全扫描工具通常分为基于服务器和基于网络的扫描器。基于服务器的扫描器主要扫描服务器相关的安全漏洞，如 password 文件、目录和文件权限、共享文件系统、敏感服务、软件、系统漏洞等，并给出相应的解决方案及建议，通常与相应的服务器操作系统紧密相关。基于网络的安全扫描主要扫描特定网络内的服务器、路由器、网桥、交换机、访问服务器、防火墙等设备的安全漏洞，并可开展模拟攻击，以测试系统的防御能力。

安全扫描可分为两种类型：漏洞扫描和配置扫描，下面分别对这两种扫描类型进行阐述。

1. 漏洞扫描

漏洞扫描通过扫描系统中存在的漏洞来评估网络的安全性。它会扫描网络系统中的服务、应用程序和操作系统，从而发现可能被不法分子利用的安全漏洞。漏洞扫描器会根据已知的漏洞数据库来检测系统中的弱点，并生成报告，指出存在的漏洞并给出建议的修复措施。漏洞扫描是保障现代企业数字化转型过程中一个至关重要的组成部分，可以帮助企业识别数字化系统和应用中的各类安全缺陷。在实际应用时，漏洞扫描的类型需和它们能够保护的 IT 环境保持一致。如果充分了解不同类型漏洞扫描技术之间的区别，企业可以提高整体网络安全防御能力，并加固系统以防范潜在威胁。漏洞扫描根据应用场景可分成多种不同类型，下面介绍几种常见的漏洞扫描应用场景。

（1）网络扫描。网络扫描主要通过扫描已知的网络缺陷、不正确的网络设置和过时的网络应用版本来检测漏洞。为了查找整个网络中的漏洞，这种扫描技术经常使用端口扫描、网络映射和服务识别等技术。网络扫描还需检查网络基础设施，包括路由器、交换机、防火墙及其他设备。它包含了以下应用场景：

① 检测路由器、交换机和防火墙等网络基础设施组件的缺陷；

② 帮助检测网络配置错误、弱密码应用和过时的软件版本；

③ 帮助维护安全可靠的网络环境；

④ 支持基于严重程度的风险管理和漏洞优先级划分；

⑤ 基于满足网络安全标准和法律法规要求的应用场景；

（2）数据库扫描。数据库扫描技术主要用于评估数据库系统的安全性。数据库扫描会全面查找数据库设置、访问控制以及存储数据的漏洞，如不安全的权限、漏洞注入问题或不安全的设置。这种扫描器需提供用于保护数据库和敏感数据的信息。数据库扫描包含以下应用场景：

① 评估数据库管理系统、保护数据库和敏感数据免受不必要的访问场景；

② 适用于查找数据库特有的漏洞、错误配置和未设置访问约束的应用场景；

③ 适用于检测数据库存在的安全漏洞，如访问控制不到位、注入问题和错误配置；

④ 通过检测数据库相关问题来提升性能，提高整体数据库的安全性和完整性；

⑤ 适用于保护数据库中存在的敏感资料，避免被非法访问或披露，确保数据保护规则得到遵守。

（3）端口扫描。端口扫描主要用于检测目标系统开放的网络端口和服务。通过端口扫描可以确定目标系统中哪些端口处于开放状态，从而判断系统中可能存在的漏洞和被攻击的风险。端口扫描会将网络查询指令发送到目标设备或网络系统的不同端口上，通过分析扫描结果判断哪些端口是敞开的、关闭的或经过过滤的。敞开的端口表明可能存在安全漏洞或可通过网络非法访问的服务。常用的端口扫描技术手段有以下几种：

① TCP（传输控制协议）扫描：TCP 扫描是最常见的端口扫描技术之一。它通过向目标系统发送 TCP 连接请求，根据响应的结果确定端口的状态。常用的 TCP 扫描法包括全连接扫描、半开放扫描（SYN 扫描）、空扫描和 FIN 扫描；

② UDP（用户数据报协议）扫描：UDP 扫描用于检测目标系统中开放的 UDP 端口。因为 UDP 是无连接的协议，所以其扫描方法与 TCP 扫描有所不同。常用的 UDP 扫描法包括 UDP 扫描和基于 ICMP 响应的扫描；

③ 综合扫描：综合扫描技术结合了多种扫描技术及方法，以增加扫描的准确性和全面性。常用的综合扫描工具有 Nmap，它可以使用不同的扫描技术进行综合扫描，包括 TCP 扫描、UDP 扫描、操作系统指纹识别等；

④ 隐蔽扫描：隐蔽扫描技术用于隐藏扫描者的身份，降低被目标系统检测到的可能性。隐蔽扫描方法主要包括慢速扫描（Slow Scan）、IDLE/IPID 扫描和 FTP Bounce 扫描等。

端口扫描的应用场景主要有以下几种：

① 检测目标计算机上敞开的端口和服务，披露潜在的攻击途径，帮助企业掌握当前网络中存在的薄弱环境并加以修复；

② 帮助用户识别可能暴露在不法分子面前的错误网络配置和对外提供的服务；

③ 协助用户了解网络映射及网络基础设施的拓扑结构，并对网络设备和系统安全性进行评估；

④ 通过端口扫描找出未被使用到的敞开端口和服务，加固网络安全基础设置。

（4）源代码扫描。源代码扫描对目标系统中的源代码进行静态分析，寻找存在的漏洞和安全隐患。源代码分析可以检测到一些与配置和逻辑相关的安全问题，这些问题很难通过其他扫描方法检测到。在软件系统开发早期阶段查找源代码中的安全漏洞可以提升对潜在风险的防护效果，大大降低漏洞的修复成本。源代码漏洞扫描可以查找软件源代码中的安全缺陷、编码错误和漏洞，寻找可能的风险隐患，如输入验证错误、错误的编程实践和代码库中已知的高危库。在软件开发生命周期中，源代码扫描对开发人员识别和纠正漏洞有很大帮助。

源代码扫描技术通过对目标系统中的源代码进行静态分析发现潜在的安全缺陷和漏洞。扫描工具会检查代码中的安全隐患，如不安全的函数调用、缓冲区溢出等，以帮助开发人员修复这些问题。常用的工具有 Veracode、Fortify 等。

源代码扫描的应用场景主要有以下几种：

① 通过源代码扫描确保代码质量和安全性、检测源代码漏洞并防止软件产品发布后出现安全问题；

② 检测软件源代码中的安全缺陷和漏洞，提高软件的可靠性和整体安全性；

③ 通过源代码扫描技术应用可以规范安全编程方法，遵循行业标准；

④ 通过源代码扫描技术可以有效降低软件漏洞的风险性。

（5）Web 应用程序扫描。Web 应用程序扫描器主要用于识别 Web 应用程序中的漏洞。这种漏洞扫描技术常用于探测应用软件系统，以剖析其内部结构并发现潜在的被攻击风险。这种扫描器能够自动化扫描 Web 应用程序，评估应用程序的代码、配置和功能，并发现其中的安全漏洞。Web 应用程序扫描器能够模拟许多攻击场景，以发现常见漏洞，如跨站脚本（XSS）SQL 注入、跨站请求伪造（CSRF）和身份验证系统。Web 应用程序扫描器还能够使用预定义的漏洞特征或模式来检测现有漏洞。

Web 应用程序扫描通常采用两种策略，第一种是被动式策略，第二种是主动式策略。所谓被动式策略就是基于主机之上，对系统中不合适的设置、脆弱的口令以及其他与安全规则抵触的对象进行检查；而主动式策略是基于网络的，它通过执行一些脚本文件模拟对系统进行攻击的行为并记录系统的反应，从而发现其中的漏洞。利用被动式策略的扫描称为系统安全扫描，利用主动式的策略的扫描称为网络安全扫描。Web 应用程序扫描的应用场景主要有以下几种：

① 检测 Web 应用程序特有的漏洞，如 SQL 注入、XSS 跨站脚本攻击、不安全身份验证；

② 通过 Web 应用程序扫描发现可能导致未经授权的数据访问或安全漏洞；

③ 检测在线应用程序中的代码缺陷和漏洞，有助于提高安全开发标准；

④ 通过 Web 应用程序扫描降低系统遭遇安全威胁的可能性，保护用户关键数据安全。

（6）主机扫描。主机的漏洞扫描旨在评估组织或机构的网络系统中特定主机上的安全漏洞，这种扫描主要包括了代理服务器模式、无代理模式和独立扫描模式。

① 代理服务器模式：扫描器会在目标主机上安装代理软件，代理软件收集信息并与中心服务器连接，中心服务器管理和分析漏洞数据。代理软件通常实时收集数据，并将数据传输到中心管理系统进行分析和修复。代理服务器模式的缺点是代理软件会受制于特定的操作系统；

② 无代理模式：无代理扫描器无须在目标机器上安装任何软件。相反，它们通过网络协议和远程交互收集信息。如果采用集中启动漏洞扫描或实行自动调度模式，还需提供管理员认证的访问权限。无代理扫描模式能够扫描更多的联网系统和资源，但评估需要稳定的网络连接，受限于网络带宽的影响，无代理模式可能不如代理扫描全面；

③ 独立式模式：独立扫描器是在被扫描的系统运行的独立应用程序。它们查找主机的系统和应用程序中的漏洞，不使用任何网络连接，但扫描工作非常耗时，必须在待检查的每个主机上安装扫描器。大多数管理成百上千个端点的企业会发现，独立式工具并不实用。

主机漏洞扫描的应用场景主要有以下几种：

① 识别主机系统、应用软件以及软件配置中存在的安全漏洞，并及时进行修复；

② 快速识别系统中安装的非法程序，以及会对系统安全产生影响的配置变更；

③ 协助评估整个网络系统或服务器的安全性，并给出风险提示信息；

④ 协助主机进行安全漏洞补丁管理以及快速修复存在的安全漏洞。

（7）云安全漏洞扫描。云安全漏洞扫描系统是一种基于云计算技术，针对网络安全漏洞进行扫描和检测的方案。该方案利用虚拟化技术快速在云端部署安全扫描工具，从而快速实现云平台相关产品的漏洞扫描。云安全漏洞扫描系统通过大规模并行扫描，能够快速发现网络中的安全漏洞，提高网络安全水平。云安全漏洞扫描技术可以评估 IaaS、PaaS 和 SaaS 等云计算环境的安全性，为企业改进云部署安全性提供见解和想法。这种扫描技术主要用于调查云设置、访问限制和服务，以检测错误配置、糟糕的安全实践和云特有的漏洞。云安全漏洞扫描与修复是云计算安全领域中至关重要的一环。只有做好了安全漏洞扫描与修复的工作，才能够保障云计算系统的安全性和稳定性。希望通过本文的介绍，读者会对云计算安全漏洞扫描与修复有更深入的了解，更加重视这一方面的工作。云安全漏洞扫描的应用场景主要有以下几种：

① 通过云安全漏洞扫描降低云平台上非法访问、数据泄露或其他高危风险问题发生的概率；

② 结合云计算领域的安全法规要求，保护云平台系统及关联的用户数据安全性；

③ 云安全漏洞扫描方案适用于评估云资源、设置和权限的安全性；

④ 云安全漏洞扫描方案可用于检查基于云的服务器、存储和应用程序的安全性，并确保云资源合理配置。

2. 配置扫描

配置扫描主要用于评估网络设备和系统配置的安全性。它会检查网络设备和系统的配置是否符合安全最佳实践，并识别潜在的配置错误和安全漏洞。配置扫描通常包括检查防火墙、路由器、交换机和服务器等设备的配置，以确保其安全性和合规性。配置扫描是对系统、网络或应用程序的设置进行检查，以最大限度保护系统的安全性。配置扫描的主要关注点包括但不限于以下几个方面：

① 访问控制：设置用户访问权限，限制非授权用户的访问。通过身份验证、密码策略、权限管理等手段确保只有授权用户可以访问系统。用户访问内容与其权限是严格绑定的。

② 防火墙配置：配置防火墙规则，限制非法流量的进出。防火墙可以通过限制端口、IP 地址和协议等方式阻止未经授权的访问。

③ 数据加密：对敏感数据进行加密处理，保护数据的机密性。数据加密可以通过使用加密算法和密钥管理来实现，确保数据在传输和存储过程中不会被窃取或篡改。

④更新和补丁管理：及时安装系统、网络和应用程序的安全更新和补丁，修复已知的安全漏洞。定期检查和更新操作系统、防火墙、数据库等关键组件的安全补丁，以确保系统的安全性。

10.1.7 风险评估

风险评估即网络安全风险评估，指对网络系统、信息系统和网络基础设施进行全面评估，以确定存在的安全风险和威胁，并量化其潜在影响及可能发生的频率。它可以帮助组织或者机构了解其网络安全状况，识别潜在的安全漏洞和威胁，为采取有效的安全措施提供基础。

1. 网络安全分析评估目的

网络安全风险评估的目的是识别和评估网络系统中的安全风险，为网络系统的管理者提供有针对性的安全建议和规划，以保护网络系统的机密性、完整性和可用性。评估目的主要包括以下几个方面：

（1）识别系统中的潜在威胁和风险，包括网络攻击、数据泄露、恶意软件等；

（2）评估系统的安全性能，包括身份认证、权限控制、日志审计等；

（3）提供安全建议和措施，帮助系统管理者改善系统的安全性。

网络安全风险评估是指从风险管理的角度，运用科学的手段，系统分析网络与信息系统所面临的威胁及其存在的脆弱性。通过开展风险评估工作，企业或组织可对重要信息系统所面临的信息安全风险进行发现识别和定性评估。同时，根据评估的结果，企业可以更有针对性地进行风险管控和危机处置，对企业网络安全建设中的薄弱环节进行优先处理和加固，更有效地提升企业网络安全防护水平。

总体而言，安全事件的发生是有概率的，不能仅凭借安全威胁的发现时间和假定可能产生的后果便决定在网络安全防护上投入的资源和实施安全措施的强度。对于一些在现实环境中利用概率极低的安全风险，即使其具有比较严重的爆发后果，也无须不计代价地进行修复处理。企业在开展网络安全风险评估时，必须坚持综合考虑安全事件的后果影响及其可被利用性的评价原则。

2. 网络安全风险评估前提条件

网络安全风险评估还需组织或机构确定关键业务目标，并识别对实现这些目标至关重要的信息资产，接着识别可能对这些资产带来不利影响的安全风险，从而准确了解相关业务所面临的网络环境威胁。可以让业务部门和安全团队共同做出最优化的处置决定，实施合理的安全控制措施，将整体风险隐患降低到企业能够接受的范围内。

网络安全风险评估涉及资产、威胁、脆弱性等许多基础性要素，每个要素都有各自的要求和属性。为了保障风险评估工作取得预定的实际效果，企业或机构应在评估中做好以下几个方面的准备：

（1）确定风险评估范围。

风险评估应先确定评估的范围。一般情况下，风险评估的范围需覆盖整个组织，但这样会使评估工作量过于繁重。因此，可以先从某些业务部门、场所或公司的特定领域开始实施，如在线支付或人脸识别等。在风险评估工作开始前，需尽可能全面地了解业务部门的需求和意见，这有助于了解具体的业务场景和业务处理流程的重要性、风险隐患、评估风险带来的影响以及对风险的承受能力。

（2）识别信息资产。

开展网络安全风险评估前，需明确应保护的对象是什么，因此，评估团队应该识别并清点风险评估范围内所有包括软件和硬件在内的信息资产。对业务至关重要的资产不仅是识别和清点的重点，同样也是网络不法分子的主要攻击目标，所以需要在资产识别的基础上，尽可能做好系统威胁隐患方面的管理。通过对信息资产的清点和对被评估的信息系统的资产信息进行收集，以掌握被评估对象的重要资产分布，进而分析重要资产所关联的业务、面临的安全威胁及风险隐患。

（3）了解网络攻击方法。

网络攻击方法是指不法分子可能使用的对信息资产造成损害的策略、技术和方法。为了帮助识别各项信息资产中可能存在的威胁隐患，在风险评估中应该使用 MITRE ATT&CK 之类的威胁知识库，直观地呈现各种典型攻击在不同阶段所对应的目标，帮助企业或机构确定他们需保护的信息资产类型。

（4）分析潜在风险。

分析潜在风险是为了评估风险场景实际发生的可能性以及一旦发生后会对组织造成什么样的影响。在网络安全风险评估中，风险实际发生的可能性往往取决于威胁和漏洞的可发现性、可利用性和可再现性，而不是取决于历史经验的套用。影响是指威胁利用漏洞对组织造成的危害程度，应在每个场景中评估对机密性、完整性和可用性造成的影响。这一部分的评估在本质上是非常主观的，因此评估者的专业度和经验积累至关重要。

（5）确定风险优先级。

使用风险矩阵可以对每个风险场景进行分类。为了确保企业的网络安全风险程度是可控的，任何高于预定风险容忍程度的威胁场景都应优先处理，它包含三种方法：一是避免，如果某项活动的风险大于收益，那么立刻停止该项活动是比较明智的行动方案；二是转移，通过购买相关业务保险或将某些高风险业务外包给专业的第三方机构，与其他商业机构一起分担部分风险；三是缓解，通过部署安全控制措施，降低风险程度。

（6）记录相关风险。

网络安全风险评估是一项重大且持续的工作。随着新的威胁层出不穷，新的系统或活动的不断引入，安全风险评估需要反复进行。因此，需在每一次的评估工作中为未来即将开展的评估提供可复用的流程和模板。同时，有必要在风险注册中心记下所有已识别的风险场景。保持定期审查和更新，确保管理层始终了解其网络安全风险的最新信息，这主要包括：风险场景、评估日期、当前的安全控制措施、当前风险程度、处理计划、进展状况、残余风险以及风险处置负责人等。

3. 网络安全风险评估流程

网络安全风险评估的过程主要分为：风险评估准备、资产识别过程、威胁识别过程、脆弱性识别过程、安全措施确认和风险分析过程六个阶段。

（1）风险评估准备。

这一阶段的主要任务是制订评估工作计划，包括评估目标、评估范围、制定安全风险评估工作方案。根据评估工作需要组建评估团队，明确各方责任。

（2）资产识别过程。

资产识别主要通过向被评估方发放资产调查表来完成。在识别资产时，以被评估方提供的资产清单为依据，对重要和关键资产进行标注，对评估范围内的资产进行详细分类。根据资产的表现形式，可将其分为数据、软件、硬件、服务和人员等类型。根据资产在保密性、完整性和可用性上的不同要求，对资产进行保密性评估、完整性评估、可用性评估和资产重要程度评估。

（3）威胁识别过程。

在威胁评估阶段，评估人员结合当前常见的人为威胁、其可能动机、可利用的弱点、可能的攻击方法和造成的后果进行威胁源的识别。威胁识别完成后还应对威胁发生的可能性进行评估，列出威胁清单，描述威胁属性，并评估威胁可能出现的频率。

（4）脆弱性识别过程。

脆弱性分为管理脆弱性和技术脆弱性。管理脆弱性主要通过发放管理脆弱性调查问卷、访谈以及手机分析现有的管理制度完成；技术脆弱性主要借助专业的脆弱性检测工具和对评估范围内的各种软硬件安全配置进行检查来识别。脆弱性识别完成之后，需对具体资产的脆弱性严重程度进行估值，数值越大，脆弱性严重程度越高。

（5）安全措施确认。

安全措施可分为预防性安全措施和保护性安全措施。预防性安全措施可以降低利用脆弱性导致安全事件发生的可能性，如入侵检测系统；保护性安全措施可以减少安全事件发生后对组织或系统造成的不利影响。

（6）风险分析过程。

完成上述步骤之后，将采用适当的方法与工具进行安全风险分析和计算。可以根据自身情况选择相应的风险计算方法算出风险值，如矩阵法或相乘法等。如果风险值在可接受的范围内，则该风险为可接受的风险；如果风险值在可接受的范围之外，则需要采取安全措施降低风险。

10.1.8　安全测试的基本原则

安全测试是确保软件应用程序在各种场景下都能够安全运行的重要环节。在进行软件应用安全测试时，需要遵守一些基本原则，下面将重点介绍安全测试需遵守的基本原则。

（1）完整性原则：安全测试需覆盖软件的整个生命周期，包括设计、开发、测试、部署、维护等阶段。在每个阶段，都应该进行相应的安全测试，以确保软件在任何一个阶段都是安全的。

（2）不法分子假设原则：在测试过程中，应假设不法分子具备足够的知识和技能，能够发现和利用软件中的漏洞。因此，测试需尽可能全面模拟不法分子的行为，最终发现并修复潜在的安全漏洞。

（3）默认拒绝原则：在设计和开发软件时，应遵循"默认拒绝"原则，即默认情况下拒绝所有未经授权的访问和操作。只有在明确授权的情况下才允许访问和操作，减少软件面临的安全风险。

（4）最小权限原则：在设计和开发软件时，应遵循"最小权限"原则，即每个组织或用户都只能拥有完成任务所需的最小权限，避免权限过大带来的安全风险。

（5）纵深防御原则：在设计和开发软件时，尽量采用纵深防御原则，即在多层次上落实安全措施。通过这种方式，增加不法分子发现和利用漏洞的难度，提高软件的安全性。

（6）验证和审计原则：在设计和开发软件时，尽量考虑使用验证和审计机制，以确保软件的安全性。验证机制能够确保只有经过授权的用户才可以访问和操作软件，而审计机制可以记录所有访问和操作行为，以便后续溯源和分析。

（7）持续更新和升级原则：随着时间的推移，软件所面临的威胁和攻击手段也在不断变化。因此，应持续更新和升级软件，以应对新的威胁和攻击手段。同时，需定期进行安全测试，以确保软件的安全性。

总之，软件应用安全测试是确保软件应用程序安全运行的重要环节。在设计和实现软件时，应遵循完整性、不法分子假设、默认拒绝、最小权限、纵深防御、验证和审计、持续更新和升级等原则，以提高软件的安全性和可靠性。同时，也应加强安全意识和培训，提高开发人员和管理员的安全意识和技能水平，以更好地防范和应对各种安全威胁。

10.2　常见的安全漏洞

随着各类 Web 应用系统、社交软件的普及，基于 Web 场景的互联网应用越来越广泛。在企业信息化的过程中，越来越多的应用架设在 Web 服务器上。Web 业务的迅速发展吸引了全世界各种黑客组织的广泛关注，Web 安全威胁也接踵而至。黑客组织利用网站操作系统的漏洞和 Web 服务程序的 SQL 注入漏洞等得到 Web 服务器的控制权限，轻则篡改网页内容，重则窃取重要敏感数据，或在网页中植入恶意代码，使网站访问者权益受到侵害。Web 应用安全的重要性与日俱增，越来越多的用户开始关注 Web 应用的安全问题。如果在系统开发阶段或使用过程中加强 Web 安全测试与分析，则可比较有效地防患于未然，提高 Web 应用安全。目前比较常见的 Web 安全问题主要有以下几种。

10.2.1　SQL 注入

SQL 注入漏洞（SQL Injection）是 Web 开发中最常见的一种安全漏洞。不法分子可以用它从数据库中获取敏感信息，或利用数据库的特性执行添加用户，导出文件等一系列恶意操作，甚至有可能获取数据库乃至操作系统最高级别的用户权限。造成 SQL 注入的原因是因为程序没有有效地转义过滤用户的输入，使不法分子成功地向服务器提交一些恶意的 SQL 查询代码。程序在接收后错误地将不法分子的输入作为查询语句的一部分执行，导致原始的查询逻辑被改变，额外地执行了恶意代码。许多 Web 开发者没有意识到 SQL 查询是可以被篡改的，从而把 SQL 查询当作可信任的命令。殊不知，SQL 查询可以绕过访问控制，从而避开身份验证和权限审查。更有甚者可能通过 SQL 查询去运行系统级的主机命令。

SQL 注入是一种严重的网络安全威胁，它允许不法分子在数据库查询中插入恶意 SQL 代码来操纵后端数据库。这种攻击不仅可以用于非法访问、修改、删除或泄露敏感数据，还会导致数据服务中断、数据硬盘损害、服务器瘫痪等严重后果。以下是 SQL 注入攻击可能导致的一些风险和损失：

（1）数据泄露：不法分子可以通过 SQL 注入访问存储在数据库中的敏感信息，如用户账户、密码、信用卡号、个人信息等，这些信息的泄露可能导致身份信息被盗用或者经济损失；

（2）数据完整性破坏：不法分子可以利用 SQL 注入修改或删除数据库中的数据，导致数据丢失、错误或不一致，严重影响业务运营和开展；

（3）服务中断：通过恶意 SQL 命令，不法分子可以使数据库服务不可用，导致合法用户无法访问服务，从而影响业务连续性和用户体验；

（4）法律合规问题：数据泄露和不当处理用户信息可能导致违反数据保护法规，如欧盟的通用数据保护条例（GDPR）或美国健康保险流通与责任法案（HIPAA），从而面临重大的法律风险和财产损失；

（5）敏感信息泄露：不法分子可以利用 SQL 注入漏洞获取应用程序后端数据库中的敏感配置信息，如数据库连接信息、API 密钥等，进而可能导致系统遭受更广泛和深层次的攻击；

（6）提权攻击：若应用程序使用特权账号连接数据库，且存在 SQL 注入漏洞，不法分子则可能通过注入恶意 SQL 语句提升自己的权限，从而获取更高的系统权限，对系统进行进一步攻击；

（7）代码执行：在某些极端场景情况下，不法分子可能成功执行恶意代码，如在数据库中存储的存储过程或触发器中执行代码，从而实现远程代码执行、系统命令执行等危险行为。

综上所述，SQL 注入攻击可能导致数据库中的数据泄露、篡改、拒绝服务等一系列安全风险，对应用程序、数据库和服务器造成严重的影响，甚至可能对整个系统造成灾难性的后果。因此，开发者和管理员需密切关注 SQL 注入漏洞的存在，并采取相应的防护措施，如参数化查询、输入验证、过滤特殊字符等，以确保系统的安全性和稳定性。

10.2.2　XSS 跨站脚本攻击

XSS（Cross Site Script）即跨站脚本攻击，因缩写和 CSS（Cascading Style Sheets）重叠，为了加以区分，将其改称为 XSS。XSS 的原理是不法分子向 Web 页面插入恶意可执行网页脚本代码，当用户浏览该页时，嵌入 Web 里的脚本代码会被执行，从而达到盗取用户信息或其他侵犯用户安全隐私的目的。总的来说，跨站脚本攻击的方式千变万化。

跨站脚本攻击是一种常见的网络安全漏洞，它允许不法分子将恶意脚本注入正常的网页中，这些脚本在其他用户的浏览器中执行时可导致一系列的危害。以下是 XSS 攻击造成的一些主要危害：

（1）个人信息泄露：不法分子可以通过 XSS 攻击窃取用户的登录凭证、Cookie、会话令牌等敏感信息。当用户在受影响的网站上进行操作时，恶意脚本可以捕获这些信息并发送给不法分子；

（2）会话劫持：不法分子可以利用 XSS 攻击劫持用户的会话，意味着他们可以伪装成用户，并在用户不知情的情况下执行操作；

（3）账户劫持：通过窃取用户的登录凭证，不法分子可以控制用户的账户，进行非法操作，如发布恶意内容、进行金融交易等；

（4）钓鱼欺诈：跨站脚本攻击可用于创建看似合法的钓鱼网站，诱骗用户提供敏感信息，如信用卡号、银行账户信息等；

（5）数据篡改：不法分子可以通过跨站脚本攻击修改网页内容，包括用户提交的数据等，这可能导致数据不准确或不可靠；

（6）声誉损失：跨站脚本攻击可能导致网站显示恶意内容或广告，这不仅会损害用户的浏览体验，还可能对网站的声誉造成长期影响；

（7）服务受损：在某些情况下，跨站脚本攻击可能导致网站服务中断，影响正常用户的访问和使用；

（8）合规风险：Web 网站运营者可能因为跨站脚本攻击所引发的安全事件而承担不必要的法律责任并接受政府机构的审查，从而带来不必要的法律法规风险。

为了避免跨站脚本攻击带来的损失，网站开发人员和管理员需采取一系列安全措施，包括但不限于对用户输入信息进行验证和过滤、使用内容安全策略（CSP）、执行合适的编码和转义机制等。同时，用户也应保持警惕，不点击不明链接或在不可信的网站上输入敏感信息。

10.2.3　CSRF 攻击

CSRF（Cross-Site Request Forgery）中文名称为跨站请求伪造攻击。其原理是不法分子通过盗用用户的登录信息，以用户的身份模拟发送各种请求。只需借助少许的社会工程学的诡计，如通过 QQ 等聊天软件发送链接（有些还伪装成短域名，用户无法分辨），不法分子就能引诱 Web 用户去执行预设的操作陷阱。例如，当用户登录网络银行去查看其存款余额，在他没有退出时，就单击了一个 QQ 好友发来的链接，那么该用户银行账户中的资金就有可能被转移到不法分子指定的账户中。因此，当遭遇到 CSRF 攻击时，将对终端用户的数据和操作指令构成严重的威胁。当受攻击的终端用户具有管理员账户的时候，CSRF 攻击将危及整个 Web 应用程序。

1. CSRF 攻击的危害

CSRF 攻击是一种利用用户在已认证的会话中执行非预期操作的攻击方式。不法分子利用受害者的已认证会话向目标网站发送伪造的请求，以执行未经授权的操作，其主要危害包括：

（1）用户账户劫持：不法分子可以冒充用户执行一些非授权的操作，如修改密码、修改个人信息、转移资金、发送消息等，严重威胁到个人用户的账户安全；

（2）经济财产损失：CSRF 攻击可能导致直接的经济损失，如非法转账、虚假交易等。此外，修复安全漏洞和应对攻击产生的后果也需投入额外的资金；

（3）恶意数据操纵：不法分子可以利用 CSRF 攻击来操纵数据，如在社交网络上发布虚假消息、评论或点赞，以扩大其影响力或传播虚假消息；

（4）系统破坏：尤其是在企业级应用中，不法分子可能会利用 CSRF 漏洞进行删除关键数据、更改系统设置等破坏性操作，严重影响系统的稳定性和安全性；

（5）服务器资源消耗：不法分子可以利用 CSRF 攻击对目标网站进行大量请求，消耗服务器资源，导致服务性能下降甚至暂时不可用；

（6）法律合规风险：如果不法分子通过 CSRF 攻击执行非法操作，发布违法内容，则会给网站运营者带来法律和合规风险。

2. CSRF 攻击的防范措施

那么，为了防范 CSRF 攻击，网站开发者和管理员应采取什么样的防范措施并将危害带来的损失降低到最小呢？下面介绍几种防范 CSRF 攻击的措施：

（1）CSRF 令牌的使用：服务器为每个需要保护的动作生成一个随机且唯一的令牌，并将其放在用户的会话中，同时在表单中作为一个隐藏字段或 URL 参数传递给客户端。当用户提交请求时，服务器会检查提交的令牌是否与服务器存储的令牌一致，从而确认请求是否由合法用户发起；

（2）SameSite Cookie 属性：设置 Cookie 的 SameSite 属性为 Strict 或 Lax，这样浏览器在跨域请求时就不会将 SameSite 属性为严格模式的 Cookie 信息发送出去，减少 CSRF 攻击的可能性；

（3）HTTP Referer 属性：检查 HTTP 请求头部的 Referer 属性字段，确认请求来源于预期的域名。但这种方案并不可靠，因为 HTTP Referer 属性有可能被浏览器禁用、被代理服务器修改或因其他原因而不可靠；

（4）RESTful API 接口的 CSRF 防护：在进行 API 设计时，使用 JWT 或其他形式的状态无关的身份验证机制，并在其中包含用于防范 CSRF 的 token；

（5）验证码：对于重要的操作，要求用户提供验证码。该验证码可以是一个图形验证码或短信验证码，从而增加了不法分子伪造用户请求的难度；

（6）基于权限的身份验证和授权：对于敏感操作实施更严格的权限验证，如要求用户重新输入密码或进行二次确认。

综合运用以上手段能够显著降低 CSRF 攻击的风险，但实际防护策略需根据应用的具体情况和安全需求来定制。

10.2.4　命令行注入

系统（OS）命令注入与 SQL 注入类似，但是 SQL 注入针对数据库，而 OS 命令注入主要针对操作系统。OS 命令注入攻击指通过 Web 应用，执行非法的操作系统命令以达到攻击的目的。只要在能调用 Shell 函数的地方就存在被攻击的风险。倘若调用 Shell 时存在疏漏，就可执行插入的非法命令。命令注入攻击可以向 Shell 发送命令，使 Windows 或 Linux 操作系统的命令行启动程序，即通过命令注入攻击可执行操作系统上安装着的各种程序。

10.2.5　流量劫持

流量劫持分为两种：DNS 劫持和 HTTP 劫持，二者目的相同，当用户访问某网站的时候，向你展示的并不是或不完全是该网站提供的"内容"。当用户通过某一个域名访问一个站点时，若被篡改的 DNS 服务器返回的是一个恶意的钓鱼站点的 IP，用户就会被劫持到恶意钓鱼站点，继而被钓鱼而输入用户的账号密码信息，造成隐私泄露。HTTP 劫持主要是当用户访问某个站点时会经过运营商网络，而不法运营商和黑产勾结，截获 HTTP 请求返回内容并私自篡改内容，再返回给用户，从而实现劫持。这产生的后果轻则是插入不良小广告，严重则直接篡改成钓鱼网站，导致用户敏感数据被盗取。

1. 流量劫持的危害

流量劫持的不法分子通过恶意手段控制网络流量的流向，将用户的网络通信重定向到不法分子控制的服务器或中间节点上，接着实施一系列恶意操作。其危害主要包括以下几个方面：

（1）数据窃取：流量劫持不法分子可以监视甚至窃取流经劫持节点的用户数据，包括登录凭证、敏感信息、个人通信内容等，导致用户隐私泄露；

（2）网络钓鱼：流量劫持不法分子将钓鱼网站伪装成合法网站或者服务，通过流量劫持的方式将用户的访问流量重定向到伪造的钓鱼网站上，实施钓鱼攻击，肆意盗用用户输入的敏感信息；

（3）中间人攻击：流量劫持不法分子通过在劫持节点上充当中间人，截获用户与服务端之间的通信内容，甚至篡改通信内容，进一步加剧网络安全风险；

（4）服务中断：通过构造大量伪造的流量或拒绝服务请求，不法分子可以使目标网站服务不可用甚至瘫痪，影响正常用户访问和使用；

（5）恶意重定向：流量劫持不法分子可以通过流量劫持将用户的访问流量重定向到恶意网站上，从而引诱用户下载恶意软件、暴露个人信息、引诱用户进行高危操作等；

（6）篡改信息：流量劫持不法分子会通过修改经过劫持节点的网络通信内容，如篡改网页内容、替换下载文件、插入恶意代码等，从而欺骗用户或者植入恶意代码；

（7）财务损失：对于企业而言，流量劫持可能导致商业机密泄露、交易数据篡改、财务损失等严重后果，影响企业的经济利益和市场声誉。

以上这些均为流量劫持对个人用户和企业所构成的主要安全威胁，它最终可能导致用户隐私泄露、信息篡改、网络钓鱼、中间人攻击、恶意重定向、拒绝服务等一系列不良后果。因此，保护网络通信的安全性，防范流量劫持攻击至关重要。

2. 流量劫持的防范措施

既然流量劫持给个人和企业带来严重危害，那么应采取什么措施防范这些危害带来的影响呢？下面介绍关于流量劫持的一些具体防范措施：

（1）在网站或服务接口中普遍采用 HTTPS 等加密协议，对网络中传输的数据进行加密，确保数据传输的安全性和完整性；

（2）在服务器端部署网络防火墙和入侵检测系统，实时监控和过滤异常流量，防止恶意数据包的传输和入侵；

（3）对于操作系统采取定期更新和打补丁的方式，确保网络设备和系统软件的安全性，及时修复已知的安全漏洞；

（4）对互联网用户进行安全教育，提升其防范意识。通过网络安全培训，帮助用户识别钓鱼网站和恶意链接，提升整体的安全意识；

（5）在公共 Wi-Fi 等不安全的网络环境中使用 VPN，保护数据传输的安全。

上述防范措施可以显著降低流量劫持的风险，避免普通用户或者企业遭受流量劫持。

10.2.6 DDoS 攻击

1. DDoS 攻击主要特点

DDoS 又称分布式拒绝服务，全称为 Distributed Denial of Service，其原理就是利用大量的请求造成资源过载，导致服务器端服务不可用，正常的请求无法得到响应。DDoS 攻击是一种网络攻击手段，不法分子通过控制多个系统向目标网络或服务器发送大量请求，以消耗目标系统的资源，导致其无法提供正常服务。这种攻击的目的是使目标系统过载，从而使合法用户无法访问服务。DDoS 攻击主要有以下几个特点：

（1）分布式特性。

DDoS 攻击来自多个不同的系统，这些系统可能被不法分子控制，或感染了恶意病毒。

（2）隐蔽性特性。

DDoS 攻击流量来自多个合法的 IP 地址，很难追踪到真正的不法分子。

（3）破坏性特性。

DDoS 攻击往往以大规模流量压制目标系统，其规模可达成千上万个请求包，从而使目标系统瘫痪或不稳定。DDoS 攻击所采用的大规模饱和式攻击可能导致服务中断，给个人或者企业造成经济损失或者损害企业声誉。

2. DDoS 攻击防范措施

DDoS 攻击所带来的危害是任何企业和个人都难以承受的，因此，有必要对 DDoS 攻击采取一定的防范措施。下面介绍几种针对 DDoS 攻击的防范措施：

（1）流量监控。

利用实时监控软件监控网络流量，分析流量模式，及时发现异常流量。同时，利用防火墙、入侵防御系统（IDS）或入侵防护系统（IPS）等工具监控并过滤恶意流量。企业或机构也需对内部和外部流量进行定期检查，以确定是否存在异常流量。

（2）DDoS 防护服务。

企业或机构可以采用专业的 DDoS 防护服务应对 DDoS 攻击。这些 DDoS 攻击防护服务可以有效地检测和阻挡不法分子的流量攻击，以保护企业的网络安全。内容分发网络（CDN）和专门的 DDoS 防护服务可以帮助分散和吸收攻击流量。

（3）增加网络基础设施。

选用高带宽和高容量的网络连接可以更有效地抵御大流量的 DDoS 攻击。部署分布式防御设备和缓存服务器能够帮助提高整体网络容量和性能，增加带宽容量，对来自可疑 IP 的网络流量进行限制和过滤，以减轻攻击的影响。

（4）动态负载均衡。

使用负载均衡设备分发流量，使其能够平均分散到多个服务器上。也可以通过云服务提供商或内容分发网络等方式在全球范围内分发流量，减轻单一服务器的压力。此外，还通过配置自动扩展机制，根据流量负载的变化动态增加或减少服务器资源。

（5）数据备份与恢复。

对于一些重要的数据，企业应做好完备的备份工作，备份数据可以用作恢复，降低因 DDoS 攻击造成的损失。此外，企业要做好数据恢复的准备工作，对于攻击后的数据恢复和业务恢复需制定详细的应急预案，确保业务的持续性和稳定性。

10.2.7　服务器漏洞

服务器漏洞是指存在于服务器操作系统、应用程序、网络配置或服务组件中的安全缺陷，这些缺陷可被潜在不法分子利用以达到非法入侵、控制系统或窃取数据的目的。

1. 服务器漏洞类型

服务器漏洞的类型多样，包括但不限于 SQL 注入、XSS 跨站脚本、CSRF 跨站请求伪造等。事实上，还有很多其他的漏洞不容忽视，下面介绍几种不常见的漏洞。

（1）越权操作漏洞：可以简单地总结为 A 用户能看到或者操作 B 用户的隐私内容。

（2）目录遍历漏洞：指通过在 URL 或参数中构造 ../,../和类似的跨父目录字符串的 ASCII 编码、Unicode 编码等，完成目录跳转，读取操作系统各个目录下的敏感文件，也称作"任意文件读取漏洞"。

（3）物理路径泄露：属于低风险等级缺陷，不法分子可以利用此漏洞得到信息，以进一步攻击系统。通常是系统报 500 的错误信息，直接返回到页面可见导致的漏洞。物理路径有时能给不法分子带来一些有用的信息，如可以大致了解系统的文件目录结构，可以看出系统所使用的第三方软件，可能得到一个合法的用户名（因为很多人把自己的用户名作为网站的目录名）。防止这种泄露的方法就是做好后端程序的出错处理，定制特殊的 500 报错页面。

（4）源码暴露漏洞：与物理路径泄露类似，即不法分子可以通过请求直接获取到站点的后端源代码，从而对系统进一步研究攻击。

（5）零日漏洞：指尚未被权威安全机构或安全厂商发现的漏洞，因此没有相应的补丁或解决方案。不法分子可能利用这些漏洞对服务器进行攻击，而受害者无法及时采取措施保护服务器。

（6）文件上传漏洞：不法分子通过上传恶意软件到服务器并在服务器端运行恶意软件，最终完成对服务器端的控制，并执行一些恶意破坏操作，如 WebShell 攻击。

2. 服务器漏洞防范措施

服务器漏洞及相关攻击方式都是服务器安全所面临的巨大威胁，为了有效保护服务器，管理员需要不断关注这些针对服务器端安全威胁的演变，并采取相应的防御措施，如加固服务器配置、使用安全编程实践、进行安全审计和监控等。

服务器漏洞的防范措施是多方面的，涉及技术、管理和物理安全层面。以下是一些关键的防范措施：

（1）定期更新和打补丁：确保服务器操作系统和所有应用程序都安装了最新的安全补丁，使已知漏洞完全得到修复；

（2）使用安全配置：对服务器进行安全配置，包括关闭不必要的服务、限制非必要端口的开放、配置防火墙规则等；

（3）数据加密：对存储和传输的数据进行加密，使用 SSL/TLS 等协议保护数据传输的安全；

（4）应用程序安全：对服务器上运行的应用程序进行安全编码和定期的安全测试，包括代码审查和漏洞扫描；

（5）物理安全：确保服务器所在的物理环境安全，限制非授权人员的访问；

（6）日志记录与监控：记录服务器活动日志并定期进行审查，以便及时发现和响应可疑行为；

（7）强化访问控制：实施强密码策略，使用多因素认证，限制对敏感数据和关键系统的访问。

通过实施这些防范措施，可以显著降低服务器受到攻击的风险，并提高对潜在威胁的抵御能力。需要注意的是，安全是一个持续的过程，需要不断地评估、更新和改进安全措施，以应对不断变化的威胁环境。

10.3 渗透测试基础知识及流程

渗透测试一般是通过模拟入侵者的方式，试探当前的被测试对象是否存在安全漏洞。

通过这种方式对被测试对象进行加固，避免在真实环境中被不法分子入侵。渗透测试的攻击技术有多种，包括社会工程学攻击、密码破解、漏洞利用、中间人攻击、数据包嗅探、服务拒绝攻击、缓冲区溢出等。

10.3.1　渗透测试概述

1. 渗透测试概念

　　渗透测试是一项在计算机系统上进行的授权模拟攻击，其目的是对系统的安全性进行全面评估，同时证明网络防御措施按照预定计划正常运行。假设公司定期更新安全策略和程序，定期给系统打补丁，并采用了漏洞扫描器等工具，以确保所有补丁都已打上。如果已经完成了以上的这些操作，为什么还要请第三方进行审查或渗透测试呢？因为渗透测试能够独立地检查网络策略，换句话说，就是为系统安了一双眼睛。且进行这类测试的往往为熟悉探查网络系统安全漏洞的专业人士。

　　渗透测试（Penetration Test）并没有标准的定义，国外一些安全组织的通用说法是：渗透测试是通过模拟恶意黑客的攻击评估计算机网络系统安全的一种评估方法。这个过程从不法分子的视角出发，包括对系统的任何弱点、技术缺陷或漏洞的主动分析，从不法分子的视角主动地利用安全漏洞。换句话讲，渗透测试是指渗透人员在不同的位置（如从内网、从外网等位置）利用各种手段对某个特定网络进行测试，以发现和挖掘系统中存在的漏洞，接着输出渗透测试报告，并提交给网络所有者。网络所有者根据渗透人员提供的渗透测试报告，可以清晰地掌握系统中存在的安全隐患和问题。我们认为渗透测试还具有的两个显著特点是：渗透测试是一个渐进的且逐步深入的过程；渗透测试在不影响业务系统正常运行的前提下开展的模拟攻击测试。作为网络安全防范的一种新技术，渗透测试对于网络安全组织具有实际应用价值，但要找到一家合适的公司实施渗透测试并不容易。

　　渗透测试有时作为外部审查的一部分进行。这种测试需要探查系统，并全面检查操作系统及相关的网络服务，以检查这些网络服务是否存在漏洞。还可用漏洞扫描工具完成这些任务，但专业人士往往选择使用比较熟悉且专业性很强的渗透测试工具。

　　渗透测试的作用一方面在于解释所用工具在探查过程中所得到的结果。许多测试人员都可利用这种渗透测试工具探查防火墙或网络的某些部分，但很少有人能够全面地了解渗透测试工具得到的结果，更别提证实渗透测试工具生成报告的准确性。有些渗透测试人员通过使用工具进行安全评估，这些工具至少能够使整个过程实现部分自动化，这样技术娴熟的专业人员就可以专注于所发现的问题。如果需要探查更加深入，则需连接到系统中任何可疑部分，某些情况下还要利用漏洞。商用工具在实际应用中存在一些问题：如果它所做的测试未能获得系统充分授权，许多产品往往会隐藏未授权部分的测试结果。譬如，一款渗透测试工具就存在这样的问题：假如它无法进入 Cisco 路由器，或无法用 SNMP 获得其软件版本号，它也不会发出"该路由器容易受到某些拒绝服务（DoS）攻击"的警告，导致用户误以为网络是安全的。而实际上，网络此时可能是危险的。

　　渗透测试按照软件测试的理念分为三种类型：白盒测试、黑盒测试和灰盒测试。其中，白盒测试是基于代码审查，再结合渗透测试工具进行；黑盒测试在业内也被称为盲测，除了有测试范围之外，其余均模拟黑客攻击的过程进行操作；灰盒测试是结合白盒测试的代码审计、黑盒测试的攻击策略和技术手段的一种折中方案。因为拥有测试目标所有内部与底层的结构，白盒测试可用最小的代价发现更多严重的隐藏的漏洞；黑盒测试因为是盲测，所以依赖较高的技术能力，攻击手段也多样化，从而可以更完整地评估目标的安全风险，也可检测目标团队的应急能力；灰盒测试集两者之长，既能快速全面检测出安全风险，同时还具备更完整的安全风险评估能力。

2. 渗透测试原则

渗透测试尽可能地从黑客视角对用户网络安全性进行检查，对目标网络、系统和应用的安全性作深入的探测，以发现系统最脆弱的环节的过程。渗透测试能够直观地让管理人员知道自己网络所面临的问题。渗透测试的原则是指导渗透测试活动的基本规则和标准，以确保测试的有效性和合规性。以下是渗透测试的一些基本原则：

（1）稳定性原则。渗透测试的稳定性原则是指在进行渗透测试时，应当保证目标系统的持续稳定运行。这一原则的核心在于确保测试活动不会对系统的正常功能和业务操作造成不良影响。在实际操作中，稳定性原则要求渗透测试人员在测试过程中采取一系列措施，最大限度减少对系统稳定性的影响。测试人员应在确保信息系统持续稳定运行的前提下，通过选择合适工具、方法和时间，将对系统正常运行的影响降至最低。

（2）可控性原则。渗透测试的可控性原则是指在进行渗透测试时，所有的测试活动都应当在客户授权和许可的范围内进行，并且要确保测试过程是可监控、可管理和可预测的。这一原则的核心是保护客户的业务连续性和数据安全，同时确保测试活动不会超出预定的范围，避免造成不可预见的损害。渗透测试的可控性原则包含以下几个要素：

① 授权和许可：在测试开始之前，渗透测试者必须获得客户的明确授权，明确测试的范围、目标和限制条件。这通常通过签订服务合同或保密协议来实现。

② 计划与准备：渗透测试者应制订详细的测试计划，包括测试的目标、方法、工具、时间表和预期结果。测试计划应得到行业测试专家的认可，并在测试过程中严格遵守执行落地。

③ 风险管理：渗透测试者应评估测试活动可能带来的风险，并采取适当的措施降低这些风险。这可能包括使用安全的工具、避免高风险的测试手段，以及在必要时暂停或调整测试计划。

④ 监控与记录：测试过程中应实时监控测试活动，记录所有测试行为和系统响应。这有助于在发生异常时及时采取措施，并为后续的分析和报告提供依据。

⑤ 系统备份：在测试开始之前，应确保客户的系统和数据已进行了完整的备份。这样，即使测试过程中出现问题，也能够迅速恢复到测试前的工作状态。

通过遵循可控性原则，渗透测试能够确保在不干扰客户正常业务的前提下，有效地识别和评估目标系统的安全风险。这有助于客户更好地理解其系统的安全状况，并采取适当的措施来提高安全性。同时，这还有助于建立渗透测试者与客户之间的信任，确保测试活动的顺利进行和成功完成。

（3）最小影响原则。渗透测试的最小影响原则是指在执行测试的过程中，应当尽可能减小对目标系统、应用程序、网络设备以及整体业务运作的影响。这一原则要求渗透测试团队在进行模拟攻击时注意以下几点：

① 避免业务中断：测试行为不能导致目标系统的功能失效或服务停止，尤其是对于系统关键业务，必须确保其在测试期间能够维持正常运行。

② 限制资源使用：在测试中使用的技术和方法不应过度消耗目标系统资源，如 CPU、内存、存储空间和网络带宽等。

③ 维持系统稳定：确保在测试结束后，系统能够恢复到测试前的状态，不对系统配置、日志记录等产生不必要的遗留问题。

④ 合法合规：所有的测试活动必须在法律允许和客户授权的范围内进行，不得超越约定的测试边界。

⑤ 风险通报：当在测试过程中发现重大风险或可能会对系统产生较大影响时，应及时通知客户并协商后续行动。

总而言之，最小影响原则强调在完成安全测试任务的同时最大化地保护目标系统的正常运行环境，避免因测试活动带来的附加风险和损失。

（4）非破坏性原则。渗透测试的非破坏性原则指在进行测试时不会对目标系统造成实际的破坏或损害。虽然渗透测试模拟黑客攻击的过程，但其目的不在于破坏系统或造成业务中断，而是通过模拟攻击活动发现系统的安全漏洞和薄弱环节，以便客户能够及时修复这些问题，提高系统的安全性。具体来说，渗透测试的非破坏性体现在以下几个方面：

① 不改变系统配置和数据：渗透测试不会对系统的原有配置进行更改，也不会操纵、破坏或篡改系统中的数据。

② 不对系统造成不可逆影响：渗透测试不会对系统造成永久性的损坏，如不会删除重要数据、禁用关键服务或破坏系统的硬件设备。

③ 遵循测试范围和约束：渗透测试会在客户授权的范围内进行，严格遵循测试协议和约束。测试人员只针对约定范围内的系统、应用程序或网络进行测试，不会越权操作或对未授权的目标进行模拟攻击。

④ 不影响正常业务：渗透测试会尽量减少对业务正常运行的影响。测试人员会在安排测试时间时尽量选择对业务影响较小的时段进行，以确保测试过程不会导致系统中断或服务不可用。

综上所述，非破坏性原则确保了渗透测试的安全性和有效性。它强调了测试人员的责任，即在进行测试时尊重客户的系统和数据，尽量减少对系统的负面影响，同时确保发现的安全问题能够有效修复，提高系统的整体安全性。

（5）保密性原则。渗透测试的保密性原则强调在测试过程中对发现的系统漏洞和安全问题严格保密，以防止这些信息被不法分子利用。这一原则对于确保渗透测试的有效性和客户的安全至关重要。具体来说，保密性原则主要包括以下几个方面：

① 保护客户数据及系统信息：在渗透测试过程中，测试人员可能会接触客户的敏感数据和系统信息。保密性原则要求测试人员严格遵守保密协议，不得将客户的数据或系统信息泄露给未经授权的第三方。

② 限制信息传播：渗透测试的报告和结果应仅限于客户和参与测试的相关人员知晓。测试报告应采用加密、密码保护或其他安全措施，以确保只有经过授权的人员能访问和查看报告内容。

③ 防止关键信息泄露：测试人员在测试过程中发现的系统漏洞和安全问题应及时通知客户，并与客户一起商讨修复方案。同时，测试人员不应将这些问题公之于众，防止黑客或其他非法入侵者利用这些信息对系统进行攻击或非法牟利。

④ 保障测试客观性：保密性原则还要求测试人员在编写测试报告时保持客观和中立，不得歪曲测试结果或夸大系统存在的安全风险。报告中应清晰地描述测试过程和发现的问题，并提出客观的建议和改进措施。

渗透测试的保密性原则旨在确保渗透测试的结果能够得到客户的信任和认可，同时保护客户的系统和数据不受不法分子的侵害。通过遵守保密性原则，渗透测试可以更有效地提高系统的安全性，保护客户的利益。

（6）全面深入性原则。渗透测试的全面深入性原则指在测试过程中使用全面的技术手段和方法，以尽可能发现目标网络和系统存在的安全隐患。这一原则的核心在于确保测试覆盖范围广泛、深入挖掘系统的各个方面，从而提高测试的有效性和系统的安全性。渗透测试的全面深入性原则包括以下几个方面：

① 技术手段方面：渗透测试不单单局限于单一的技术或方法，而是结合多种技术手段，包括网络扫描、漏洞利用、密码破解、社会工程学等，以便全面检测目标系统的安全性。

② 覆盖度方面：渗透测试应涵盖目标系统的各个方面，包括网络设备、操作系统、应用程序、数据库等，以确保发现所有潜在的安全漏洞和风险。

③ 风险挖掘方面：测试人员应深入挖掘系统的潜在安全风险，包括常见的漏洞、配置错误、访问控制问题等，以及针对性的攻击模拟，以发现系统的真实弱点。

④ 场景模拟方面：渗透测试应模拟真实的攻击场景，包括外部攻击、内部攻击、网络渗透、应用程序漏洞等，以评估系统在面对不同类型攻击时的防御能力。

⑤ 持续改进和学习方面：渗透测试是一个持续改进的过程，测试人员应不断学习新的攻击技术和防御方法，以适应不断变化的安全威胁。

渗透测试人员通过遵循全面深入性原则，可以更全面地评估目标系统的安全性，发现潜在的安全风险，并提供有效的建议和改进措施，从而提高系统的整体安全性。

10.3.2　渗透测试的流程

渗透测试遵循软件测试的基本流程，但由于其测试过程与目标的特殊性，在具体实现步骤上与常见软件测试并不相同。渗透测试流程主要包括以下六个步骤。

（1）明确目标。

当测试人员拿到需要做渗透测试的项目时，首先应确定测试需求，如测试目标是针对业务逻辑漏洞还是针对人员管理权限漏洞等。接着确定客户要求渗透测试的范围，如 IP 段、域名、整站渗透或部分模块渗透等。最后确定渗透测试规则，如能够渗透到什么程度、是确定漏洞为止还是继续利用漏洞进行更进一步的测试、是否允许破坏数据、是否能够提升权限等。在这一阶段，测试人员主要对测试项目有一个整体明确的了解，方便测试计划的制订。

（2）信息收集。

在信息收集阶段应尽量收集关于项目软件的各种信息。例如，对于一个 Web 应用程序，应收集开发工具、编程语言类型、服务器类型、数据库类型以及项目所用到的开发框架、开源组件等。信息收集对于渗透测试非常重要，只有掌握目标程序足够多的信息，才能更好地进行漏洞检测。信息收集的方式可分为以下两种：

① 主动收集。

通过直接访问、扫描网站等方式收集需要的信息。这种方式可收集的信息较多，但访问者的操作行为会被目标主机记录。

② 被动收集。

通过利用第三方服务对目标对象进行了解，如上网搜索相关信息。这种方式获取的信息相对较少且不够直接，目标主机不会发现测试人员的行为。

（3）扫描漏洞。

在这个阶段综合分析收集到的信息，借助扫描工具对目标程序进行扫描，查找存在的安全漏洞。在收集到足够的信息后，渗透测试人员将对目标系统进行漏洞扫描。他们会使用自动化工具或采用手动技术检测系统中的漏洞，如未经授权的访问、弱密码、未经验证的输入等，这一步骤的最终目的是发现系统中存在的安全漏洞。

（4）漏洞验证。

在完成扫描漏洞操作后，软件安全测试人员会得到许多关于目标程序的安全漏洞，但这些漏洞可能存在误报的情况，需要测试人员结合实际情况搭建模拟测试环境进行验证。安全测试人员使用手动测试技巧和工具来验证漏洞的真实性，如 SQL 注入工具、XSS 测试工具等。对于每个潜在的漏洞，尝试复现测试报告中描述的攻击场景，记录并验证过程中的所有步骤和结果，包括成功复现的漏洞和误报的漏洞。

（5）编写安全测试报告。

根据漏洞验证的结果编写详细的验证报告，报告中应包含验证的方法、步骤、结果和建议的修复措施。对于存在误报的漏洞，应提供清晰的解释和证据，说明为什么将其判定为误报。渗透测试报告凝聚了之前所有阶段渗透测试团队获取的关键情报信息、探测和发掘出的系统安全漏洞、成功渗透攻击的过程，渗透过程中用到的代码等关键信息资产，以及对业务产生的不良影响。同时，还应站在防御者的角度上，帮助他们分析安全防御体系中的薄弱环节、存在的问题和修补与升级技术方案。

（6）漏洞修复与回归验证。

漏洞修复和回归验证是渗透测试和安全评估过程中的关键步骤。它们确保了发现的安全问题会得到妥善处理，并验证修复措施的有效性。根据漏洞的严重性、被利用的可能性和对系统安全影响的程度对发现的漏洞进行优先级排序，优先修复高风险漏洞，以减少潜在的安全威胁。接着，与开发团队和安全专家合作，为每个漏洞制订详细的修复计划，确定修复措施的实施方案，包括所需的资源、时间和责任人。开发团队应严格按照修复计划，对漏洞进行修复，修复措施可能包括代码修改、配置更改、补丁应用、权限调整等。最后为回归验证环节，在修复措施实施后，对已修复的漏洞进行回归测试，验证其是否已被成功修补。回归测试使用与初次测试同样的技术方法及测试工具进行，以确保评估的一致性。将复测结果与初次测试结果进行对比，确认漏洞是否真正被修复。

10.4　常用安全测试工具

安全测试工具是用于评估系统、网络和应用程序安全性的重要技术平台。它们可以帮助安全专家、开发人员和测试人员发现系统或网络环境中存在的潜在的安全漏洞和风险，从而采取预防措施，提高整体的安全水平。以下介绍一些广泛使用的安全测试工具。

10.4.1　Burp Suite

Burp Suite 是一个集成的平台，用于执行 Web 应用程序的安全测试。它包括多个工具，如代理服务器、扫描器、录制重放器等，可以帮助用户发现、分析并报告 Web 应用程序的安全问题。Burp Suite 为这些工具设计了许多接口，可以更加方便开展模拟攻击。当 Burp Suite 运行后，Burp Proxy 开启默认的 8080 端口作为本地代理接口。Burp Suite 将其内置的 Web 浏览器设置为使用代理服务模式，所有网站流量都可以被拦截、查看和修改。默认情况下，对非媒体资源的请求将被拦截并显示（可以通过 Burp Proxy 选项里的 options 选项修改默认值）。对所有通过 Burp Proxy 网站流量使用预设的方案进行分析，接着纳入目标站点地图中，勾勒出一张包含访问的应用程序的内容和功能的全景画像。在 Burp Suite 专业版中，默认情况下 Burp Scanner 通过被动分析来确定是否存在安全漏洞。

10.4.2　OWASP ZAP

OWASP ZAP（Zed Attack Proxy）是一个开源的 Web 应用安全扫描工具，用于查找应用程序中的安全漏洞。它同时提供了自动化的扫描功能以及手动测试的功能，适合不同技能水平的用户。ZAP 支持多种操作系统，并且拥有一个活跃的社区，为用户提供支持和更新。

10.4.3　Nmap

Nmap（Network Mapper）是一个网络探测和安全审核工具，可以扫描网络中的主机和服务，发现潜在的安全漏洞。Nmap 提供多种扫描技术，包括 TCP SYN 扫描、UDP 扫描和操作系统指纹识别等。Nmap 是一个网络连接端扫描软件，用于来扫描网上电脑开放的网络连接端口，确定哪些服务运行在哪些连接端口上，并且推断当前计算机运行的操作系统类型。它是网络管理员必用的软件之一，用以评估网络系统安全。

正如大多数被用于网络安全的工具，Nmap 也是不少黑客推崇的工具。系统管理员可以利用 Nmap 探测工作环境中未经批准使用的服务器，但黑客会利用 Nmap 搜集目标电脑的网络设定，从而实施策划网络攻击。Nmap 极易与另外一款评估系统漏洞软件 Nessus 混淆。Nmap 以隐秘的手法避开闯入检测系统的监视，并尽可能避免影响目标系统的日常操作。

Nmap 基本功能有三个：首先是探测一组主机是否在线；其次是扫描主机端口，嗅探所提供的网络服务；最后是推断主机所用的操作系统。Nmap 可用于扫描仅有两个节点的 LAN，也可以对最多能够达到 500 个节点以上的网络进行扫描。Nmap 还允许用户制定扫描方案。

10.4.4　Nessus

Nessus 是一个漏洞扫描工具，能够检测网络设备和操作系统中的安全漏洞。它提供了详细的报告和修复建议，帮助用户及时修补安全漏洞。Nessus 是目前全世界使用人数最多的一款系统漏洞扫描与分析软件，共有超过 75 000 个机构使用 Nessus 作为扫描该机构电脑系统的软件。

1998 年，Nessus 的创办人 Renaud Deraison 展开了一项名为"Nessus"的计划，其目的是为互联网社群提供一个免费、功能强大并使用简单的远程系统安全扫描软件。经过数年的发展，包括 CERT 与 SANS 等在内的著名的网络安全机构都认同此工具软件的强大功能与专业性。

Nessus 提供完整的电脑漏洞扫描服务，并随时更新其漏洞数据库。不同于传统的漏洞扫描软件，Nessus 可同时在本机或远程服务器上遥控操作，进行系统的漏洞分析扫描。Nessus 运行效率会随着系统的资源而自行调整。随着主机服务器上资源的增加（如加快 CPU 速度或增加内存大小），Nessus 的运行效率表现会逐步提高。

Nessus 采用客户/服务器体系结构。客户端提供了运行在 Linux 和 Window 系统下的图形界面，接受用户的命令与服务器通信，传送用户的扫描请求给服务器端，由服务器启动扫描并将扫描结果呈现给用户。扫描代码与漏洞数据库相互独立，Nessus 针对每一个漏洞均有对应的插件。漏洞插件是采用 NASL（Nessus Attack Scripting Language）编写的一小段模拟攻击漏洞的脚本代码，这种利用漏洞插件的扫描技术极大地方便了漏洞数据的维护和更新。Nessus 具有扫描任意端口任意服务的能力。以用户指定的格式（ASCII 文本、HTML 等）生成详细的安全测试报告，包括被测目标的脆弱点、修补漏洞措施以防止黑客入侵及危险级别。

10.4.5　Acunetix

Acunetix Web Vulnerability Scanner（AWVS）是一款知名的自动化网络漏洞扫描工具，它通过网络爬虫测试网站安全性，检测是否存在安全漏洞。它可以扫描任何可通过 Web 浏览器访问和遵循 HTTP/HTTPS 规则的 Web 站点和 Web 应用程序，适用于任何中小型和大型企业的内联网、外延网和面向客户、雇员、厂商和其他人员的 Web 网站。AWVS 可以通过检查 SQL 注入攻击漏洞、XSS 跨站脚本攻击漏洞等漏洞，以审核 Web 应用程序的安全性。

Acunetix 是一款不断改进的 Web 安全扫描程序，是由 Web 安全测试专家开发的高度成熟的专业工具。使用 C++ 编写使 Acunetix 漏洞扫描引擎其成为目前市场上最快的 Web 安全工具之一，对于扫描大量使用 JavaScript 代码编写的复杂 Web 应用程序尤为重要。Acunetix 还使用了独特的扫描算法（SmartScan），以其极低的误报率而闻名，有助于在渗透测试期间进一步节省资源，使安全测试人员更加专注于新漏洞。

Acunetix 不仅是一个网络漏洞扫描器，还是一个完整的 Web 应用程序安全测试解决方案。它既可以独立使用，也可以作为复杂环境的一部分使用。它提供内置的漏洞评估和漏洞管理，以及与其他公司的软件开发工具集成的能力。通过将 Acunetix 作为用户优选的安全措施之一，可以显著提高网络安全立场，并以较低的资源成本消除许多安全风险。

Acunetix 集成设计得非常简单。一般情况下用户可以将 Acunetix 扫描工具集成到 CI 或者 Jenkins 等工具中，整个集成的操作非常简单，只需几个简单的步骤就可以完成。Acunetix 提供自己的 API，用户可使用它连接到第三方或内部开发的其他安全控制和软件。对于企业客户，Acunetix 技术专家将提供可靠的解决方案，帮助企业用户将 Acunetix 扫描工具集成到非典型环境中。

10.4.6　OpenVAS

OpenVAS 是一个全面的漏洞扫描和漏洞管理解决方案，提供了一个完整的漏洞扫描系统，包括服务扫描器、漏洞测试器和报告工具。OpenVAS 可以看作是一个开放式漏洞评估系统，也可以说是一个包含相关工具的网络扫描器。其核心部件是一个服务器，包括一套网络漏洞测试程序，可以检测远程系统和应用程序中的安全问题。

OpenVAS 是 Nessus 项目的一个开源分支，用于对目标系统进行漏洞评估和管理。OpenVAS 的配置使用相较于 Nessus 更加复杂，扫描速度也不如 Nessus，但胜在开源免费。相比于 Nessus，OpenVAS 的漏洞评估更加侧重系统内部的漏洞，尤其是在 Linux 内核级的漏洞检测上尤为明显。

在实际工作中，如果公司愿意在安全方面投入足够的资金，建议采购商业版的漏扫器；如果公司在安全方面的投入有限，那么可以利用开源的 OpenVAS 实现对系统层面的漏洞扫描和评估管理，最大限度直观地体现出系统的基本风险状态，也不失为一种展现工作成果的方式。

10.5　安全测试案例——仿某门户网站安全测试

本章节首先介绍了 OWASP 机构，OWASP 全称开放式 Web 应用程序安全项目（Open Web Application Security Project），是一个专注于提供有关计算机和互联网应用程序的安全信息的非盈利组织。OWASP ZAP 是 OWASP 机构开发的一款免费的安全测试工具。本章节内容还包括使用 OWASP ZAP 工具对仿某门户网站进行渗透测试及漏洞扫描。

10.5.1　OWASP ZAP 及其功能简介

1. OWASP 机构简介

在介绍 OWASP ZAP 安全测试工具前，先介绍下 OWASP 机构。OWASP 机构是一个全球性的非盈利组织，专注于提升应用软件的安全性。该组织提供有关计算机和互联网应用程序的安全信息，旨在帮助个人、企业和机构开发和使用值得信赖的软件。OWASP 的使命是使应用软件更加安全，使企业和组织能够对应用软件安全风险做出更清晰的决策。它通过提供安全标准、测试工具、指导手册等资源，推动应用安全技术的发展。OWASP 的影响力广泛，被视为 Web 应用安全领域的权威参考。

OWASP 最为熟知的工作之一是发布了 OWASP Top Ten（OWASP 十大安全风险列表），这是一个动态更新的文档，列出了当前最常见的网络应用安全风险，目的是指导企业和开发者关注并优先解决最重要的安全问题。OWASP 十大安全风险包括：

（1）失效的访问控制（Broken Access Control）：不当的访问控制可能导致未经授权的数据访问或操作，不法分子可以利用这一点访问敏感信息或执行未授权的操作；

（2）加密机制失效（Cryptographic Failures）：加密过程中的缺陷可能导致敏感数据的泄露或被篡改，包括使用弱加密算法、不安全的密钥管理和不恰当的加密模式等；

（3）注入漏洞（Injection）：注入漏洞允许不法分子通过输入恶意数据操纵查询或命令，常见的注射攻击包括 SQL 注入、NoSQL 注入和命令注入等；

（4）不安全的设计与架构（Insecure Design and Architecture）：设计和架构上的缺陷可能导致整个应用程序的安全性受到威胁，包括使用不安全的默认配置、缺乏安全 headers 等；

（5）安全意识和培训不足（Security Awareness and Training）：缺乏对安全最佳实践的认识和培训可能导致开发人员无意中引入安全漏洞，或用户因不了解安全威胁而容易受到攻击；

（6）使用含有已知漏洞的组件（Using Components with Known Vulnerabilities）：使用已知漏洞的组件可能导致不法分子利用这些漏洞来攻击应用程序；

（7）识别和认证机制失效（Identification and Authentication Failures）：认证机制的缺陷可能导致不法分子冒充合法用户，包括弱密码策略、不安全的认证令牌和单点登录（SSO）问题等；

（8）软件和数据完整性缺失（Software and Data Integrity Failures）：确保软件和数据的完整性对于防止恶意行为至关重要，缺乏适当的完整性检查可能导致应用程序被篡改或数据被破坏；

（9）安全日志记录和监控不足（Security Logging and Monitoring Failures）：不足的日志记录和监控可能导致安全事件难以被发现和响应，增加了不法分子成功的机会和攻击的持续时间；

（10）服务端请求伪造（Server-Side Request Forgery）：这是一种新的类别，指不法分子利用服务器端应用程序发起恶意请求到其他服务器或服务，可能导致数据泄露或服务被滥用。

OWASP 致力于提升 Web 应用程序的安全性，并使企业和组织能够对应用安全风险做出更清晰的决策。OWASP 机构鼓励开放、透明的信息分享，希望借此提高全球网络安全意识，促进网络安全领域的研究与发展。

2. OWASP ZAP 功能说明

OWASP ZAP 是一个功能强大、易于使用且社区支持良好的 Web 应用安全测试工具。无论是专业的安全测试人员还是新手开发者，都可以利用 ZAP 提高 Web 应用程序的安全性。

OWASP ZAP 全称是 OWASP Zed Attack Proxy，是一款 Web application 集成渗透测试和漏洞工具，同样免费开源跨平台。相比于商业版的 Burp Suite 和 AppScan 工具，OWASP ZAP 不乏为一款不错的商用版替代工具，也是安全人员入门的极佳体验工具。OWASP ZAP 支持截断代理、主动被动扫描、Fuzzy、暴力破解并且提供 API，是世界上最受欢迎的免费开源安全工具之一。ZAP 可以帮助我们在开发和测试应用程序过程中自动发现 Web 应用程序中的安全漏洞，适用于所有的操作系统和 Docker 的版本，而且简单易用，拥有强大的社区，能够在互联网上找到多种额外的功能插件。OWASP ZAP 工作原理在安全性测试领域，常见的安全性测试类型可分为以下几种。

（1）漏洞评估：对系统进行扫描发现其安全性隐患；

（2）渗透测试：对系统进行模拟攻击和分析确定其安全性漏洞；

（3）Runtime 测试：通过终端用户的测试评估系统安全性（手工安全性测试分析）；

（4）代码审查：通过代码审计分析评估安全性风险（静态测试、评审）。

ZAP 原理是以攻击代理的形式实现渗透性测试，类似于 fiddler 抓包机制，即对系统进行模拟攻击和分析来确定其安全性漏洞。ZAP 将自己置于用户浏览器和服务器中间，充当中间人的角色，使浏览器与服务器的任何交互都将经过它进行转发，进而通过对其抓包进行分析、扫描，其原理如图 10-4 所示。

图 10-4　OWASP ZAP 工作原理

10.5.2　利用 OWASP ZAP 进行渗透测试及漏洞扫描

由于 ZAP 是使用 JAVA 语言开发，所以在安装 ZAP 前，首先应安装 JAVA8 或者 JDK1.8 及以上版本。ZAP 的下载地址为 https://www.zaproxy.org/download/，针对不同的系统可以选择相应的安装文件进行下载与安装，具体下载页面参考图 10-5。

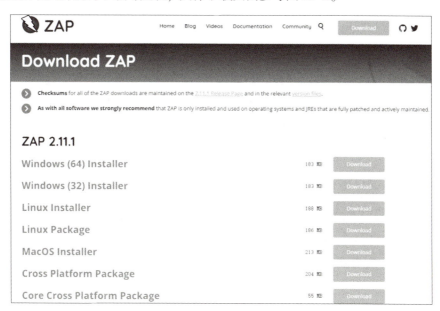

图 10-5　OWASP ZAP 下载页面

下载完安装文件后，按照安装指引完成 OWASP ZAP 的安装。首次启动 ZAP 时，系统将询问您是否要保留 ZAP 会话。默认情况下，始终使用默认名称和位置将 ZAP 会话记录到 HSQLDB 数据库中的磁盘上。如果不保留会话，则退出 ZAP 时将删除这些文件。保存进程可以让你的操作得到保留，下次只要打开历史进程就能够取得之前扫描过的站点及测试结果等。一般来说，如果对固定的产品做定期扫描，则应保存一个进程作为长期使用，选第一或第二个选项都可以。如果只是想先简单尝试 ZAP 的功能，可以选择第三个选项，使当前进程暂时不会被保存，具体设置如图 10-6 所示。

图 10-6　Session 会话配置

　　如前文所述，在开始使用它进行渗透测试之前，首先需要将其设为我们的浏览器代理。打开"工具→选项→本地代理"选项，可发现 ZAP 默认地址和端口是标准的 localhost：8080，如图 10-7 所示。

图 10-7　代理设置

　　接着，我们只需修改浏览器代理。以 Chrome 浏览器为例，在"设置→系统→打开您计算机的代理设置"中，选择手动代理并将 http 代理设为与 ZAP 一致，如图 10-8 所示。
　　ZAP 右上方区域是快速测试窗口，可以开启傻瓜式的渗透测试。在 WorkSpace 窗口中，选择"Automated Scan"选项，输入对应的参数信息，如图 10-9 所示。

图 10-8　Chrome 浏览器代理设置

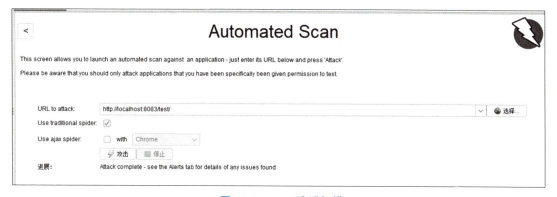

图 10-9　ZAP 渗透扫描

扫描完成后，就可以得到 ZAP 的扫描结果信息，通过不同的图标将风险项目进行标识，切换到"警报"标签页，就可看到风险项目的详细信息，如图 10-10 所示。

图 10-10　ZAP 漏洞扫描结果

 **综合练习**

一、判断题

1. DDoS 攻击不会影响服务器端，只会影响用户端。　　　　　　　　（　　）

2. 软件安全测试应该在软件开发的最后阶段进行，以确保所有功能完成后进行安全验证。　　　　　　　　　　　　　　　　　　　　　　　　　　　　　（　　）

二、单选题

1. 软件安全测试中，以下（　　　）不属于典型的威胁建模方法。

A. STRIDE 模型　　　　　　　　　　B. PASTA 模型

C. V−Model　　　　　　　　　　　　D. Attack Tree

2. 在进行 Web 应用安全测试时，（　　　）工具常用于进行 SQL 注入和 XSS 漏洞扫描。

A. Wireshark　　　　　　　　　　　B. Nmap

C. Burp Suite　　　　　　　　　　　D. JMeter

三、多选题

1. 以下（　　　）属于安全测试的范畴？

A. SQL 注入测试　　　　　　　　　B. 跨站脚本（XSS）测试

C. 性能基准测试　　　　　　　　　D. 权限和访问控制测试

2. 以下（　　　）活动属于渗透测试的范畴。

A. 网络扫描　　　　　　　　　　　B. 弱点评估

C. 权限提升　　　　　　　　　　　D. 安全培训

四、简答题

什么是渗透测试，它的主要目的是什么？

参 考 文 献

［1］［美］罗恩·佩腾. 软件测试［M］. 2 版. 北京：机械工业出版社，2019.

［2］杜文洁. 软件测试教程［M］. 北京：清华大学出版社，2013.

［3］库波，杨国勋. 软件测试技术［M］. 2 版. 北京：中国水利水电出版社，2014.

［4］［美］埃里克·马瑟斯. 软件测试技术经典教程［M］. 2 版. 北京：科学出版社，2024.

［5］杜文洁，王占军，高芳. 软件测试基础教程［M］. 2 版. 北京：中国水利水电出版社，2016.

［6］段念. 软件性能测试（过程详解与案例剖析）［M］. 2 版. 北京：清华大学出版社，2012.

［7］张善文，雷英杰，王旭启. 软件测试及其案例分析［M］. 西安：西安电子科技大学出版社，2012.